基于实装联动的装备模拟技术

主　编　公丕平　　霍晓强　　母世英
副主编　裴长江　　洪广学　　王树鹏

北　京
冶　金　工　业　出　版　社
2025

内 容 提 要

本书针对工程装备模拟训练系统为代表的装备模拟训练系统的工作原理、技术特点与使用现状，系统地论述了装备仿真技术的内涵与实质，描述了装备模拟系统所应用的软件、硬件平台的特点与原理，以及虚拟现实、视景仿真、系统集成等。此外，本书在介绍装备模拟器材与其实际操作运行环境协同与联动的前提下，还介绍了装备模拟技术与具体装备实际应用的融合发展技术。

本书可供从事机械装备维修领域的技术人员参考，也可作为高等院校机械工程专业及相关专业的教材。

图书在版编目（CIP）数据

基于实装联动的装备模拟技术／公丕平，霍晓强，母世英主编. -- 北京 ：冶金工业出版社，2025. 4.
ISBN 978-7-5240-0145-4

Ⅰ. TB4

中国国家版本馆 CIP 数据核字第 2025H96M13 号

基于实装联动的装备模拟技术

出版发行	冶金工业出版社	电　　话	（010）64027926
地　　址	北京市东城区嵩祝院北巷 39 号	邮　　编	100009
网　　址	www. mip1953. com	电子信箱	service@ mip1953. com

责任编辑　王梦梦　美术编辑　吕欣童　版式设计　郑小利
责任校对　梁江凤　责任印制　范天娇
三河市双峰印刷装订有限公司印刷
2025 年 4 月第 1 版，2025 年 4 月第 1 次印刷
787mm×1092mm　1/16；13 印张；314 千字；198 页
定价 89. 00 元

投稿电话　（010）64027932　投稿信箱　tougao@ cnmip. com. cn
营销中心电话　（010）64044283
冶金工业出版社天猫旗舰店　yjgycbs. tmall. com
（本书如有印装质量问题，本社营销中心负责退换）

前　　言

装备模拟训练系统是伴随着机械装备的训练改革而产生的，其应用可节省训练场地和人力、物力，操作简便，不受天气影响，能有效地提升装备的使用性能。装备模拟训练系统发展到今天，已经覆盖了常用的各种机械装备，训练内容囊括了驾驶操作、仿真射击、通信指挥、人员对抗等，视景技术已实现了二维、三维图像视景，使仿真模拟效果更加逼真，完成了由模拟化向数字化、信息化的飞跃。

本书旨在使读者掌握装备模拟训练系统开发的主要技术，包括装备模拟软件开发技术、装备仿真硬件技术、视景仿真技术和声音特性仿真技术等，使读者具有开发模拟仿真系统的基本能力。书中通过两个比较典型的开发案例，阐述了装备模拟训练系统和装备维修模拟系统开发的基本策略、软硬件技术、虚拟现实技术和系统集成技术，以进一步提高模拟训练系统的开发与应用能力。

本书共6章，第1章简要介绍了仿真技术的意义、发展现状与趋势和装备仿真的分类等；第2章首先叙述了装备仿真软件的基本概况，然后系统地阐述了数字仿真语言的概念与应用、一体化建模仿真环境、并发分布式交互仿真和智能化仿真软件等；第3章论述了装备仿真系统开发的硬件技术，包括仿真计算机、计算机和硬件接口技术、检测与转换技术、虚拟现实技术等；第4章介绍了视景仿真技术，在分析视景仿真的基本概念与应用的基础上，阐明了坐标变换与相机空间的概念原理与灯光、材质和光照模型等，随后论述了DirectX视景仿真图形引擎、Unity3D虚拟现实开发引擎的原理与开发基础；第5章主要介绍了基于模拟与实装联动的某型装备维修训练系统的设计与开发，重点介绍了维修训练系统的科目设计、需求分析、硬软件设计和系统集成等，以及维修系统的工作原理、故障排除等模块的设计与开发；第6章介绍了步履式挖掘机模拟训练平台的设计与开发，主要包括模拟训练平台的功能分析、系统组成与架构设计、模拟操控平台设计、模型构建与数据库设计、软件开发及模拟训练功能的实现。

　　本书可供机械装备维修领域的从业人员、高等院校机械工程专业及相关专业师生等参考。

　　本书由公丕平、霍晓强、母世英主编，同时，裴长江、洪广学、王树鹏也参与了本书的编写工作，全书由公丕平统稿。

　　本书编写过程中，参考了机械装备维修领域的文献资料，在此向文献资料的作者表示衷心的感谢。

　　由于机械装备的发展非常迅猛，各种新技术的应用层出不穷，装备模拟器材的开发技术时效性极强，本书所涉及的内容难以涵盖装备模拟技术的全部内容，在此恳请广大读者提出宝贵意见和建议。

编　者
2024 年 8 月

目　　录

1 装备仿真技术概论

1.1 仿 真 技 术

仿真技术是利用计算机和其他专用设备，对实际的或假想的对象进行动态模拟的技术。按实现方法和手段，分为物理仿真技术、数字仿真技术和半实物仿真技术；按模拟的真实程度，分为实况仿真技术、虚拟仿真技术和构造仿真技术。仿真技术具有安全性、经济性和可重复性等特点，已成为一种基本的科学研究手段。

1.1.1 仿真技术的意义

一般说来，仿真世界是用一定的技术手段实现对真实世界某些属性的模拟或复现。真实世界的属性是多种多样的，仿真世界一般只对其某些层次或某些方面的属性进行模仿，而不用全盘复现。具体模仿真实世界的哪些属性，取决于仿真的应用目的。例如，为了增加电影中飞机交战的逼真效果，需要用飞机模型模仿飞机的格斗动作。为此就要研究飞机气动特性，方法之一是将按一定比例缩小的飞机模型放在风洞中进行仿真试验。

仿真的应用领域十分广泛，如训练、研究、设计、决策乃至娱乐等。被仿真的真实世界，既可以是现实存在的，也可以是客观上可能存在的系统或对象。例如，可以对设计中的飞机进行飞行仿真，尽管这种飞机还未制造出来。仿真世界具有一系列真实世界所没有的特性，诸如可控性、无破坏性、安全性、可重复性和经济性及可实现性等，因而成为人们认识真实世界的有效手段，某些情况下甚至是唯一的手段。人们可以利用仿真世界的可控性和可重复性，通过改变参数来预测导弹在各种条件下的飞行情况，包括故障和破坏情况，从而得到真实飞行中得不到的极限数据。从本质上讲，其目的是使人们无须完全依靠真实世界的直接试验，而是通过仿真世界中的试验和感受，扩大和深化对真实世界的认识并获取改造真实世界的知识。例如核战斗部的小型化是研制核武器必须解决的一个关键问题。解决这个问题当然不能靠一次又一次的核武器试验。目前，世界主要核国家的做法是建立核武器爆炸数学仿真模型，通过少数几次核试验来校准仿真模型参数，以后就可在仿真模型的基础上进行大量试验，开展核战斗部的小型化研究。人们之所以希望或不得不借助仿真世界来认识真实世界，是由于真实世界中许多现象往往很难用直接观察的方式进行研究，如大规模杀伤武器的爆炸，或者虽然能够直接观察，但真实现象又不常发生、难以复现。总之，仿真技术的应用可以大大缩短武器装备，特别是高精尖武器装备的研制周期，减少经费，提高装备的设计与研制效率。

1.1.2 仿真技术的现状

从 20 世纪 80 年代起，随着计算机技术、网络技术、虚拟现实技术的有力推动，仿真技术取得了飞速发展，分布式仿真系统开始出现。20 世纪 90 年代，仿真系统的 VV&A（Verification，Validation and Accreditation）研究快速发展并形成许多标准和规范。21 世纪以来，复杂系统建模与仿真技术逐渐成为研究热点。

仿真技术当前的发展水平主要从以下几个方面说明：

（1）硬件。仿真系统的硬件包括计算机和各种物理效应设备。计算机性能的大幅提高使飞行驾驶模拟器能更好地提供控制模拟和环境表述，大型解析战区模型能更准确地给出评估结果，而训练系统则能得到更高的逼真性。例如，Thing Machines Corporation 公司的超大规模并行计算机 CM-5 已应用到美陆军的作战仿真网络中。新的靶场技术改进了复杂的战场演习协调和评估。例如，将对眼睛无害的激光探测技术应用于多功能综合激光交战系统（MILES），大规模战场演习不需进行实弹射击就能得到真实的战斗结果。

（2）软件。软件开发在仿真世界实现中具有关键作用，目前主要进展有四个方面。一是加强了软件开发的管理。二是改进软件设计和应用技术。目前普遍重视面向对象的程序设计（OOP），利用其信息封装、数据抽象、动态链接和继承等特性，使软件开发进展更快、更简单，并具有更好的可重用性。三是开发应用更高层的新一代编程语言和计算机辅助软件工程（CASE）工具，提高仿真软件的设计效率、可维护性及支持实时仿真的能力。四是应用日益复杂的高性能数据库管理系统，满足输入输出和解析更多变量及实时存取、实时表示的要求。

（3）建模。建模是指按仿真应用要求对应用领域的有关属性进行科学的抽象和恰当的描述，这是从真实世界向仿真世界跨越的前提。最能体现军用仿真建模水平的是作战仿真系统，其中包括环境、武器、平台与兵力行动等物理特性和指挥、控制等行为过程的建模。当前发展的成功之处表现在五个方面：一是类型比较完备，基本覆盖了高技术条件下各种作战类型、各层次作战过程和各军兵种兵力的行动，基本能够满足应用要求；二是有较高的逼真度和有效性，特别是在核武器、精确制导武器、武器平台（飞机、坦克）及大气、天空、海洋、陆地等背景和目标的光、声、电特性等方面，其建模有效性已经过实验或实战演习检验，能够成功取代大部分样机试验和飞行试验，在缩短研制周期、提高武器战术技术性能、节省经费等方面取得了明显效益；三是将人工智能和专家系统的理论技术应用于决策指挥系统建模，允许决策规则与仿真相结合，提高仿真的逼真度和分辨率，如美陆军军队战斗模型可分辨到营甚至连；四是深化军事问题的定量分析和定性分析，探索对作战过程有关属性进行科学抽象的理论方法，如复杂系统建模、变分辨率建模等理论，解决压制效应、非线性作战等不确定性和软属性的建模；五是建立模型验证与确认的理论方法和制度，将实战数据、战例统计数据及演习、飞行试验数据与理论分析相结合，确保模型和数据的时效性和准确性。

（4）用户界面。用户界面是人与仿真世界交流的途径，在军用仿真系统中的主要目标是实现直观分析和真实逼真的训练环境。图形用户界面（GUI）、动画和三维图形技术已经被广泛采用，实现友好人机交互。虚拟现实（VR）成为作战仿真界面设计方面的热点。利用计算机生成三维交互环境，允许人通过三维图形、触感、运动感知等方式感受仿真世界并直接操作其中的物体，在空间自动移动视点，并与其他交互中的人员彼此可视，从而使受训人员沉浸在一种接近真实的仿真训练环境中。近年来，基于虚拟现实技术发展起来的增强现实技术（AR）逐步被应用于军事仿真领域，实现现实世界和虚拟世界的有机融合，对军事装备和模拟训练发展必将产生重大影响。

（5）网络。网络在大规模逼真作战仿真系统中的作用是使各种军用仿真设施能够实现资源共享。这方面的进展包括容许更大信息流量、更短传输时延的高速通信线路，遍布全球各地的国际互联网，以及能支持更多节点、分布处理和存贮共享的网络管理系统。在这些进展的基础上，发达国家军队已初步研制出一些网络化的作战仿真系统。美军于1983—1990年完成的SIMNET计划，就通过广域网把分布在美国和欧洲各地、由120台计算机控制的M1A1坦克和布雷德利战车仿真器连在一起，使营以下部队能在这个仿真作战环境中进行战术训练。2002年7月，美军"千年挑战2002"演习将分布在全美26个指挥中心和训练基地的各军兵种指挥人员连在一起，在同一个战争背景、战场态势、作战想定下同步进行了大规模联合作战的模拟演练。2012年6月美陆军的"联合探索2012"仿真演习，探讨未来作战思想，直接影响未来作战概念和能力开发。

仿真世界的关键是模仿真实世界的有关属性，这就要靠仿真技术。仿真技术是以应用领域相关学科、系统科学和计算机科学为基础，以计算机和各种物理效应设备为技术手段，实现以真实世界构造仿真世界，并通过仿真世界认识真实世界的一门综合性技术。

实现仿真世界的技术手段有三种基本形式。第一种是物理或实物形式。它具有与应用领域相同的物理属性，如用沙盘模仿地形起伏，用三轴转台模拟飞机姿态变化，用一个营的兵力行动模仿一个师的兵力行动等。第二种是类比形式。它具有与应用领域相似但物理本质不同的属性，例如用地形等高线表示地形起伏，用激光发射器和激光传感器模仿直瞄射击命中情况等。第三种是符号形式。它以数学方程（公式）、文字或图像形式描述并展示应用领域的有关属性。符号形式主要是靠计算机实现的，所以这种形式的仿真通常被称为计算机仿真。上述三种技术手段各有其特点和适用场合。一般说来，符号形式特别是其中的数学仿真的运用面较广，能给出明确的定量结果，也较容易在计算机上实现，而且可在有限时间内，针对不同原始数据和初始条件进行大量的仿真试验。特别是对于假想的应用环境，或者试验代价太大甚至无法试验时，计算机仿真便成为唯一的手段。物理形式的仿真形象直观、真实感强，适用于人员训练等需要直接感受真实世界有关属性的应用场合。类比形式可借助不同物理效应，避免真实世界属性试验的破坏性后果，实现无破坏性的仿真世界。为满足预定的仿真应用目的，常常需要多种技术手段的综合应用。

1.1.3 仿真技术发展趋势

发展仿真技术的根本目的是在最大合理程度上取代使用原型样机和实装实兵进行的试验，以更小的代价达到同样甚至更好的武器研制和战斗准备效果。这也和信息时代人类活动特点相一致，即利用信息达到活动集约化，尽可能减少资源消耗。围绕这个目的，面向21世纪的军用仿真技术发展有以下五个特点：

（1）网络化。其基本目标是将地域上分散的各类作战仿真系统和C4ISR系统通过远程/局域通信网互联而形成一个共享的系统，将不同地点、相互对立的模拟系统和模拟器连接起来，组成高度一体化的模拟训练网络化仿真技术使军队指挥员和支持部门负责人运用信息获取最高效益、敏捷度与作战效率，同时限制敌方的能力等。在时间与空间上一致的战场综合仿真环境。这里的作战仿真系统包括：

1）真实仿真，即由实兵操作真实装备在电子战环境中进行的作战试验，或应用激光测量装置的实兵对抗演习。

2）虚拟仿真，即由实兵操作仿真的装备如"人在回路中（man-in-loop）"操纵飞行模拟器。

3）构造仿真，即计算机作战仿真系统。网络化的重点是从根本上解决仿真的逼真度和可信度问题，并节省经费、时间和人力。国内有些文献也称之为推演仿真。

美陆军在虚拟仿真器互联网上的计划主要有：1）联合兵种战术训练器（CATT）及其前期计划CCIT；2）战场分布式仿真（BDS-D）。在综合仿真联网方面的计划有：1）综合战区计划（STOW），它试图实现三种仿真的"无缝连接"；2）联合仿真系统（JSIMS），是新一代联合训练平台，可用于训练、评估等。

网络化仿真技术的发展方向基于Web的可扩展建模仿真平台，基于云计算的仿真技术等。

（2）提高模型表达的权威性。如美国国防部发布的建模仿真主计划（MSMP），规定要提供自然环境（地面、海洋、大气和空间环境）的权威表达，各国军队主要平台、武器、传感器、C4ISR系统、后勤保障系统及各级部队物理过程的权威表达，以及包括个体、群体行为在内的人类行为，特别是指挥决策行为的权威性表达，并建立有效的模型检验、证实与认可体系。

（3）标准化。为提高各种仿真资源的可重用性及共享性，美国国防部制定了一个建模和仿真用的公共技术框架并要求到2002年新建仿真系统均须符合该框架要求，否则不能得到财政支持也不准使用。仿真互操作标准化组织（SISO）制定了实时平台参考联邦对象模型等系列标准；IEEE先后公布了IEEE 1278系列标准（DIS）、IEEE 1516系列标准（HLA）；ISO/IEC推出了综合环境数据表示与接口规范（SEDRIS）等，对推动仿真技术的发展发挥了重要作用。

（4）人机界面的多媒体化和应用虚拟现实（VR）。人机界面普遍采用多媒体技术，实现文字、图形图像及语音等多种人机交互手段，同时积极应用VR技术发展有身临其境感觉的虚拟现实人机界面技术。它不仅提供三维实时交互图像，而且还提供多种感觉，并可对仿真对象进行交互操作。

（5）仿真应用目标的一体化。其使构造的仿真环境既可用于武器研制，又可用于武器军事需求定义、战法研究、条令评估和训练及战前演练等应用目标。这不仅节省经费，而且也保证了武器研制和作战使用及部队训练的早期结合。

1.2　装备仿真技术

装备仿真是仿真领域的重要组成部分，在武器装备的研制和训练等方面起着重要作用。

1.2.1　国内外发展现状

据资料，面临核武器全面禁止试验和化学武器全面禁止试验的形势，美国、俄国等军事强国都花费大量的人力、财力从事计算机仿真技术的研究。他们认为，当在实际系统上进行实验比较危险或者难以实现时，计算机仿真技术就成了十分重要甚至必不可少的工具。计算机仿真具有经济、可靠、安全、灵活、可多次重复使用等优点，已成为许多复杂系统（工程的、非工程的）分析、设计、试验、评估等不可缺少的重要手段。

美国在军事仿真领域一直走在前列。1992 年，美国国防部成立了国防建模与仿真办公室（DMSO）；1995 年，颁布了《建模与仿真主计划》，指导仿真技术的发展。2006 年 5 月，DMSO 更名为建模与仿真协调办公室（MSCO），为国防部提供更为经济、通用、可重用的建模工具、仿真服务和数据支持。2007 年，颁布了《建模与仿真管理》法规，明确了美国防部中负责装备采办、分析、计划、测试、训练和试验的牵头部门。2012 年 5 月颁布了《建模与仿真管理活动》，规定了建模与仿真管理活动的政策性要求。

目前，在武器系统研制过程中，用得最多的是数学仿真和半实物仿真技术。半实物仿真又称"硬件在回路的仿真"，是指在仿真试验系统的仿真回路中介入所研究系统的部分实物的仿真，是仿真技术中置信水平最高的一种仿真方法。半实物仿真与全数学仿真相比较，有两个大的优点，一个是可以通过可建造的目标/环境（包括背景与人工干扰）模拟器，逼真地生成实战空间的目标/环境场景，提供给导弹的制导控制系统进行仿真试验；另一个是可以把导弹制导系统中某些非线性比较高的关键部件实物（如导弹头、自动驾驶仪等）引入仿真回路，这样就避免了全数学仿真中，由于非线性部件建立数学模型的不确定性所带入的误差，从而可大大提高仿真的可信度，这是全数学仿真无法比拟的。

防空导弹制导控制系统的仿真技术在我国已有 50 多年的历史。起初，由于所用数字计算机的性能限制，尤其是计算速度的限制，一组描述防空导弹几十秒钟飞行控制过程的数学模型，求解时间往往需要几十分钟甚至更长，因此，根本无法把需要实时交换信息的有关制导控制系统装置导入仿真试验系统中去。此时的仿真称为数学仿真。当然，当时也常用模拟计算机来进行仿真试验。模拟计算机用连续变化的模拟电压来表达变化过程中的物理量，用各种模拟电路来完成积分、乘法、加法等数学运算。由于模拟运算部件延迟时间很短（对于导弹飞行过程而言），所以制导控制系统中的实物，例如自动驾驶仪或舵机等就可接入仿真试验。这就是我们常称之为半实物仿真的试验状态。由于使用的是模拟计算机，而模拟电路精度不是很高，稳定性较差，能表达的数学运算类型又有限，因此，这一类仿真有一定的局限性。

1.2.2 装备仿真的分类

装备仿真分为武器装备研制仿真和武器装备训练仿真。

（1）武器装备研制仿真。新型武器装备系统的研制设计是一项极其复杂的任务，计算机辅助设计及仿真技术为系统设计提供了强有力的工具。一个较为复杂的武器装备系统及其设计过程一般要经历可行性论证、初步设计、详细设计、系统综合与分析、样机试制等若干阶段。在每个阶段，仿真技术均可为其提供强有力的技术支持。

（2）武器装备训练仿真。武器装备系统总是需要一个或一组熟练人员进行操作、控制、管理与决策，这些人员要进行训练、教育与培养。武器装备训练仿真，根据模拟对象、训练目的又可细分为载体操纵型（主要训练操纵运载工具）、过程控制型（主要训练运行操作人员）和博弈决策型（武器装备运用指挥人员的训练）。

2 装备模拟软件

仿真软件（simulation software）是专门用于仿真的计算机软件系统，与仿真硬件同为重要的仿真技术工具。仿真软件从 20 世纪 50 年代中期逐渐发展起来，与仿真应用、仿真建模、仿真算法及软件技术等多个方面密切关联、相辅相成。仿真语言（simulation languge）是专门用于仿真研究的计算机高级语言，也是仿真软件的核心和灵魂。借助仿真语言，研究者无须深入掌握通用语言的细节和复杂技巧，而将主要精力投入仿真问题研究中去。多媒体技术成为仿真软件的重要补充，对于仿真过程及仿真结果的表达和展现具有重要作用。并行计算、智能化、标准化及虚拟化成为仿真软件发展的主要趋势。

2.1 仿真软件概述

仿真研究的许多活动是通过仿真软件来实现的，仿真软件是一类面向仿真用途的专用软件，其特点是面向问题和面向用户。仿真软件的主要功能可概括为：（1）模型描述的规范及处理；（2）仿真试验的执行与控制；（3）数据与结果的分析、显示及文档化；（4）对模型、试验程式、数据、图形和知识的存储、检索与管理。

此外，新一代的仿真软件还将进一步重视和突出人在仿真工程中的作用，支持团队的工作模式，支持整个仿真工程全生命周期各活动的协调与管理。根据对上述功能的实现情况，按仿真软件的发展，又可以将仿真软件分为仿真程序包（具备功能第（2）（3）（4）任一种或兼有其中两种）、仿真语言（具备第（1）（2）（3）种功能）及仿真环境（具备功能第（1）（2）（3）（4）的有机统一的一体化软件系统）。

自第一个数字仿真软件于 1955 年正式问世以来，按新技术出现的时间，可将仿真软件的发展分为五个阶段：（1）通用程序设计语言（如 FORTRAN，1960 年左右）；（2）多种仿真程序包及初级仿真语言（如 GPSS，1960—1970 年）；（3）高级完善的商品化仿真语言（如 CSSLIV、ACSL、SLAM、ICSL 等，1970 年到 20 世纪 80 年代初期出现）；（4）一体化（局部智能化）建模与仿真环境（如 TESS、IMSE、IMSS 等，1984 年出现）；（5）智能化建模与仿真环境（20 世纪 80 年代末期至今）。

近 40 年来，在应用需求的推动下，仿真软件充分吸收了仿真方法学、计算机、网络技术、图形/图像技术、多媒体、软件工程、系统工程、自动控制、人工智能等技术的新成果，从而得到很大的发展。从用户建模友好性角度看，由初期的机器代码（machine code），经历较高级的编程语言（higher programming language）、面向问题描述的仿真语言（simulation language），发展到模块化概念（modular concepts），并进而发展到面向对象编程。从人机环境发展看，由初期的图形支持，到刚性动画（rigid animation）、交互式仿真，进一步发展到基于矢量（vector based）的图形支持，并向虚拟现实发展。从支持仿真活动的角度看，从支持部分活动发展到支持全生命周期的一体化仿真环境，以致支持活动中的团队工作与流程管理。不难看出，仿真软件的发展目标一直是不断改善其面向问题、面向用户的模型描述能力及增强它对模型建立、试验、分析、设计和检验的功能。

国内的科研单位和高等院校由初期引进国外仿真软件，到 20 世纪 80 年代逐渐添加部分功能，发展到自行研制开发仿真软件。如航天北京计算机应用与仿真技术研究所研制开发的 ICSL 系列、IHSL 系列，与清华大学联合开发的 IMSS 等。近年来，中国航天科工集团第二研究院、国防科技大学、北京航空航天大学等还在分布交互仿真软件的研究方面取得较好的进展。

2.2 数字仿真语言

2.2.1 数字仿真语言的特点

仿真语言是仿真软件的灵魂和核心。仿真语言是一个软件系统，通常由模型与实验描述语言、翻译程序、实用程序、算法库及运行控制程序等组成。仿真语言与通用高级程序设计语言（如 FORTRAN、C 等）相比，它具有以下优点：

（1）提供了一个方便、易于使用的面向问题的仿真建模框架。

（2）仿真语言可自动产生用高级程序设计语言对仿真模型编程的程序及实验功能，从而明显缩短编程时间。

（3）仿真语言描述的仿真模型便于修改。

（4）大部分仿真语言提供仿真运行时数据的动态存储和分配。

（5）可自动地进行错误检查。

仿真语言按数学模型的形式分为面向框图的仿真语言和面向方程的仿真语言。按运行方式分为交互式仿真语言和批处理式仿真语言。

目前仿真语言的主要发展特点有：多模式建模技术已开始引入仿真语言中；在处理模型的数值性能方面，目前连续系统仿真语言中设有丰富的非实时与实时的常微分方程算法程序库。在偏微分方程算法中以"线上法"最为流行。统计分析算法目前还只是在离散系统仿真语言中具有较强的功能。在仿真语言结构特性方面，引入并行结构、子模型拼合、层次结构及宏调用等方式。仿真模型鉴定包括了数字模型有效性及仿真模型置信度的确定。仿真程序执行过程包括批处理及交互式两种。仿真结果数据处理采用数据库技术解决模型、试验程式、输入/输出数据及图形等有关存储、检索、运算及处理。仿真系统的输入/输出特性方面，许多语言实现了相当好的图形、菜单、图标等方式输入模型。输出分析特点一般包括：单变量统计分析（如采样统计、置信区间等），多变量统计分析（如变量约简、公共随机变量、多重比较等），统计图表、商业图表、数据管理等。此外许多软件还具有三维动画的图形功能。专家系统开始引入，以帮助建模、选择算法、分析和判断结果。语言实现方式有解释型、编译型、混合型及直接执行型等。面向对象方法学已广泛用于指导仿真语言设计。基于代理的仿真语言已经出现。

模型与实验描述语言是一种面向问题的高级语言，模型描述的符号、语句、语法、语法规则十分近似系统模型的原始形式。实验描述常由类似宏指令的实验操作语句和一些控制语句组成。翻译程序是将模型与实验描述语言等的源程序翻译成宿主语言（如

FORTRAN、C、C++、Java 等语言）的程序。实用程序及算法库包括各种仿真采用函数、算法及绘图等实用程序。运算控制程序是供批处理及交互式控制仿真运行、改变参数、收集处理数据显示的程序。

仿真语言一般由以下 4 个部分组成：

（1）模型定义语言：用以定义模型和仿真实验的语言。

（2）翻译程序（用于连续系统仿真）或处理程序（用于离散系统仿真）：翻译程序是将用模型定义语言书写的源程序翻译成宿主语言。处理程序是将源程序连接实用程序库和运行支持程序，形成机器码。

（3）实用程序库包括：算法、专用函数、随机采样函数、各种框图和绘图程序。

（4）运行控制程序：供用户以人机交互的方式控制仿真运行、改变参数、收集数据和显示数据的程序。

2.2.2　连续系统仿真语言

连续系统仿真软件主要处理以常微分方程或偏微分方程和差分方程描述的仿真模型。美国计算机仿真学会于 1967 年公布了连续系统仿真语言规范（CSSL67），这对仿真软件的发展产生了深刻的影响，形成了仿真软件的三段式语言结构，即由初始化（INITIAL）、动态（DYNAMIC）和终止（TERMINAL）三个功能相对独立的组成部分。用仿真语言来描述一个仿真活动，通常包括以下 3 个主要程序段。

（1）初始化：仿真的准备阶段，包括设置模型状态变量的初值、参数、积分步长、打印间隔、仿真终止时间等。

（2）动态：执行仿真模型的仿真实验阶段，主要包括调用仿真算法程序，计算各状态变量，按用户要求输出仿真结果。

（3）终止：一次仿真运行完成，仿真时间到达仿真终止时间，仿真运行进入终止阶段。仿真终止后，可根据用户要求输出整个仿真过程（数据、图形），或修改参数后再进行仿真等。

随着仿真技术的不断发展与应用，新的规范 CSSL81 被提出来，在保持 CSSL67 的初始化、动态、终止结构的基础上，进一步改进了系统仿真语言的结构。在关于模型的定义部分，将模型段和实验段分开，增强了仿真实验的灵活性，既可对不同的模型进行相同的实验过程，又可对同一模型进行不同的实验。CSSL81 成为连续系统仿真语言软件架构的主要模式。

下面较详细介绍由北京计算机应用与仿真技术研究所开发的通用高级仿真语言 ICSL II 的主要功能、程序设计和实验运行环境。

2.2.2.1　ICSL II 语言功能概述

ICSL II 仿真语言是大型、多功能仿真语言，且具有强交互性的用户友好的语言环境。

（1）动力学系统仿真功能——支持用户以 4 种模式进行仿真实验。1）一般仿真方式。该方式允许用户以语言规定的正文或图形方式定义一个模型对象，规定实验参数及积分方法等，并进行仿真计算。2）多段串、并行仿真方式。该方式允许用户将模型对象分成多个部分，用户可根据每一部分不同的特性，选择不同的算法、积分步长等实验参数，一次完成对模型对象的多帧速串行或并行计算。此方式是用于对问题领域十分熟悉的工程人员或高级用户，可有效地提高仿真运算效率。3）实时仿真方式。ISCL Ⅱ具有实时仿真功能，其程序形式与一般方式相同。可直接使用实时语句指定实时仿真的有关参数。现行 ICSL Ⅱ版本允许 16 路 A/D 和 48 路 D/A，采样间隔为可设定的关系变量。4）并行仿真方式。ISCL Ⅱ从模型分解和并行算法等不同层次上提供了并行化手段，从而提高了仿真实验的速度。

（2）控制系统分析和设计功能：ICSL Ⅱ支持用户对现行定常控制系统进行分析和设计，并提供有关图形支持和人机交互操作功能。

（3）动力学系统参数寻优及控制系统指标寻优功能：ICSL Ⅱ为用户提供参数寻优功能，其中包括以系统过渡过程参数为指标的参数寻优和以系统稳态分析参数为指标的参数寻优，即仿真模型参数寻优和系统分析参数寻优。

ICSL Ⅱ语言的设计中充分考虑了方便用户的原则。上述各类功能所对应的程序在形式上具有较好的一致性。例如，系统参数寻优程序可在仿真程序或系统分析程序的基础上加入寻优说明，设置若干参数而得，十分方便。

2.2.2.2 ICSL Ⅱ程序设计及实验运行环境

对工程人员来说，ICSL Ⅱ的程序设计环境比较理想。同时 ICSL Ⅱ还为用户提供了交互性很强的实验运行环境，该环境为用户提供了多种实验控制功能。

（1）ICSL Ⅱ程序设计环境。ICSL Ⅱ程序可分为模型描述部分（简称模型块）和实验控制部分（实验块），前者用于定义待解的动力学系统模型，后者用于定义较复杂的多次仿真运行控制过程。

1）模型块。ICSL Ⅱ模型描述种类有：常微分方程、代数方程（ODE/AE）描述的动力学模型；采样系统模型（数字部分具有差分方程与 Z 变换两种形式）；动力学系统参数、函数导优模型；概率与随机过程处理模型；控制系统分析与设计。对于线性定常系统，ICSL Ⅱ提供多种方法用于描述系统模型并进行分析与设计，其中包括单输入单输出（SISO）系统和多输入多输出（MIMO）系统。

模型描述语句和建模编程环境如下：

① 方程语句及条件方程语句；

② 矩阵方程语句；

③ 传递函数语句；

④ 差分方程和 Z 传递函数语句；

⑤ 丰富的专用函数语句，系统提供 40 余种典型函数专用语句，包括典型非线性各种信号函数；

⑥ 完备的外部接口，用户可引用 FORTRAN 编导的外部函数或子程序；

⑦ 子模型和"宏"，为定义复杂模型提供了有力的工具，允许用户使用多层子模型进行积木式建模，并允许在任意层次上使用"宏"；

⑧ 各类通信控制、终止控制及显示语句。

ICSL Ⅱ的建模编程环境十分优越，各类语句的形式均与工程人员的习惯接近或相对应，以便于用户掌握。

2）实验块。实验块功能主要有：定义系统变量值，以控制实验过程和设置实验参数及各类算法；定义需多次运行或需要进行较多复杂参数计算的实验程式；控制运行期间的模型参数设置、显示输出、图形输出、数据存储及参数初始化等。

为了完成各类复杂实验程式的程序设计，ICSL Ⅱ为实验块设计提供三类语句和命令。其中主要涉及过程性语句，包括赋值、条件、转移、循环等，可组成各种复杂的逻辑结构；模型参数访问和输出语句，允许用户在试验过程中修改、存取模型参数的值，并完成数据显示和图形显示等功能；实验控制命令，包括系统初始化、开始运行、数据输出形式等多种实验控制操作。

（2）ICSL Ⅱ实验运行环境。ICSL Ⅱ系统提供一个强交互性的实验运行环境，用户在该环境下不仅运行实验块中定义的实验运算过程，还可以使用系统提供的交互命令完成多种辅助操作。ICSL Ⅱ交互命令可支持用户完成下列实验操作功能：

1）设置及修改系统变量及模型参数；
2）控制系统输出数据的存储；
3）控制实验数据的输出显示，包括数据列表、图形显示、统计分析列表显示等；
4）完成参数初始化，单次运行控制等功能；
5）结果数据文件与数据库间的存取、查找等操作；
6）控制运算选择专家系统的运行。

2.2.3　离散系统仿真语言

离散事件系统的状态变量只在某些离散的时间点上，由于某种事件的产生而发生变化，且模型一般不能表示为方程的形式，而采用进程或事件或活动来描述。据文献介绍，离散事件仿真建模方法有十几种，而常用的离散事件建模方法主要有三种。

（1）事件调度法（event scheduling）：通过确定所有可影响系统状态的事件来描绘出相应模型产生的各种变化，如 SIMAN、SIMSCRIPT Ⅱ.5、SLAM 等。执行程序首先调用初始化程序设置仿真语言中各变量的初值，并读入描述模型的标准输入语句。在执行程序中通常采用事件单位增长的方法拨动时钟。初始化后，从事件表中找出第一个事件。执行程序随之调用事件控制程序转至相应的事件程序。其执行的结果是再调度其他事件发生，或修改系统状态，或收集统计数据等。支持子程序库提供所需的程序。如此进行下去。仿真终止后，自动产生报告。事件型仿真语言提供一系列方便而直观的语句供用户定义系统及书写主程序和事件程序。

（2）活动扫描法（activity scanning）：主要关注活动随时间的变化，如 ECSL、HOCUS 等。

（3）进程交互法（process interaction）：通过对各种进程与事件的描述来反映实际系统。该方法主要着眼于一个系统中各进程之间的相互关系，如 GPSS/H、GPSS/PC、SIMAN、SIMSCRIPT Ⅱ.5、SLAM 等。进程型语言按照系统表达方式又可分为网络型、语句型和框图型三种类型。美国宝来公司的 A.J.迈耶霍夫等人提出的宝来操作系统仿真语言 BOSS（Burroughs Operational System Simulator）有很强的仿真功能，允许用户在编码过程中运用自己的与流程图类似的模块。

三种方法在模型的建立、执行效率及灵活性上各有不同。进程法与事件调试法相比，由于一个进程描述了对应的进程实体的整个活动过程，故对许多系统来说，进程法建模更为自然，但采用某些仿真语言实现时事件调试法缺乏灵活性。不论哪种离散事件仿真语言，它们都具有以下一些基本特点。

（1）随机数（random number）的产生。

（2）不同概率分布下随机值（ramdom value）的产生。

（3）仿真时间推进。

（4）资源（resource）建模。

（5）实体（entity）建模。

（6）从时间表确定下一事件，并控制运行相应的代码。

（7）增加表中记录或减少表中的记录。

（8）统计数据收集和分析。

（9）仿真结果报告。

（10）出错检查与诊断。

GPSS 是一种重要的离散系统仿真语言，又称通用仿真系统语言。GPSS 语言是面向框图的进程型语言，已在离散系统仿真中得到广泛应用。在交通、能源、通信、计算机网络、系统设计、计划调度、财政金融等方面常借助于 GPSS 语言进行决策分析。GPSS 语言简单易学，功能很强。即使没有程序设计经验的用户也能选用各种模块组成框图，对于复杂系统的仿真所用程序也很短，并有大量的应用范例可供参考。为了便于在电子计算机上执行用 GPSS 语言编写的仿真程序，已经设计出功能很强的 GPSS 仿真软件，一般由文件和软磁盘的形式提供。GPSS 仿真软件由模型定义模块、处理程序、实用程序库和运行支持程序等组成，具有自动打印输出报告和良好的自诊断功能。GPSS 框图用 GPSS 语言编制仿真程序时，首先用框图描述被仿真的动态系统。框图中每一个模块表示一种动作。各模块之间的连线表示动作的先后顺序。如果由模块引出的连线多于一条，则要在模块上说明动作选择的条件。所以 GPSS 框图与流程图相似。这种以程序设计语言为基础的框图描述方法，要求对每一模块给出确切的定义和名称，并指出相应的操作数。

2.2.4 混合系统仿真语言

对许多实际系统来说，并不能单纯通过连续系统的描述方法或离散事件系统的描述方式来表达，而是采用两类描述的组合及沟通它们之间的通信来描述系统，这类系统即连续/离散混合系统。按某些学者的观点，在混合系统模型中，连续变化的状态变量与离散变化的状态变量是通过下面三种基本方式实现交互的。

（1）一个离散事件可造成连续状态变量值的离散变化。

（2）一个离散事件可影响连续状态变量，控制一个连续状态变量在特定的时间变化。

（3）连续状态变量在达到某设定门限值时可造成一个离散事件的发生或被调度。许多仿真软件都支持离散/连续混合系统的建模仿真，如 SIMAN、SIMSCRIP II.5、SLAM 等。

典型连续/离散事件仿真语言 IHSL 简介为：它是由北京计算机应用与仿真技术研究所开发的；该语言除了具有一般离散事件系统仿真语言的功能外，还具有对制造系统和防空系统仿真的专用功能。IHSL 主要用于离散事件系统的仿真，也可对由微分方程形式描述的连续系统进行建模和仿真，并可以对离散/连续混合系统进行仿真。

（1）IHSL 模型描述语句。IHSL 主要支持用户使用面向进程的方法对离散事件系统建模，为用户提供了 38 个模型语句，这些语句可以分成两类。

1) 说明性语句。这类语句用于定义系统中的资源、设备和实体属性的含义。这类语句描述的模型元素并不对应于系统中发生的某类事件，而只是说明了实体在系统中运动所必需的条件。这类语句包括 TUNIT（运输设备语句）、CUNIT（传递设备语句）、PATH（运输路径语句）、SEGMENT（传递设备段语句）、GAT（门语句）、RESOURCE（资源语句）、GROUP（资源组语句）、ARESOURCE（辅资源语句）、CATRIB（实体属性定义语句）等。

2) 处理性语句。其中每个语句都对应于某一特定的事件或进程。

（2）IHSL 实验控制语句和命令。IHSL 共有 14 个实验控制语句，用于完成下列功能：

1) 提供日期、建模者名字、输出标志等，以便形成输出报告的表头；

2) 初始化系统、设置状态变量的初值，设置文件中初始记录，设置随机数的初值等；

3) 定义观测和记录变量，包括对离散系统设置观测点和说明观测类型，对连续系统说明需要记录输出的状态变量名；

4) 定义运行的长度、次数、停止条件等。

IHSL 系统还提供了若干交互式命令，使用户可以控制仿真的运行，包括停止运行、设置断点、显示系统状态、修改系统参数、恢复运行等。

（3）IHSL 的参数语句。

1) 模型及实验参数定义语句，给出模型描述和实验规定的形式参数的实际值。

2) 表语句，给出了模型中定义的表的实际数值，这些表的值表示了实体进入或离开系统的规律。因此用户可以描述某些复杂的进入分布，如生产计划中工件进入加工线的情况或在防空系统中飞机进入防空区域等的复杂情况。

3) 实体流数据语句，给出实体流数据的值。实体流数据定义了实体在流动过程中某些属性值的变化。

4) 运行费用系数定义语句，给出了系统中各种设备运行的费用系数，以便计算整个系统运行费用。

由参数语句 IHSL 实现了将系统静态模型和动态模型分别定义的功能。例如对于柔性制造系统，可用模型语句定义其设备的配置，用参数语句定义工作进入系统的分布及流动的过程。因此，当系统的设置不变而修改生产计划时，不需要修改模型描述。

（4）IHSL 的程序结构。IHSL 的程序分别由模型文件、实验文件和参数文件组成，可以分别定义和修改。模型文件的内容是由模型语句描述的系统模型，实验文件的内容是由实验语句定义的实验过程。参数文件的内容是由参数语句给出的实体流、数据、表、形式参数的值等。

（5）IHSL 的其他特点。

1) IHSL 在设计过程中考虑了与其他相关的软件构成一个一体化的仿真环境。能与其集成的软件包括：一个图形建模的前处理软件，一个与其同步运行的监控及动画显示软件，一个完成数据处理和管理的后处理软件。为此，在 UNIX 环境运行时，IHSL 定义了公用的内存区。IHSL 将作为一个子进程，接受其他进程的信号，以决定其启用和对公用的内存区的写操作。IHSL 将把其运行的中间数据按规定的格式写入数据文件，以便其他程序进行分析和处理。

2）队列的动态排序功能。目前其他仿真语言中队列的排序是固定的，实体一旦加入队列，则在队列中的次序便不能再改变，直到它从队列中流出。而 IHSL 中在队列内实体的属性值可以随时间变化。当属性变化后，系统将自己按照排序规则重新调整实体在队列中的次序，这对防空武器仿真是很有用的。

另外，国外的 Modelica、SLAM 等均是十分优秀的混合仿真语言，下面进行简要介绍。

（1）Modelica 仿真语言。瑞典的 Modelica 是一种重要的混合仿真语言，适合于半实物仿真和嵌入式控制系统，由非营利组织 Modelica 协会开发，可以免费使用。Modelica 仿真语言为支持有效的模型库开发和模型交换而设计，建立在非因果模型之上、支持数学方程和模型知识重用的，用于大型、复杂、异构的物理系统建模的现代面向对象语言。它适合于多领域建模，例如包含机械、电子、液压、控制子系统的机器人、汽车、宇航应用，面向过程的应用及电力系统发配电等中的机电模型。Modelica 中的模型采用微分、代数和离散方程进行数学描述。无须人工求解特定的变量，Modelica 工具将有足够的信息来自动决定求解的事，可用专门的算法使对具有超过 10 万个方程的大型模型的高效处理成为可能。

（2）SLAM 仿真语言。SLAM 是一种连续离散混合系统仿真语言，可用于连续系统仿真、离散系统仿真和连续离散混合系统仿真。对于离散系统仿真，可用进程型、事件型或同时用这两种类型的建模方式。对于连续系统仿真，可用微分方程或差分方程建立连续模型。对于连续离散混合系统仿真，可用事件型、进程型和连续模型混合的方法建模。为了在电子计算机上执行用 SLAM 语言编写的仿真程序，已经设计出各种版本的 SLAM 软件。SLAM 由模型定义语言、处理程序、实用程序库和运行支持程序等组成。SLAM 软件可建立进程、事件和连续模型之间的通信。用 SLAM 语言编制的源程序经处理程序翻译成 FORTRAN 语言，再经编译连接后形成机器码。SLAM 软件可提供 6 种连接方式来实现网络、离散事件和连续模型之间的组合：1）网络中的实体可以触发离散事件；2）事件能改变网络中的实体流；3）网络中的实体能使状态变量值跃变；4）状态变量达到规定的阈值时可激活网络中的实体；5）事件可使状态变量值跃变；6）状态变量达到规定的阈值时能触发事件。SLAM 软件在仿真运行结束时能自动提供标准的输出报告和直方图或曲线图，并有良好的自诊断功能。

2.2.5 图形技术在仿真语言中的应用

随着 20 世纪 80 年代计算机图形技术的发展，图形化建模及动画显示的功能被应用于仿真语言中。图形技术的应用，使仿真软件实现了可视化、交互式建模与仿真的功能。如模型可以采用图表的形式表达，图表的描述方法可通过可视化的形式完成。如 GPSS 仿真语言可采用流程图来可视地表达进程交互建模方法。ANAV2.0 是一个基于 CSSL 的仿真系统，具有基于方框图的前端图形驱动建模的特点。

与此同时，建模前端被引入仿真语言中，如 CAPS/ECSL（Clementson 1991）的 CAPS（Computer Aided Programming System），可实现自动将用户建立和图形模型描述转化为传真程序。如 SIGMA（Schruben 1995）和 CAPS/ECSL，都支持分析人员开发图形化描述的模型，由软件将这种表示转换为由通用程序语言描述的仿真程序。在仿真程序运行前，分析人员还进一步编辑程序。又如 Promodel 及其衍生产品（Service Model 和 Medmodel），Arena、Witness 和 SIMFACTORY 等，支持采用图形化技术，实现交互式、可视化的建模方式，软件可对图形化模型或转化为仿真语言描述的模型进行模型检查和模型执行活动。其中，有些软件也被称为数据驱动式仿真（data-driven simulation）。

此外，采用图形技术的动态质量图形已越来越受到重视，如柱状图、水平表、刻度盘等，可随着仿真的运行而动态更新显示。动画仿真利用计算机图形技术对仿真模型中实体的运动进行动画显示。目前，动画显示主要用于离散事件仿真的模型输入、输出和结果的动态分析。采用动画显示有以下优点：

（1）增强调试能力；

（2）减少建模时间，为模型检验提供了有效的手段；

（3）增强对于系统运行的概念化理解，直观性好。

动画仿真软件一般应具有的特点为：显示表达逼真，如创建高分辨率的图标（ICON）；图标的运动应平滑；建立标准的图标库，易于开发；多屏显示输出等。目前，在许多软件中已具有动画功能，如 TESS、SINAN、SEEWHY 等。动画系统的进一步发展是视觉交互系统。

计算机图形技术被广泛应用于用户接口，支持仿真结果可视化显示和图形化建模实验，如可视化交互仿真（Visual Interactive Simulation，VIS）和可视化交互建模（Visual Interactive Modeling，VIM），以及集成化的可视化交互建模仿真（Visual Interactive Simulation and Modeling，VISM）。一个 VIS 系统一般具有的特点：仿真模型的图形化显示、用户与可视化模型的交互、实验过程中与用户的交互、后期处理的数据的存储、后期处理时与用户的交互。典型应用软件如 Proof、CINEMA、GPVSS 等，VIS 典型体系结构如图 2-1 所示。VIM 可以可视化、交互

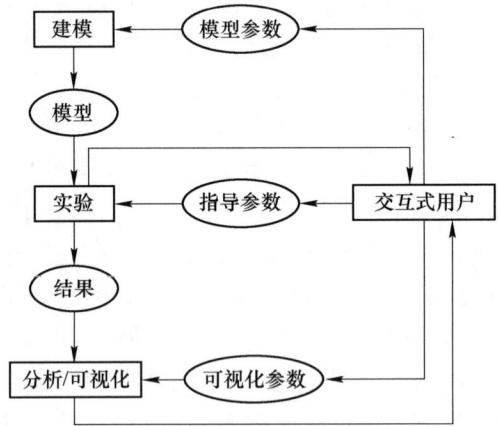

图 2-1　VIS 典型体系结构

地描述仿真模型和仿真脚本，典型应用软件如 GPVSS、ISI，以及用于生成 SIMAN 模型的 BLOCKS 软件包和用于生成 SLAM 模型的 Slamsystem2.0 等。VIM 一般包括模型生成器、模型分析器和模型转换器，如图 2-2 所示。VISM 是一个可视化交互建模仿真环境，集成化支持交互式可视化建模与仿真，其体系结构如图 2-3 所示。

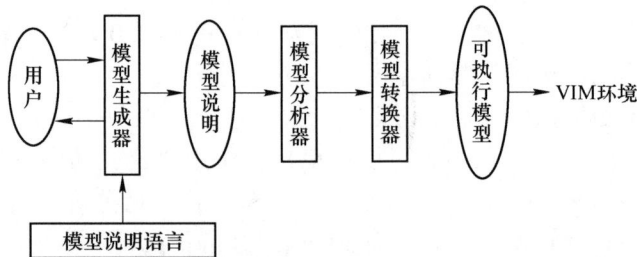

图 2-2　VIM 环境体系结构

2.2.6 多媒体技术在仿真语言中的应用

在图形技术的发展与支持下，仿真软件的建模、实验与结果分析对用户的友好性大大地增强了。20 世纪 90 年代，多媒体技术的涌现、发展，以及在仿真技术中的应用，进一步拓宽了人与仿真活动的交互能力，体现了 "WYSIWYR—What You See Is What You Represent" 的建模哲学。多媒体技术采用不同媒体形态描述不同性质的模型信息，建立反映系统内在运动规律和外在表现形式的多媒体仿真模型，并在多媒体计算机上运行，产生定性、定量相结合的系统动态演变过程，从而获得关于系统的感性和理性认识。

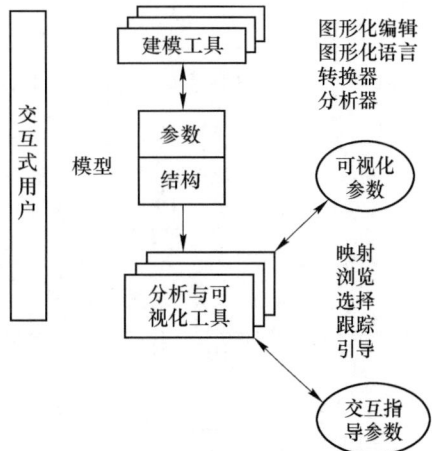

图 2-3 VISM 环境体系结构

多媒体仿真技术的研究与开发在我国正在开展之中，并取得了一些成果。如国防科技大学研制的多媒体仿真环境 SimStudio1.0，采用 MSP/Auto Studio 建模仿真方法论和对象 Euler 网建模方法，以图形化的建模工具支持用户建立多媒体仿真对象模型，并且支持将多媒体仿真表现脚本嵌入对象模型中，可以进行连续-离散事件混合系统的多媒体仿真。多媒体技术的应用，大大地促进了人机和谐仿真环境的发展。多媒体技术、虚拟现实技术的应用，已成为实现未来软件人机交互的重要方式。

2.3 一体化建模仿真环境

2.3.1 概况

仿真语言比较侧重于仿真研究全生命周期中的仿真实验阶段，而忽视了其他阶段，尤其是系统本身的建模阶段和结果分析阶段。随着对仿真的不断研究与认识，人们越来越认识到与模型有关的各类活动是密切相关、不可分割的。在 20 世纪 80 年代初，Henriksen 按软件开发环境的思想，认为仿真软件的开发也应是建模、输入、实验、输出等软件模块的有机集成，提出了集成仿真环境的概念。1984 年，Oren 提出："仿真是一种基于模型的活动"，提出了仿真的基本概念框架包括 "建模—实验—分析" 三个基本部分。指出一个基于模型的仿真软件系统（见图 2-4）可由以下几个部分组成。

（1）仿真问题描述：定义模型与实验。

（2）行为产生器（仿真）：支持模型的实验活动。

（3）模型行为（仿真结果）及其处理：模型行为可分为点行为、轨迹行为和结构行为三类，行为处理包括对行为的分析和显示等。

（4）基于模型的仿真系统监控器：用户与系统之间的接口。

（5）模型管理：包括计算机辅助建模和模型库管理两部分。

（6）实验管理：包括实验框架库的管理与仿真运行的监控等。

（7）输出模块管理：对仿真输出数据的管理。

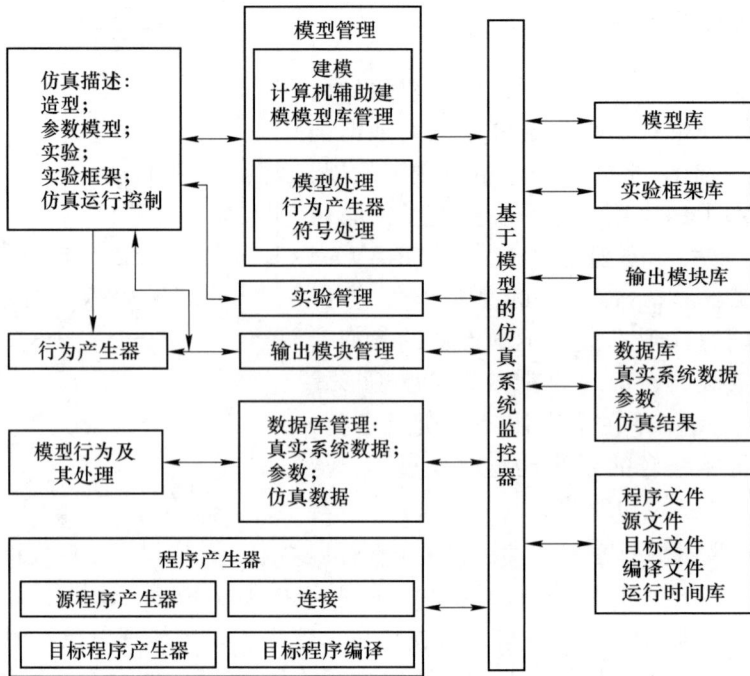

图 2-4 基于模型的仿真软件系统

（8）程序产生器：由源程序产生器、目标程序产生器和运行时间库组成。

（9）数据库管理：包括真实世界的数据、各种参数和仿真数据等的管理。

（10）计算机文件：包括模型库、实验框架库、输出模块库、数据库、程序文件等计算机文件。

同时，Oren 还进一步强调仿真软件不仅要以模型为中心的各类活动进一步发展，如模型的表达形式上、符号模型的处理算法上、模型行为的产生技术上、模型行为的处理技术上及各类活动有效性的保证上等，还应将其他面向模型的技术、计算机科学、人工智能及通用系统理论等技术引入先进的建模仿真软件中。从此，仿真软件向着一体化的方向发展。仿真语言（第三代）发展成一体化建模与仿真环境（第四代）是一个大的跃变。其产生背景如下：

（1）随着建模与仿真应用各阶段工作的要求，人们开发了各种仿真软件，常常需要协调地工作。

（2）对仿真语言的要求越来越复杂。

（3）存在大量的数据处理及文档化工作。

（4）不同的用户（建模者、仿真实验者、决策者）对工具有不同的要求。

（5）计算机数据库、网络技术有较大发展。

一体化建模/仿真环境是一类采用计算机支持建模仿真/全生命周期活动的建模/仿真环境，其主要性能表现为：（1）支持建模/仿真全过程；（2）一体化集成程度；（3）方便的多类用户（建模者、仿真实验者、决策者）接口；（4）知识处理能力；（5）质量保证措施；（6）开放性等。一个完整的一体化的建模/仿真环境应包括：

（1）建模子系统（系统辨识、正文建模、图形建模、智能化建模、模型转换）。

（2）验模子系统（数据测试验模、动画显示跟踪验模、智能化验模）。

（3）仿真实验子系统（实验框架选取、模型行为产生、智能实验）。

（4）分析与处理子系统（数值系统分析、报表/图形处理、智能化分析）。

（5）优化子系统（算法自动选取、仿真过程优化、智能优化处理）、知识库及其管理子系统（模型库/实验框架库/参数库/图形库/处理知识的知识库管理）。

（6）环境管理子系统。

（7）智能交互式人机界面子系统等。

从软件工程的角度分析仿真环境，可认为仿真开发过程就是一类具体的软件开发过程。故软件工程的各种方法、技术和工具可应用于仿真模型及其支持系统——仿真环境的开发过程中，如复杂的能量系统仿真的仿真环境的开发。一个理想的仿真环境是一个复杂的软件系统，由许多部分组成，通过开放的、模块化的公共软件体系结构，设计和实现这些元素，构成仿真环境。在具体实施时将根据实际需要实现上述系统中的部分功能。根据一体化的构成，可以有以下几种实现方式。

（1）不同功能软件通过一个软件，利用数据建模接口实现一体化，这是最初级的一体化方式。

（2）以数据库为中心，实现仿真全过程不同阶段活动的数据信息共享，支持各类活动的集成，实现一体化。

（3）开发仿真操作系统，由仿真操作系统实现对仿真关联资源的有效管理，并支持这些资源的匹配与运行，实现整个仿真软件系统的高度一体化。一个仿真操作系统应具有对仿真关联资源（模型、参数集、实验框架、算法和实验结果等）进行描述、存储和管理的功能，支持模型在实验框架内的实验，并具有一个交互式的用户界面。仿真操作系统支持仿真研究全过程，有关仿真研究的工作都可以在该仿真操作系统支持下完成。

（4）基于软总线的即插即用集成方式，通过仿真框架实现仿真全生命周期各类活动的集成优化。

这类环境进一步的研究课题是：一体化技术（知识库及其管理、各子系统间信息交换标准与模式、整个环境管理）、面向多种用户的接口系统、系统的开放性与工具集成技术及将智能处理技术用于各个子系统等。

2.3.2 一体化建模仿真环境的主要研究内容

一体化建模仿真环境的主要研究内容有以下几点。

（1）仿真数据库（信息库）管理系统。不同于一般的商用数据库管理系统，仿真数据库管理的内容是数据、图形、模型、程序、知识等，这些内容将与各种建模、仿真、输出分析决策的软件包相接。此外，仿真数据库的用户是建模工作者、仿真实验者及决策者，因此，其数据模型、操纵、管理与安全性等有其特殊性。可以认为，仿真数据库具有工程、统计、科学计算、模糊等数据库中的许多特点。仿真数据库系统的主要特点为：提供与面向科学计算的语言（如 Fortran、Algol、Basic、汇编）及仿真软件的接口；支持多对多关系、递归关系等复杂数据结构的描述；动态描述数据结构的能力；具有较高的数据独立性；询问设施局限于数据定义和操作；对用户隐藏存取路径，有较好的透明性；处理可从任一节点（不要从根节点）开始；多种用户数据视图等。

基于上述特点，现有数据库管理系统不尽合适。SDL 是第一个仿真专用的数据管理系统，采用了关系数据模型。曾有人建议 ANSI/SPARC 数据库系统结构，其外模式及概念模式基于关系数据模型，其内模式在于网状模型。当然，这里还有许多问题需要解决，诸如三种模式之间的通信等。仿真数据库的设计还可参照 CAD 数据库及其他工程数据库的设计。

（2）在环境的最上层需要建立一种面向用户的简便语言。

（3）仿真环境中的各个分部分要设计得与系统总体协调。例如，仿真部分的语言结构必须是子模型复合结构，否则不能实现从模型库中调用子模型复合成主模型。

（4）专家系统引入建模、仿真、输出分析各个部分，从而构成具有一定通用性的专家仿真系统。

（5）各类仿真活动的集成管理与优化，支持不同领域用户的协同工作能力。

（6）环境的开放性，提供不同厂商工具的能力。

（7）支持分布式建模仿真能力。

2.3.3　典型一体化建模/仿真环境 IMSE

IMSE 建模与仿真环境是北京计算机应用与仿真技术研究所研制的，其主要组成如图 2-5 所示。系统操作的主框架由环境管理系统确定。整个操作过程围绕着系统的主要处理对象模型展开，本小节分为 7 个部分进行介绍。

2.3.3.1　建模支持工具

建模支持功能分为两类：（1）由系统特征参数数据通过辨识手段直接生成仿真模型（即有系统标准格式描述的数学模型，可用作仿真源代码）；（2）通过常规编辑或图形编辑建立仿真模型。在建模过程中，允许用户使用模型库中已有的部件和定义新的模型部件。

2.3.3.2　模型代码转换和编译工具

模型代码转换和编译工具由一组具有一定符号处理功能的集成化处理工具组成，该工具集的功能是将图符、框图代码或仿真语言、定义的模型转换成可执行程序。同时，包含一类用于高级语言集成化工具，其功能是为用高级语言编写的模型程序提供与环境系统通信和控制的规范化接口。这样，环境系统将能够组织和

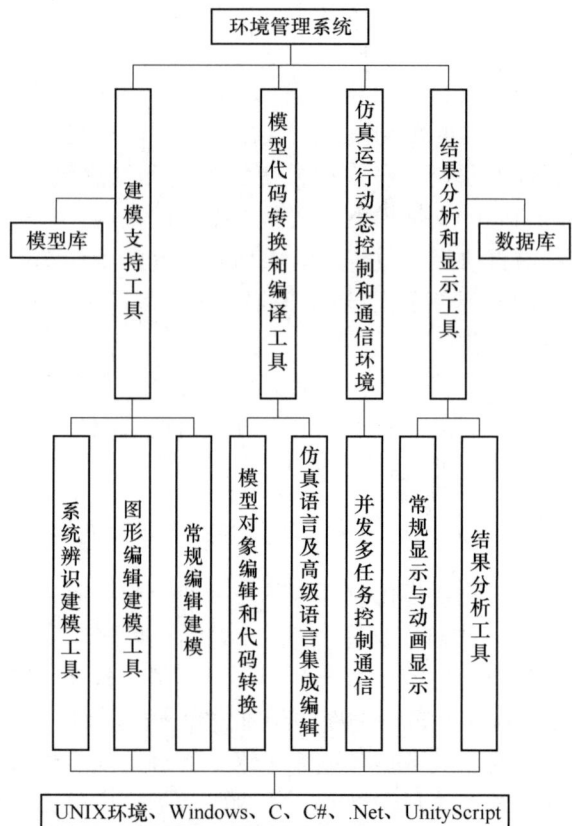

图 2-5　支撑环境的结构示意图

控制由图表方法、仿真语言方式和常规高级语言方式定义模型程序和相关程序的集成化并发运行，并根据用户的需要实现多任务并发工作或多相关任务的并发运行控制和通信等功能，为大型武器系统的仿真提供有效的支持。

2.3.3.3 仿真运行动态控制和通信环境

实现仿真系统的开发（或并行）运行和动态通信控制，必须具有相应的结构框架和相应专用库系统的支持。结构框采用事件驱动方式，动态生成可执行的任务进程。同时，定义多种标准的进程通信接口，实现复杂的武器系统的并发仿真。

需要强调一下，这里所提及的武器系统仿真的概念已有别于经典的全数学仿真的概念。例如，一个由雷达、发射架、导弹和其他部件组成的武器系统在仿真环境中可以由多个分别模拟各个部件的任务进程的软件系统所模拟，部件间的通信、控制动作可由进程间的通信、控制手段实现。这种模拟方式无疑更接近于实际系统，更易于向实时半实物仿真和网络环境下的分布环境并发仿真过渡。这种结构将仿真软件系统的功能从单纯的面向数学模型提高到面向武器系统。整体的层次结构，将使系统的功能和使用更好地满足用户的需求，从形式上更接近用户的习惯。

2.3.3.4 结果分析和显示工具

结果分析工具适用于对仿真结果数据进行静态（事后）或动态分析的软件工具，包括统计分析和其他分析处理工具。结果显示工具包括静态和动态曲线显示、二维和图形显示。此外，系统还支持通过引用专用的三维动画软件，实现实时或准实时（系统速度不够时）三维视景模拟。

2.3.3.5 系统模型库

系统模型库环境是用户定义和管理模型的工具。与常规的仿真软件工具比较，模型库有以下几种主要功能：

（1）层次化的定义和管理系统级模型、子系统级模型、部件级模型和元件级模型，从形式上更接近于常规工程组织习惯。

（2）与建模支持工具系统结合，形成了一个较为完善的建模支持和管理环境，可同时兼顾建立和管理模型的任务。

（3）提供面向模型对象的图形、表格驱动的建立和管理操作环境，可实现多种形式的建模、修改、拼装模型等功能。

2.3.3.6 系统数据库

系统数据库的功能是存储和管理仿真所需要的各种格式的数据，包括实测数据、各种表格形式的气动数据和其他数据及仿真结果数据。数据库提供多种获取数据的接口规范，并提供若干种标准数据格式转换工具。数据库的管理活动除了常规的库操作以外，还支持数据到模型的参数的检索，以及保存数据与模型及其相关执行环境的关联信息，并提供检索支持。此外，数据库与结果分析和显示工具相结合，构成较完善的结果分析和显示支持环境为用户提供了强有力的结果数据分析显示处理功能。数据库系统的操作环境与模型库基本一致，均为面向数据对象的图表驱动的处理和管理模型，易于掌握和使用。

2.3.3.7 环境管理系统

环境管理系统定义了整个系统运行的主框架。用户可动态定义多个任务窗口，同时并发（或并行）执行一组独立或关联的仿真任务。环境管理系统确定了一种面向对象的操作模式或环境，即以建立、管理和执行模型对象或数据对象为基本处理框架。例如，要建立一个导弹武器系统的仿真模型并进行仿真，可利用建模工具分别建立各子系统的模型，如导弹本身、雷达、目标等，也可从模型库中调出模型（如果有），而后分别定义其运行参数环境和子系统间的关联环境。至此，建模工作即告完成。下一步步骤是对模型进行处理和转换，该部分处理除了给用户一些提示信息（错误操作、警告提示）用作排错参考外，对用户是透明的。仿真运行将处于多任务环境下，可按用户的要求动态显示各子系统或部件运行状态。并支持用户实施一定程度的动态干预。仿真结果除动态显示部分外，可按用户的要求直接存入数据库或放弃。用户对存入的数据可选用分析和显示工具进行各种分析处理和显示，并可进行从数据到模型、从模型到数据的双向检索。该功能实际上为利用已有的数据结果提供方便。

综上所述，环境管理系统所支持的风格是以模型和数据对象为处理目标的集成化处理风格。用户的工作内容包括：（1）建立模型单系统或多子系统（单任务或多任务）；（2）定义模型运行的数据环境和算法环境；（3）定义与其他子系统或设备的接口模型（子系统间接口、外部设备接口、网络数据库接口）和动态显示形式内容；（4）运行模型；（5）结果数据处理（如果必要）。这几项内容和核心是建立模型和仿真。一些具体的处理细节，如模型编译或符号转换，多任务的动态静态的生成和管理等，均由系统自动完成，对用户透明，这就保证了用户始终工作在其熟悉的环境中，面对其熟悉的形式表示的对象模型，从而提高工作效率和可靠性。

除此之外，由于系统模型库管理功能和规范化表示形式，模型和数据的规范化积累管理和引用十分方便。

2.4　并发分布式交互仿真工程

目前仿真技术的应用在广度、深度和规模上都得到了很大发展，其中最显著的应用如下。

（1）将仿真技术应用于"开放、复杂、巨型的系统（OCHS）"的研究已取得巨大的进展。典型的例子有分布交互仿真系统（DIS，如 SIMNET 被用于军事应用领域）和虚拟制造系统（已被用于波音 777 的研制）。OCHS 有 3 个显著特点，"开放性"指系统和它自身的环境之间存在着物质、能量和信息的交换；"复杂性"指系统由具有多层结构的子系统组成；"巨型性"指系统通常由上百个子系统构成。

（2）仿真技术已被应用于被仿真系统的整个生命周期中，并已开发出各种基于仿真的工具（SBX）。目前，人们正在致力于研究开发完美的基于仿真的系统工程。很明显，对于 OCHS 系统的仿真实验已变成复杂的系统工程。

为实现高效、高质和低成本的仿真实验工程，提出了并发分布式交互仿真工程（CDISE）这一新型的工作模式。

2.4.1　并发分布交互仿真工程（CDISE）的概念

CDISE 是为实现"虚拟产品"（被仿真系统的动态模型）及相关子过程的一体化，并发设计而采取的一种系统性的工作模式。并发分布交互仿真工程是使仿真工程全生命周期中各个"子过程"（仿真系统的需求分析与建立，系统建模与验证，仿真模型建立与确认，仿真实验运行支撑，管理与配置，仿真结果分析、处理、使用）和"人"（管理决策者、系统分析/设计/运行工程师、仿真设备开发和维护人员、仿真运行支撑系统的设计/实现人员、仿真系统的用户）能够并发工作的一种集成的、系统的工作模式。这种模式使以往串行和延时交叉实现的仿真工程变为有机、并发、交叉、优化实现的并发分布交互仿真工程，使工程的效率提高、成本降低、质量改善。"并发工作""协同作业""力图在早期就考虑整个仿真工程生命周期中的所有因素"是并发仿真工程的主要特点。

并发分布交互仿真工程的工作模式如图 2-6 所示。其特点就是通过工程管理系统和支撑系统将经典的仿真系统的开发工程变成并发、分布、交互的协调的仿真工程。

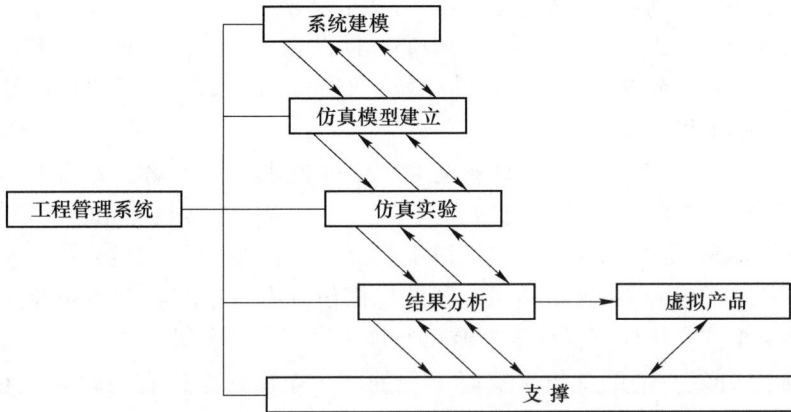

图 2-6 并发分布交互仿真工程的工作模式

（1）仿真工程的并发性。

1）每个子过程内部并发性，例如，建模子过程中可将一个模型分成许多子模型并发建模。

2）各子过程间的并发进行，例如，通过快速原型和渐进回溯的方法实现仿真系统需求分析、系统设计、建模、系统开发和仿真实验设计等过程的交叉和并发的进行，从而缩短系统开发周期，提高工程效率。

（2）仿真工程中的分布性。

1）被仿真系统是分布的。由于通信和计算机网络技术的广泛应用，存在大量这样的系统，它在地理上、物理上和逻辑上是分布的，如军事领域的攻防对抗系统、队组人员训练系统等，工业领域的 CIM 系统等，但由于这类系统自身的分布特性，使得对这类系统采用分布式仿真能更好地体现系统的模型及其特性，得到更为有效和可信的仿真结果。

2）仿真工程的组成（参与仿真的人及软、硬件资源）是分布的。实现将不同的地点、不同部门的人员和仿真资源进行互联和共享，从而有机、协调地完成仿真工程。因此，仿真工程本身具有分布性。

（3）仿真工程的交互性。

在仿真工程和仿真过程中，人、机器、动态的虚拟环境存在着大量的信息交换、互相作用和影响，其中任何一个的变化和行为都对其他元素产生影响。

成功地实现上述并发分布交互仿真工程的条件是：仿真工程的组织和管理；仿真工程

的方法学和技术；支持仿真工程的环境——并发分布交互仿真工程支撑环境。因为，在这样一个复杂的仿真工程中，涉及不同部门、不同专业领域、不同层次的人员，如何组织、管理和协调这些人员，使其充分发挥自身的优势和特长，最大限度地发挥人员间的互补作用，从而实现协同、高效的工作。基于以上阐述，进一步理解定义 CDISE 如下。

1）CDISE 的实施目的是实现高效、高质和低成本的仿真实验工程，满足用户的仿真需求。

2）CDISE 是一种系统化、集成化的工作模式，强调各子过程间与工程全生命周期中各相关阶段的集成、并发和优化。在仿真工程生命周期的上游就考虑到下游工作的可行性和一致性。尤其在系统的建模阶段就引导下游的可行性设计。在整个工程生命周期中，需要准确的通信和协调机制，以避免仿真活动的交错反复。

3）在 CDISE 中，以"虚拟产品"为中心，团队协同工作。这种工作模式不仅强调部门之间的协调，而且充分发挥、集成不同领域人们的聪明才智。根据系统的复杂性，可以层次化地组织仿真工程开发团队。

4）CDISE 重视使用新的计算机化、网络化、虚拟化、智能化、集成化的建模和仿真技术来满足用户的需求。采用面向对象技术、客户/服务器技术和仿真软总线技术、Internet/Intranet/Extranet 技术。在人机接口中引入多媒体技术和 VR 技术。基于 VR 的人-人接口、人-机接口和人-环境接口技术和新的建模仿真方法学与技术，实现虚拟产品及其过程的数字化定义，支持计算机辅助下游可行性设计与协同作业。

5）CDISE 是开发复杂系统仿真实验工程的一个全新阶段，它主要表现在协同作业、并发工作及新的建模/仿真技术的应用。

2.4.2   并发分布交互仿真工程中的关键技术及其实现策略

实现并发分布交互仿真工程的目标，需要建立一个完整的、协调的支持并发分布交互仿真工程和系统生命周期的支持环境，实现人、信息、过程和工具的集成。CDISE 是仿真工程重组、仿真环境的建立和新技术的应用等要素的综合应用与协调，涉及的关键技术包括：更加重视发挥人和团队作用的团队技术（team work）。实现团队协同工作的计算机支持协同工作技术（CSCW）。Internet/Intranet/Extranet 技术、强调实现仿真工程全生命周期中各子过程间的集成、并发与优化的重组技术及面向并发分布交互仿真工程的计算机辅助建模、仿真实验、仿真数据分析和管理及其支撑技术等。CDISE 的体系结构如图 2-7 所示，以用户仿真需求为核心，合理组织工程全过程的三要素——组织、工程管理和技术，并基于分布的仿真集成框架的支持环境，使建模、仿真实验、仿真输出分析等各类活动中的信息流、价值流优化运行，进而改善和提高仿真实验的质量，完成

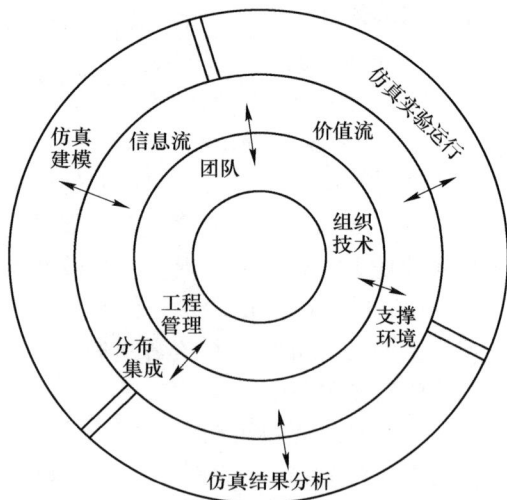

图 2-7   并发分布式交互仿真工程体系结构

仿真目标。

2.4.2.1　仿真工程的团队工作

团队工作模式打破了传统的按部门、按仿真活动的不同阶段划分的组织模式，由项目领导按"虚拟产品"开发任务和目标，优化组合来自不同学科、仿真工程各阶段相关部门的代表所组成的集成开发团队。为了有效地实现团队的目标，除了要有良好的团队文化和有效的管理机制外，还应充分应用支持团队进行系统开发活动的计算机辅助工具，从而构成协同工作环境来支持团队的高效工作。

2.4.2.2　仿真工程的重组技术

在串行工作模式中，仿真活动严格按仿真工程的不同部门及不同阶段顺序进行，建模活动与仿真试验和结果分析之间缺乏必要的和及时的信息交流和反馈，尤其对复杂的分析，交互的仿真工程难于产生高的仿真质量。仿真过程重组技术就是对仿真工程全生命周期的各种活动进行分析、分解，优化重组仿真工程的各个子过程，使仿真工程生命周期中的上、下游过程尽早交流、协调，并实现并发工作，减少整个仿真工程活动对模型验证与系统确认时的返工与等待，缩短仿真工程的活动周期，使整个仿真开发过程合理、高效。在仿真工程生命周期中，团队成员利用通信技术和工具，在信息集成的基础上，采用信息预发布技术协调和管理仿真工程的工作流程，在协同工作环境中，并发地展开工作，力争在仿真工程的早期建模阶段，就确保整个仿真工程的高效、高质。仿真过程重组时可以采用许多工具及仿真方法辅助设计人员和管理人员进行决策。

2.4.2.3　面向 CDISE 的 CAX 技术与新的建模、仿真方法学及工具

CAX（Computer Aided X）中的 X 表示仿真工程生命周期中有关的阶段与因素，如辨识/建模/仿真实验/实验分析/VVA/管理等阶段，同时综合考虑质量/成本/进度/性能等因素。这些辅助工具应突出人的作用，以及仿真工程生命周期中信息的交流与协调。同时，这些工具应能在网络环境支持下协同工作，如协同并发建模能力、协同多模式建模能力等。此外，在并发分布交互仿真工程中，需要采用新的建模理论、方法、工作流程管理、决策仲裁机理及工具，如多模式建模（multi-paradigm modeling）方法、分布式建模技术、不同表示形式的模型之间及与具体应用领域的结合技术、模型信息表达形式之间的转化技术、模型信息的中性表达技术（meta model），以及仿真结果数据的集成技术。

2.4.2.4　CSCW 和 Internet/Intranet/Entranet 技术

计算机支持协同工作（CSCW）是支持仿真工程开发团队的成员之间和团队之间协调、通信和协同工作的关键技术。CSCW 为仿真工程的不同部门、不同专业领域的团队提供交流、协调、讨论工作的论坛，使分布在不同地方与部门的人员对同一个仿真系统并发工作，相互交流，共享信息，实现整体的优化。随着 Internet 的发展，Web 和 Java 技术的逐渐成熟，CSCW 也充分利用和发挥网络高效、便捷、安全和 Java 平台的优势，在广泛使用的 Internet/Intranet/Extranet 异构网络环境上，建立基于 Web 和 Java 的网上协作技术。主要应用包括共享多媒体电子笔记本、Web 浏览器同步工具、视频/音频会议、共享 Web 浏览器、共享工作间、群体系统、白板系统和电子邮件等。如 Web 浏览器同步工具使协作者可在 Web 服务器上使用超文本材料举办讲座和讨论。

2.4.2.5　标准与规范

标准与规范技术是实施并发分布交互仿真工程的基础和关键。并发交互仿真工程设

计、开发和应用中涉及的主要标准和规范包括：在建模与仿真领域采用"建模与仿真主计划"中提出与制定的标准；支持高级体系结构（HLA）通用技术框架标准和基于IEEE1278 的 DIS 系列标准；网络/数据库采用 ISO/OSI 开放互联网络标准、ISO 10027 数据库语言等；框架/平台可采用分布对象计算规范 OMG CORBA2.0 和 DCOM 等。值得注意的是为支持已有或新的仿真模型的重用和移植，应制定相应的标准的接口定义语言，实现语言表达的标准化，采用中性格式定义仿真全生命周期内各阶段的完整、一体化和数字化的模型信息表达形式。

2.4.2.6　并发分布交互工程支撑环境（CDISESE）

对于 CDISE 这类复杂的系统工程，如果没有一个全面的支撑环境作为基础，很难想象会产生一个高效、可靠的仿真工程，因此需要依据 CDISE 的特点建立一个良好的支持环境来支持仿真系统设计、开发、运行与维护的全过程，使仿真系统设计工作有可能从经验的和随意性较大的传统设计变为基于规范化、集成化、智能化系统支撑环境的、动态开放的现代化设计。这不仅要求集成一系列的支持工具，按照一定的模式对仿真工程各个阶段新设计的相关数据加以定义和管理，使这些数据在整个仿真工程中保持一致、最新、共享和安全，还要对仿真工程的工作流程及其人员进行协调和组织，支持以规范化的系统构造模式来开发复杂的仿真系统。

2.4.2.7　CDISE 的实现策略

CDISE 是一个系统化的方法，涉及仿真工程组织模式的改革、仿真工程的重组技术、CDISE 环境的建设和仿真工程新技术的应用。同时，"仿真需求"是仿真工程"虚拟产品"开发质量保证的最终目标，用户需求识别的主要任务是充分理解用户的真正目的。客户需求收集理解得不完整，往往是造成工程开发过程反复和失败的根源，并将为此付出极大的时间和成本的代价。只有真正理解仿真工程对象，才能正确实施模型验证、系统确认和鉴定等活动，以确保系统建模、仿真试验等活动高质量地顺利进行。故应持续地关注用户的需求，积极发展与应用新的建模与仿真技术及相应的体系结构，从而实现并发分布交互仿真工作模式，即协调作业、分布交互、并行地工作、重视满足系统实验者提出的要求和持续地改善过程。

2.5　智能化仿真软件

2.5.1　概况

人工智能（Artificial Intelligence，AI）从 20 世纪 50 年代产生，已在模式识别和图像处理、自然语言和语言处理、机器人技术、符号计算、神经网络、智能代理等方面得到了发展，形成了计算机科学的许多新的研究领域。根据某仿真权威人士的观点，计算机仿真是基于三类知识的知识处理过程，即描述性知识、目的性知识和处理知识的知识。并认为仿真是基于模型的经验知识的生成过程；智能化是一种面向目标的具有适应性的知识处理能力。人工智能和计算机仿真是可用来处理相似问题的两类不同的工具，两类技术的结合是计算机仿真进一步发展不可避免的方向。AI 使仿真可利用更广泛的建模技术，可将决策制定和规划成员引入仿真。AI 技术在仿真技术中具有的作用有：模型的知识表示，仿真中的决策制定，模型的快速原型，仿真输出的数据分析，模型修改和维护等。从而可提高表达能力，缩短模型开发时间，降低对用户的技术要求，提高模型执行效率，以及增强系统的可维护性。同时计算机仿真又在人工智能中具有广泛的应用，促进了该领域的进步发展。

一个认知系统（congnizant system），通常具有知识处理能力，可采用计算机语言或自然语言提出问题和解答问题，可监控自身的环境和用户，其智能功能包括：（1）目标设置和目标处理；（2）面向目标的知识系统；（3）新环境的适应性；（4）提高性能。

其中，知识处理能力包括：（1）知识捕获（创造知识库和学习能力）；（2）知识分析（知识的查找、位置确定、解释、比较和评估）；（3）知识转化（重新排序、重新确定范围和知识合成）；（4）知识产生（通过实验技术包括仿真方法和非实验技术包括推理）；（5）知识分发（对具有解释性的知识可包括自解释（self-explantion）和元知识解释（meta-explantion）两种）。

智能化仿真软件，即一个认知的仿真（cognizant simulation）系统，其建模仿真环境和/或仿真系统具有认知能力。AI 技术在计算机中的典型应用包括：（1）模型的开发和提炼；（2）嵌入专家系统的计算机仿真实验；（3）仿真结果的解释；（4）定性仿真；（5）基于智能代理的仿真等几个方面。

2.5.2　建模专家系统

从仿真的步骤来看，建模专家系统又分为数学建模专家系统和仿真建模专家系统。

2.5.2.1　数学建模专家系统

数学建模包括确定框架、结构特征化、参数估计和模型检验几个阶段，由于这几个阶段不仅需要数值计算而且需要领域专家根据各领域的先验知识及一些带试探性的测试来解决。所以利用人工智能技术，研制具有智能的数学建模专家系统是非常必要的。

数学建模专家系统一般来讲有两类：一类是具有特殊领域知识的专用专家系统，另一类是具有建模方法学知识的通用专家系统。分析已有的数学专家系统，还有下列问题需要人们做进一步研究：

（1）建模领域的知识获取和表示问题，尤其是规则可信度值的确定；

（2）模型库和方法库的研究；

（3）先进的建模方法学的研究，将人工智能应用到建模领域的基础；

（4）符号处理系统和已有的数值计算系统的连接问题。

2.5.2.2　仿真建模专家系统

仿真建模专家系统是专家系统技术应用到仿真领域中研究较多的一部分。专家系统技术在这部分主要对用户进行以下支持：

（1）支持用户比较熟悉的方式描述仿真模型，如图形、问答和类自然语言等；

（2）对用户建立的仿真模型进行检验，如仿真模型的语法、词法和一致性检验等。

2.5.3　仿真专家系统

仿真模型建立后，传统仿真软件是通过编译系统将仿真模型转换成仿真程序，并调用用户所选的算法进行仿真试验。众所周知，算法的性能对仿真试验的性能影响很大。但是，由于传统的仿真软件缺乏知识处理能力，无法协助用户选择合适的仿真算法。这就要求用户熟悉仿真算法，给用户增加了负担，因此对算法选择自动化的研究应运而生。

目前的算法选择与专家系统还只限于对某一类算法的选择，因而对于一个仿真过程中涉及多种算法混合求解的问题（如动力学仿真系统常常需要用优化算法和常微算法共同解决某个问题）仍是一个有待解决的问题。此外，用专家系统选择的算法构成的仿真程序的正确性、可靠性检验也是一个亟待解决的问题。

2.5.4　输出结果分析专家系统

由于对仿真系统的输出结果进行分析、解释，既需要仿真语言的知识，又需要统计学和应用领域的知识，这就给用户增加了很多负担，进而影响了仿真技术的广泛应用。因此，有必要研制输出结果分析专家系统，对结果进行分析，解释并帮助用户决策。此外，结果分析专家系统也是具有反馈功能的专家仿真系统的关键部分。

从目前的输出分析专家系统来看，基本上是"开环式"的一次性仿真，实现专家反馈的"闭环"仿真比较困难。主要原因是输出分析的知识总结起来比较困难，如反馈到仿真的哪一阶段往往难以分析清楚。

2.5.5　定性仿真系统

相对于传统的定量仿真，系统仿真的另一个重要分支是定性仿真，它是通过系统的定性模型描述、演绎系统定性行为，以非数值手段处理信息输入、建模、行为分析和结果输出等。定性仿真的建模与仿真方法可定义为本质上非数值化表示的一类建模与仿真方法。对定性仿真的研究产生于对复杂系统的研究，因为人们发现：

（1）当实际系统过于复杂或知识不完备，且有时存在符号或语言形式的知识时，无法构造系统的精确定量模型；

（2）客观对象的许多特性具有模糊性、不确定性、难以量化；

（3）许多时候，定量方式建模和仿真要花费大量时间与精力，但是人们却只需知道系统的定性结果，这时繁冗的定量计算结果是不必要的；

（4）需要更加友好的人机接口；

（5）希望模仿人类的思维习惯，使用定性的方式去推理得到一类模型的一般解，而不是特定模型的特定解。

同时，相对于传统的数值仿真而言，定性仿真技术在处理不完备知识和"深层"知识及决策等方面有其独到的长处。由于定性仿真方法中的关键成分是对知识的表示与操作，故与人工智能有紧密的关系。定性仿真能处理多种形式的信息，有推理能力和学习能力，能初步模仿人类思维方式，人机界面更为符合人的思维习惯，所得结果更易理解。定性仿真方法强调通过文本和图示来理解系统，允许分析人员在仿真工具中直接使用定性的术语，以增强人机接口的有效性。常用的定性仿真建模方法有模糊建模、自然语言建模、时序逻辑建模、图形建模、拓扑分析等。

从20世纪80年代开始至今，定性仿真方法学在朴素物理学（native physics）方法、模糊仿真（commonsense reasoning）方法和基于归纳学习（inductive reasoning）的方法三个方面得到深入的发展。其中，最为成熟的是朴素物理学方法，兴起于一些人工智能专家对朴素物理系统的定性推理研究，根据建立系统定性模型的方法，可以根据对系统因果性的注重与否将定性建模方法分为非因果类方法和因果方法。

目前存在几种重要的定性方法，如：（1）ENVISION，组员（component）为中心——基于流的方法；（2）QPT，过程为中心的方法；（3）QSIM，约束为中心的方法；（4）TCP，时间约束传播（Temporal Constraint Propagator）；（5）定性传递函数方法（QTF）；（6）CA-EN，约束影响方法；（7）相对数量级（the relative order magnitude）理论。

定性仿真的发展拓展了仿真的应用领域，如化工、热力学、生态系统等领域。目前，我国的定性仿真研究工作尚处于起步阶段。随着定性仿真的进一步发展，支持定性仿真建模的环境、软件，以及支持定性与定量相结合的仿真软件及其应用必将引起更广泛的关注与发展。

2.5.6　智能化仿真系统

从前面各节的分析不难看出：建模与仿真过程中包括大量的数值计算、数据处理及知识处理，是科学理论、经验和专家判断的结合过程。如果只从知识处理的角度来看，可以认为仿真是一种特殊的知识处理器，处理陈述性知识、目的性知识和处理知识的知识，进而产生结论性的知识。因此，理想的建模与仿真环境应该是面向用户、面向问题的高效地进行数值计算、数据处理和知识处理的环境，应该包括智能化的建模环境、参数环境、试验环境、分析和文档化环境、用户接口及信息库和知识库等部分。

智能化仿真模型建立与实验环境的研究是近几年刚刚开始的，目前还有许多问题等待我们去探索和深入研讨，主要有：

（1）自然语言、语音识别及图形技术等环境中的应用研究，以改善人-机交互性。

（2）适应新环境的新的建模、仿真方法学的研究。例如，各类系统模型参数和实验条件的说明性语言的语义、算法和知识获取、表示等。

（3）仿真专家系统的研究，例如，处理动态反馈迭代、符号处理与数值计算的结构、分布层次性专家系统配合、大的求解空间等特殊问题。

（4）仿真信息/知识库管理系统设计及系统用户信息/知识库的方法学和工具的研究，诸如动态更改、大容量、递归结构、演绎能力、新数据模型、友好接口及查询速度等。

（5）机器学习能力引进环境的研究，用以辅助环境学习建模/仿真知识、软件工程知识、知识工程知识。

（6）扩展环境功能以适应智能系统模型的建立与仿真。这些模型包括随时间或条件而变化系统结构的模型、目标导向模型、具有认识能力的模型、有行为预测能力的模型等。

（7）适合环境的数值及符号推理算法的研究。

（8）适合环境中各类用户软件开发环境与工具的研究。

（9）认知仿真过程中质量保证的研究。

（10）定性仿真方法的研究。

（11）新 AI 技术方法的集成技术的研究。

（12）主流建模语言的集成技术研究。

2.5.7　基于代理的智能化仿真

近年来，人工智能技术和计算机科学的最新发展——代理技术，以及由其构成的人工社会（artificial societies）对计算机仿真技术的发展产生了巨大的影响。

智能代理，即它基于对其环境的观察、感受
和其目标的实现，按自己具有的知识，决策采取
响应动作的自满足的软件程序。与对象相比，在
结构上，是对象概念的扩展，除具有对象的属性
和操作，还有自己的代理通信机制，与传统的
Client/Server 系统相比，具有主动性（proactive）、
反映性（reactive）和社会性（social）等显著特
点。代理的其他特征性有是静止的（stationary）
还是移动的（mobile）等。智能代理的概念结构
图如图 2-8 所示。

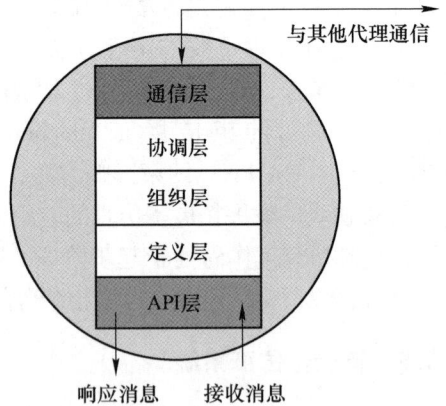

图 2-8　智能代理的概念结构图

在定义层，智能代理被定义成一个自治推理
实体。在组织层，它定义了与其他代理在信息、
控制等上的关系。在协调层，定义了智能代理所具有社交的能力，它是在多代理系统中实
现协同工作的关键，可防止具有约束条件的复杂系统产生混乱，满足单个代理不能独自实
现的全局约束，并可共享分布的资源和信息。通过个体代理的活动，可减小内部系统之间
的相互依赖关系，同时可通过代理团队作业来提高团队的整体效率和利益。在通信层，即
处理代理之间的通信细节，智能代理代表或扮演了一个具体实体，具有具体的功能和作
用。此外，可用代理技术来封装应用系统或对象服务，使其具有代理的功能。

代理技术对计算机仿真最重要的作用是将代理引入仿真模型中，并通过代理中包含认
知（cognition）与面向社会认知（socially oriented cognition）的处理来增强模型的功能。

分布式人工智能（distributed AI）是 AI 发展最快的一个子领域，它主要考虑多代理
环境下知识和行为的分布与协调问题。目前，已提出多种代理系结构，主要可分为两类：
反应式（reactive），直接对其面临的各类情况作出反应；协商（deliberative），通过推理，
考虑不同行为下产生的结果，来决定其反映行为。

MAS（Multi-Agent System）模式具有的特点有：基于代理（agent-based）建模，可更
接近真实系统；基于代理仿真，易于验证与理解被建模系统的行为。系统可具有开放和可
动态重配置的特点。此外，基于 MAS 可增强系统的模块性，能方便、快捷地反映系统变
化，并且有并发活动能力。同时，使系统易于集成新的应用而不会影响系统的变化。

多代理系统（MAS）适合用于定义和仿真涉及自治实体的计算模型，如人工环境、
经济和财政领域、实时管理系统、企业建模与仿真等，尤其是各类涉及类似社会环境的模
型等。基于代理的计算机仿真过程与标准的计算机仿真过程一致。包括以下过程：

（1）目标/问题的规范；

（2）建模：确定模型的精度和结构，包括确定和用什么代理、什么类型的认识、代
理的共享环境和外部影响如何表示，以及代理之间如何通信等；

（3）假定的确定；

（4）模型测试方法选择；

（5）DAI（distributed AI）测试床选择：不同测试床适合不同模型组件和操作的实现；

（6）在测试床上实现模型；

（7）模型校验（verification）；

（8）模型验证（validation）；

（9）实验设计和敏感度分析；

（10）仿真结果解释与表示。

与面向对象建模相比，面向代理建模是符号交互主义（symbolic interactionism）概念的反映。大部分面向代理仿真系统是多代理系统的测试床，如理解和定义模型领域的实体为代理，通过提高多代理测试床的环境来完成仿真开发与运行。基于代理的仿真可看成一个分布式仿真环境，并发交互的实体及其动态环境之间通过相互的信息交流完成仿真活动。面向代理软件设计的目标是增强互操作能力。在模型设计上，面向代理测试床中的单个实体可构成专家系统、规划系统或应用人工智能方法的软件系统，测试床提供了这些人工智能方法集成和评估的框架。面向代理测试床主要关注模型设计的表示上。

代理理论正处于发展阶段，尚不系统和完善。基于代理的仿真建模方法学还需进一步研究和发展。

2.6　仿真软件的测试与评估比较

自 1955 年第一个数字仿真软件问世以来，仿真软件已发展近半个世纪，其面向问题、面向用户的模型描述能力及它对模型建立、试验、分析、设计和检验的功能都得到了极大的改善和提高。目前市场上的各类仿真软件多达上百种，不同的仿真软件各有其特色与应用领域，但亦有其共性的一面。下面从仿真软件的测试、用户对仿真软件的需求和仿真软件自身特色的评估比较几个方面作简单介绍。

一个可靠的仿真软件需要用户界面、图形编辑器、统计发生器、数据库和内存管理系统、仿真引擎、输出报告发生器、图形动画等各部分协调以正常地工作。仿真软件的开发应符合软件工程的开发过程，一个可靠的软件应严格按软件工程的测试过程进行测试。一个仿真软件完整的测试过程一般包括功能测试过程、全面的辅助测试、每一测试模型的逻辑和输出校验（verification）及自动化测试等过程。功能测试过程由单元测试、构件（component）测试、系统测试几个过程组成。辅助测试是当仿真产品的功能测试完成后，通过全面的辅助测试来确保在不同应用条件下软件产品的整体功能特性，包括显示测试、配置测试、重点测试、文档测试、使用性测试等。在产品投放市场之前，再通过采用不同的应用模型对软件的稳定性，如接口、动画、结果等，进行测试，即 Beta 测试。自动测试是为确保对所有功能的维护，采用自动工具对仿真软件进行反复测试，直到软件运行、使用可靠。

面对品种繁多的仿真软件，针对不同用户、不同应用目的，选择时考虑的因素也不尽相同。一般来说，用户考虑得比较多的是：建模的灵活性、独立复制运行能力、读取外部数据文件的能力、运行的平台、创建外部数据文件的能力、培训、指导手册，用户个数、物料处理模块、与 CAD 的接口、销售商品的可靠性和稳定性等。当然随着不同的用途和要求可以给他们定出不同的权重，加以综合考虑。

仿真软件的比较评估，目前主要集中在：建模技术（modeling technique）、事件处理（event handling）、数值集成（numerical integration）、稳态计算（steady-state calculation）、分布适配（distribution fitting）、参数扫描（parameter sweep）、输出分析（output analysis）、

动画（animation）、复杂逻辑算法（complex logic strategies）、子模型（submodels）、宏（macros）、统计特色（statistical features）。各种比较类型的相应评估标准也已经陆续出台。

2.7　仿真软件的发展趋势

40多年来，仿真软件得到很大发展，随着新技术的不断涌现和发展，建模与仿真技术自身的不断发展，新的建模与仿真方法学的提出，以及实际应用需求的牵引，在深度与广度上都大大地促进和拓宽了仿真软件的发展与应用。未来仿真软件将在下面几个方面得到进一步的发展。

（1）进一步改善建模仿真功能。仿真软件继续开发引入新的建模仿真方法学，如多模式建模（multi-paradigm modeling）、元建模技术（metamodeling），支持模型的中性表达，提高现存和新的仿真模型的可重用性和移植性；采用代理技术，WAVE 技术支持分布、开放、复杂动态系统的大规模仿真。在建模仿真过程中应用软件工程和人工智能的方法和工具，如规范的校验过程、版本管理、决策支持等。采用集成的方法和工具整合结果，如多语言软件系统（multi-language software system）、采用定性仿真方法等。

（2）面向全生命周期（life-cycle）。强调建模/仿真/实验/验证全生命周期各类活动的优化管理，如引入并行工程思想，支持团队的协同工作，提高虚拟产品的质量。并发分布交互仿真工程模式将是复杂系统仿真的重要工作模式。

（3）基于标准、基于软总线的开放的体系结构。在分布对象计算标准 CORBA 出现前，不同建模仿真工具之间的集成一般通过开发底层的数据转换接口实现，基于 CORBA 的仿真框架提供了即插即用的软总线式集成方式，HLA 标准为不同仿真系统之间实现交互提供了一个标准的体系结构，从而支持现存的和新的建模仿真工具的集成与互操作，增强了系统的开放性。在软件体系结构上，客户/服务器、浏览器/服务器、基于 Web 的结构已应用于软件实现。先进的数据库技术，如基于数据库编程（database programming）、数据库仓库（data-warehouse）、数据提取（data-mining）技术将被更多地采用。

（4）更面向专业领域/面向用户，扩大应用领域。与通用的、开放的仿真框架相对应，许多仿真软件将更面向专业领域，满足专业领域的特殊需求，支持与专业领域的接口（如制造系统、CAD 接口）；在面向用户上，支持面向专业分析人员与面向一般人员，如可采用展开法（Layering，针对不同应用需求，提供不同程度的应用方案）和 Wizards 方法（Wizards：指导和帮助用户使用软件）。支持面向用户（User-Oriented）的建模实验任务等，增加面向专业领域的模型库、数据库等。

（5）支持虚拟样机开发。虚拟样机技术是一种崭新的产品开发方法，是一种基于产品的计算机仿真模型的数字化设计方法。这些数字模型即虚拟样机（virtual prototype），从视觉、听觉、触觉及功能和行为上模拟真实产品，利用虚拟样机代替物理样机对产品进行创新设计、测试和评估。虚拟样机技术是基于先进的建模技术、多领域的仿真技术、交互式用户界面技术和虚拟现实技术的综合应用技术。支持虚拟样机技术和仿真软件具有综合仿真环境，支持分布、复杂系统全生命周期仿真。

虚拟样机环境可以将不同工程领域的开发模型结合在一起，使设计者在物理样机生产出来之前就可进行有效的、可验证的设计工作，提高了产品开发项目中的相互交流。虚拟样机使开发者可及早地与客户对产品以自然的方式进行交流，满足客户的要求。虚拟样机支持 CE 并行工程方法学。虚拟样机技术可缩短开发周期，降低成本，改进产品设计质量，提高面向客户与市场需求的能力。

　　虚拟样机技术在国外已得到广泛重视和应用，并有相应的支持虚拟样机技术的软件产品问世，在机械领域，如美国著名软件公司 MDI 的 ADMAS，是世界上目前使用范围最广的机械系统仿真软件。利用该软件可建造复杂机械系统的"虚拟样机"，并对其进行静力学、运动学和动力学分析，真实地仿真其运动过程，并且可以迅速地分析、比较多种设计方案，测试并改进设计方案，直至获得最优工作性能。

3 装备仿真硬件技术

随着计算机软硬件技术的发展，系统仿真技术获得了飞速的发展，系统仿真技术应用到了许多领域，获得了令人瞩目的成就。系统仿真技术具有安全、经济、不受天气限制等特点，成为装备建设和训练的一个重要手段。随着大量的高级、超级计算机及先进的硬件系统应用于板书仿真领域，推动了仿真技术的飞速发展。

3.1 仿真计算机

3.1.1 计算机技术

计算机（computer）俗称电脑，是一种用于高速计算的电子计算机器，可以进行数值计算，又可以进行逻辑计算，还具有存储记忆功能；是能够按照程序运行，自动、高速处理海量数据的现代化智能电子设备。由硬件系统和软件系统所组成，没有安装任何软件的计算机称为裸机。计算机可分为超级计算机、工业控制计算机、网络计算机、个人计算机、嵌入式计算机五类，较先进的计算机有生物计算机、光子计算机、量子计算机等。

计算机发明者为约翰·冯·诺依曼。计算机是 20 世纪最先进的科学技术发明之一，对人类的生产活动和社会活动产生了极其重要的影响，并以强大的生命力飞速发展。它的应用领域从最初的军事科研应用扩展到社会的各个领域，已形成了规模巨大的计算机产业，带动了全球范围的技术进步，由此引发了深刻的社会变革，成为信息社会中必不可少的工具。

3.1.1.1 发展历史

计算工具的演化经历了由简单到复杂、从低级到高级的不同阶段。

如从"结绳记事"中的绳结到算筹、算盘计算尺、机械计算机等。它们在不同的历史时期发挥了各自的历史作用，同时也启发了电子计算机的研制和设计思路。

1889 年，美国科学家赫尔曼·何乐礼研制出以电力为基础的电动制表机，用以储存计算资料。

1930 年，美国科学家范内瓦·布什造出世界上首台模拟电子计算机。

1946 年 2 月 14 日，由美国军方定制的世界上第一台电子计算机"电子数字积分计算机"（Electronic Numerical And Calculator，ENIAC）在美国宾夕法尼亚大学问世。ENIAC（埃尼阿克）是美国奥伯丁武器试验场为了满足计算弹道需要而研制的，这台计算器使用了 17840 支电子管，大小为 80 英尺×8 英尺（约 24.38 m×2.44 m），重达 28 t，功耗为 170 kW，其运算速度为每秒 5000 次的加法运算，造价约为 487000 美元。ENIAC 的问世具有划时代的意义，表明电子计算机时代的到来。在此后 70 多年里，计算机技术以惊人的速度发展，没有任何一门技术的性能价格比能在 30 年内增长 6 个数量级。

A 第1代：电子管数字机（1946—1958年）

硬件方面，逻辑元件采用的是真空电子管，主存储器采用的是汞延迟线阴极射线示波管静电存储器、磁鼓、磁芯；外存储器采用的是磁带。软件方面采用的是机器语言、汇编语言。应用领域以军事和科学计算为主。特点是体积大、功耗高、可靠性差、速度慢（一般为每秒数千次至数万次）、价格昂贵，但为以后的计算机发展奠定了基础。

B 第2代：晶体管数字机（1959—1964年）

硬件方面的操作系统、高级语言及其编译程序。应用领域以科学计算和事务处理为主，并开始进入工业控制领域。特点是体积缩小，能耗降低，可靠性提高，运算速度提高（一般为每秒数10万次，可高达300万次），性能比第1代计算机有很大的提高。

C 第3代：集成电路数字机（1965—1970年）

硬件方面，逻辑元件采用中、小规模集成电路（MSI、SSI），主存储器仍采用磁芯。软件方面出现了分时操作系统及结构化、规模化程序设计方法。特点是速度更快（一般为每秒数百万次至数千万次），而且可靠性有了显著提高，价格进一步下降，产品走向了通用化、系列化和标准化等。应用领域开始进入文字处理和图形图像处理领域。

D 第4代：大规模集成电路机（1971年至今）

硬件方面，逻辑元件采用大规模和超大规模集成电路（LSI、VLSI）。软件方面出现了数据库管理系统、网络管理系统和面向对象语言等。特点是世界上第一台微处理器在美国硅谷诞生，开创了微型计算机的新时代。应用领域从科学计算、事务管理、过程控制逐步走向家庭和个人。

由于集成技术的发展，半导体芯片的集成度更高，每块芯片可容纳数万乃至数百万个晶体管，并且可以把运算器和控制器都集中在一个芯片上，从而出现了微处理器，并且可以用微处理器和大规模、超大规模集成电路组装成微型计算机，就是常说的微电脑或PC机。一方面，微型计算机体积小，价格便宜，使用方便，但它的功能和运算速度已经达到甚至超过了过去的大型计算机。另一方面，利用大规模、超大规模集成电路制造的各种逻辑芯片，已经制成了体积并不很大，但运算速度可达一亿次甚至几十亿次的巨型计算机。

随着物理元器件的变化，不仅计算机主机经历了更新换代，它的外部设备也在不断地变革。比如外存储器，由最初的磁芯、磁鼓发展为通用的磁盘，现又出现了体积更小、容量更大、速度更快的光盘、U盘等。

3.1.1.2 硬件系统

A 电源

电源是电脑中不可缺少的供电设备，它的作用是将220 V交流电转换为电脑中使用的5 V、12 V、3.3 V直流电，其性能的好坏，直接影响到其他设备工作的稳定性，进而会影响整机的稳定性。手提电脑在自带锂电池情况下，为手提电脑提供有效电源。

B 主板

主板是电脑中各个部件工作的一个平台，它把电脑的各个部件紧密连接在一起，各个部件通过主板进行数据传输。也就是说，电脑中重要的"交通枢纽"都在主板上，它的工作稳定性影响着整机工作的稳定性。

C CPU

CPU即中央处理器，是一台计算机的运算核心和控制核心。其功能主要是解释计算机指令及处理计算机软件中的数据。CPU 由运算器、控制器、寄存器、高速缓存及实现它们之间联系的数据、控制及状态的总线构成。作为整个系统的核心，CPU 也是整个系统最高的执行单元，因此 CPU 已成为决定电脑性能的核心部件，很多用户都以它为标准来判断电脑的档次。

D　内存

内存又称内部存储器或随机存储器（RAM），可分为 DDR 内存和 SDRAM 内存（但是 SDRAM 由于容量低，存储速度慢，稳定性差，已经被 DDR 淘汰了）。内存属于电子式存储设备，它由电路板和芯片组成，特点是体积小、速度快，有电可存，无电清空，即电脑在开机状态时内存中可存储数据，关机后将自动清空其中的所有数据。内存有 DDR、DDR2、DDR3、DDR4，容量为 1~64 GB。

E　硬盘

硬盘属于外部存储器，机械硬盘由金属磁片制成，而磁片有记忆功能，所以存储到磁片上的数据，无论是开机状态还是关机状态，都不会出现数据的丢失。硬盘容量很大，已达 TB 级，尺寸有 3.5 英寸（约 106.68 cm）、2.5 英寸（约 76.20 cm）、1.8 英寸（约 54.86 cm）、1.0 英寸（约 30.48 cm）等，接口有 IDE、SATA、SCSI 等，SATA 最普遍。移动硬盘是以硬盘为存储介质，强调便携性的存储产品。市场上绝大多数的移动硬盘都是以标准硬盘为基础的，而只有很少部分移动硬盘是以微型硬盘（1.8 英寸硬盘等）为基础，但价格因素决定着主流移动硬盘还是以标准笔记本硬盘为基础。因为采用硬盘为存储介质，因此移动硬盘在数据的读写模式与标准 IDE 硬盘是相同的。移动硬盘多采用 USB、IEEE1394 等传输速度较快的接口，可以较高的速度与系统进行数据传输。固态硬盘是用固态电子存储芯片阵列而制成的硬盘，由控制单元和存储单元（FLASH 芯片）组成。固态硬盘在产品外形和尺寸上也完全与普通硬盘一致，但是固态硬盘比机械硬盘速度更快。

F　声卡

声卡是组成多媒体电脑必不可少的一个硬件设备，其作用是当发出播放命令后，声卡将电脑中的声音数字信号转换成模拟信号送到音箱上发出声音。

G　显卡

显卡在工作时与显示器配合输出图形、文字，作用是将计算机系统所需要的显示信息进行转换驱动，并向显示器提供行扫描信号，控制显示器的正确显示，是连接显示器和个人电脑主板的重要元件，是"人机对话"的重要设备之一。

H　网卡

网卡是工作在数据链路层的网络组件，是局域网中连接计算机和传输介质的接口，不仅能实现与局域网传输介质之间的物理连接和电信号匹配，还涉及帧的发送与接收、帧的封装与拆封、介质访问控制、数据的编码与解码及数据缓存的功能等。网卡的作用是充当电脑与网线之间的桥梁，它是用来建立局域网并连接到 Internet 的重要设备之一。

在整合型主板中常把声卡、显卡、网卡部分或全部集成在主板上。

3.1.1.3　主要特点

计算机技术的主要特点如下。

（1）运算速度快。计算机内部电路组成，可以高速准确地完成各种算术运算。当今计算机系统的运算速度已达到每秒万亿次，微机也可达每秒亿次以上，使大量复杂的科学计算问题得以解决。例如，卫星轨道的计算、大型水坝的计算、24 小时天气状况的运算需要几年甚至几十年，而在现代社会里，用计算机只需几分钟就可完成。

（2）计算精确度高。科学技术的发展特别是尖端科学技术的发展，需要高度精确的计算。计算机控制的导弹之所以能准确地击中预定的目标，是与计算机的精确计算分不开的。一般计算机可以有十几位甚至几十位（二进制）有效数字，计算精度可由千分之几到百万分之几，是任何计算工具所望尘莫及的。

（3）逻辑运算能力强。计算机不仅能进行精确计算，还具有逻辑运算功能，能对信息进行比较和判断。计算机能把参加运算的数据、程序及中间结果和最后结果保存起来，并能根据判断的结果自动执行下一条指令以供用户随时调用。

（4）存储容量大。计算机内部的存储器具有记忆特性，可以存储大量的信息，这些信息，不仅包括各类数据信息，还包括加工这些数据的程序。

（5）自动化程度高。由于计算机具有存储记忆能力和逻辑判断能力，所以人们可以将预先编好的程序组纳入计算机内存，在程序控制下，计算机可以连续、自动地工作，不需要人的干预。

3.1.2 仿真计算机的发展

在系统仿真中，无论采用数学仿真、硬件在回路仿真、软件在回路仿真、人在回路仿真，都是先建立系统仿真的数学模型，再编程，然后通过仿真计算机来运行程序，根据系统仿真的输入信息，仿真计算机输出仿真结果。由此可见，仿真计算机是系统仿真的运算和控制设备，它的性能直接关系到整个系统仿真的性能。

仿真计算机，是指运行仿真对象模型的计算机，根据仿真应用的需求，仿真机可以用通用计算机，也可以设计专用的仿真计算机。

仿真计算机的发展历程是与计算机硬件的发展紧密联系的。仿真计算机大致经历了模拟计算机、模拟-数字混合计算机和数字计算机三个大的阶段。20 世纪 50 年代计算机仿真主要采用模拟计算机，模拟计算机是连续系统仿真的基本工具。尽管此时数字计算机仿真技术处于发展初期，但由于其运算和处理速度非常有限，还无法在仿真领域中起主要作用。模拟计算机在其发展过程中，逐步加入了数字逻辑部件、数控式模拟开关等数字技术的功能，形成了模拟-数字混合计算机。混合计算机系统是由模拟计算机、数字计算机及其接口设备组成的计算机系统。其中，模拟计算机部分用于求解常微分方程，数字模拟中的高频部分可连接实物；数字计算机部分用于管理、监控全系统的设备，检验、运行、处理各种文档和结果，并执行一些模拟机无法完成的任务，如存储、逻辑运算及高难度数值计算，等等。混合计算机系统主要用于大型、高速、实时及超实时连续系统仿真。20 世纪 70 年代以后，数字计算机技术迅速发展，特别是并行处理技术的发展，其性能价格比超过了混合计算机，数字计算机逐步成为仿真计算机的主流。到了 20 世纪 80 年代以后，出现了亿次数字计算机，仿真机才跨入数字仿真计算机时代。从满足仿真应用领域的要求及数字仿真机自身发展的规律来看，数字仿真机发展主要集中在 3 个方向。

方向之一：满足实时的纯数学仿真和半实物仿真需求的高性能数字仿真机。高性能突出地表现在处理速度和实物接口技术方面，高性能仿真要求仿真机的处理速度高达每秒万亿次以上，因此，高性能仿真机正朝着并行处理和多机方向发展。

方向之二：满足多系统综合仿真需求的分布集群式网络仿真机系统。以美国 1997 年进行的大规模合成战场军事演习为例，这次演习包括了两栖作战、扫雷作战、战区导弹防御、空中打击、地面作战、情报通信等各兵种的作战任务，模拟战场范围 500 km×750 km，包括 3700 多个仿真平台、8000 多个仿真实体。由此可见，分布集群式网络仿真系统突出的问题是异构一致性、时空耦合、互操作可重用等技术。

方向之三：满足包括人参与仿真需求的虚拟仿真计算机系统。人参与仿真，必须建立起使人感到身临其境的"交互式拟实世界"。虚拟现实仿真计算机具有沉浸—交互—构想 3 个基本特征，以虚拟现实技术创造虚拟环境，特别强调人参与其中的身临其境的沉浸感，同时人与虚拟环境之间可以多维信息交互作用，参与者从定性和定量综合集成的虚拟环境中，可以获得客观世界中事物的感性和理性的认识，从而深化概念和建造新的构想和创意。

我国计算机仿真应用开发较早，自 20 世纪 50 年代开始，首先在自动控制领域中利用模拟计算机进行数学仿真。后来结合自行研制的三轴转台实现了对飞机和导弹的半实物、半数学模型仿真。20 世纪 60 年代在开展连续系统仿真的同时，开始对离散事件系统（例如交通管理、企业管理）仿真进行探索。20 世纪 70 年代，我国训练仿真器获得了较大的发展，自行研制了飞行模拟器、舰艇模拟器、汽车模拟器、火车机车培训仿真器、火力发电机组控制系统、化工过程控制仿真系统等。1983 年我国研制成功了第一台亿次数字仿真计算机"银河号"，仿真脱离了模拟机而进入数字仿真时代。20 世纪 80 年代在全国建立了十几个数字仿真中心，出现了一批高水平的科研成果，如长征系列捆绑式火箭、歼击机工程飞行模拟器、潜艇训练半实物仿真系统等。20 世纪 90 年代着手对分布交互仿真、多媒体表现环境等先进仿真技术及其应用进行研究，并先后研制成功了"银河-Ⅱ"型机和银河高性能分布仿真系统。进入 21 世纪，我国的超级计算机获得了飞速发展，多次跻身全球超级计算机前 500 强排行榜的前 10 名（见表 3-1）。2009 年 10 月 29 日宣告研制成功的、我国首台千万亿次超级计算机"天河一号"在第 34 届全球超级计算机前 500 强排行榜上，名列世界第五、亚洲第一（见图 3-1）。"天河一号"由国防科学技术大学与天津滨海新区合作研制，耗资 6 亿元，具备每秒 1206 万亿次的峰值速度和每秒 563.1 万亿次的 Linpack 实测性能。这个速度意味着，如果用"天河一号"计算一天，一台当前主流微机得算 160 年。"天河一号"的存储量，则相当于 4 个国家图书馆藏书量之和。"天河一号"的成功研制使中国成为继美国之后第二个能研制千万亿次计算机的国家。

表 3-1　中国超级计算机发展年谱

型号	面世时间	每秒运算速度（峰值）
银河-Ⅰ	1983 年	1 亿次
曙光一号	1992 年	6.4 亿次
银河-Ⅱ	1994 年	10 亿次
银河-Ⅲ	1997 年	130 亿次
神威-Ⅰ	1999 年	3840 亿次
深腾 1800	2002 年	1 万亿次

续表 3-1

型号	面世时间	每秒运算速度（峰值）
曙光 4000A	2004 年	11 万亿次
神威 3000A	2007 年	18 万亿次
深腾 7000	2008 年	106.5 万亿次
曙光 5000A	2008 年	230 万亿次
天河一号	2009 年	1206 万亿次
天河二号	2015 年	33.86 千万亿次

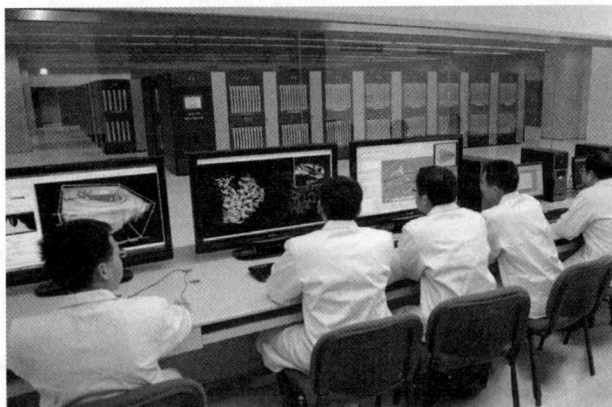

图 3-1 "天河一号"超级计算机

2013 年 6 月，由我国国防科技大学研制的"天河二号"以峰值速度（Rpeak）每秒 54902.4TFLOPS（万亿次浮点运算）、持续速度（Rmax）33862.7TFLOPS，超越泰坦超级计算机（Rpeak 27112.5TFLOPS、Rmax 17590.0TFLOPS），成为当今世界上最快的超级计算机。国际 TOP500 组织 2013 年 11 月 18 日公布了最新全球超级计算机 500 强排行榜榜单，"天河二号"以比第二名美国的"泰坦"快近 2 倍的速度登上榜首。2015 年 5 月，"天河二号"上成功进行了 3 万亿粒子数中微子和暗物质的宇宙学 N 体数值模拟，揭示了宇宙大爆炸 1600 万年之后至今约 137 亿年的漫长演化进程。同时这是迄今为止世界上粒子数最多的 N 体数值模拟。2015 年 11 月 16 日，全球超级计算机 500 强榜单在美国公布，"天河二号"超级计算机以每秒 33.86 千万亿次连续第六度称雄。"天河二号"由 16000 个节点组成，每个节点有 2 颗基于 Ivy Bridge-E Xeon E5 2692 处理器和 3 个 Xeon Phi，累计共有 32000 颗 Ivy Bridge 处理器和 48000 个 Xeon Phi，总计有 312 万个计算核心。"天河二号"超级计算机系统由 170 个机柜组成，包括 125 个计算机柜、8 个服务机柜、13 个通信机柜和 24 个存储机柜，占地面积 720 平方米，内存总容量 1400 万亿字节，存储总容量 12400 万亿字节，最大运行功耗 17.8 MW。"天河二号"运算 1 小时，相当于 13 亿人同时用计算器计算 1000 年，其存储总容量相当于存储每册 10 万字的图书 600 亿册。

现代仿真计算机的类型主要有个人计算机、工作站、大型计算机等，根据仿真用户的不同需求来进行选择。

3.2　计算机接口技术

在装备仿真中，往往需要输入仿真对象的信息，仿真结果信息也需要输出，这些信息有的是数字量，也有的是模拟量，需要通过计算机接口或接口设备才能输入/输出这些信息。计算机读取接口输入的仿真对象信息，经过仿真程序处理后，再通过接口输出仿真结果，因此，装备仿真中的仿真程序需要通过计算机接口才能输入/输出信息。装备仿真经常需要一些特定的数据采集及控制设备支持，由于武器装备仿真的特殊性，这些设备往往不能从市场直接购买，而需要自己加工制作，这就更需要深入了解计算机接口技术。

接口是微处理器或微机与外界的连接部件（电路），是 CPU 与外界进行信息交流的中转站。接口技术是硬件和软件的综合技术。

由于计算机连接的外部设备多种多样，设备的功能也是多种多样。有些外设作为输入设备，有些外设作为输出设备，有些设备既作为输入设备又作为输出设备，还有一些外设作为检测设备或控制设备。对于一个具体设备来说，它的信息可能是数字式，也可能是模拟式。因此设备必须通过计算机接口才能与计算机实现数据的输入/输出。例如，装备仿真中的汽车驾驶模拟训练系统中，一般挡位、方向灯开关、指示灯为数字量信息，而方向、油门、仪表指针为模拟量信息，它们的输入/输出都需要相应的接口部件进行连接才能实现。

计算机接口的主要功能包括：输入/输出数据进行缓冲、隔离和锁存；接收和执行 CPU 命令的功能；模拟和数字信号的转换；不同的数字设备的连接选择；中断管理功能；串并数据转换和不同数据宽度的变换；可编程功能等。

3.2.1　CPU 与接口之间的信息传输

微机与外部设备之间的信息传输实际上是 CPU 与接口之间的信息传输。传输的方式不同，CPU 对外设的控制方式也不同，从而使接口电路的结构及功能也不同。

传输控制方式一般有程序控制方式、中断方式和 DMA 方式三种。

（1）程序控制方式。

程序控制方式是指在程序控制下进行的信息传送，是一种软件控制方式。根据程序控制的方法不同，又可以分为无条件传输方式和条件传输方式。

无条件传输方式又称同步方式，该方式下 CPU 与外设进行信息交换时，外设总是处于"准备好"状态，可以直接利用输入/输出指令进行信息的输入/输出。这种方式下的硬、软件设计都比较简单，但应用的局限性较大，因为很难保证外设在每次信息交换时都处于"准备好"状态，一般只用在诸如开关控制、LED 显示控制等场合。

条件传输方式又称查询方式，即通过程序查询相应设备的状态。如果状态不符合，则 CPU 不能进行信息传输，需要等待；当状态信号符合要求时，CPU 才能进行信息传输。

这种传输的优点是硬件开销小，设计简单，缺点是 CPU 需要不断查询外设的状态，当外设没有准备好时，CPU 就只能循环等待，不能执行其他程序，浪费了 CPU 的大量时间，降低了 CPU 的利用率。

（2）中断方式。

中断方式是指当外设准备好后，需要与 CPU 交换数据时，通过 I/O 接口给 CPU 一个中断请求信号，CPU 响应中断请求后，暂停执行当前正在执行的程序，转去执行一个中断服务子程序，以完成相应外设的数据传输操作，当该操作执行结束后 CPU 返回继续执行原来被中断的程序。

中断方式使 CPU 避免了把大量时间耗费在等待、查询状态信号的操作上，使其工作效率得以大大地提高。但它也提高了系统的硬件开销，因为系统需要增加含有中断功能的接口电路，用来产生中断请求信号。

（3）DMA 方式（Direct Memory Access）。

DMA 数据传输是在内存的不同区域之间，或者在内存与外设端口之间直接进行数据传输，而不经过 CPU 中转的、由硬件直接控制一种数据传输方式，可以大大提高数据的传输速度。

DMA 传输增加了专门的硬件控制电路也即 DMA 控制器（DMAC）。

DMA 传输过程：外设向 DMAC 发 DMA 请求；DMAC 收到请求后，向 CPU 发送总线请求；CPU 响应请求，放弃总线，使总线呈高阻状态；DMAC 向外设回送 DMA 响应信号；DMA 传输开始，DMA 向存储器发送读/写控制信号，向外设发送 I/O 写/读控制信号，完成一个字节的传输；DMAC 自动增减存储器地址和计数，重复上一步的传输；当传输完成后，通知 CPU 传输结束；CPU 重新接管对总线的控制。

3.2.2　总线技术

现代计算机的内部数据传输或外部数据传输都是通过总线实现的，总线是计算机系统连接各个部件的信息通道。通过总线可以产生数据信息、地址信息、控制信息和状态信息。早期的计算机系统并不采用总线结构，各个部件之间分别连接，造成信息通路复杂，不易维修和扩展。采用总线结构使计算机支持模块化设计，从而系统结构简单、便于系统扩充。而每一种总线都有固定标准和公开的技术规范，使厂家按标准生产后都可连接到相应的总线上，便于厂家的高速、高效和大规模生产，更新也方便，可靠性高。

根据总线上传送信息的类型不同，可分为数据总线、地址总线和控制总线，分别传输数据信息、地址信息、控制信息和状态信息。

根据总线在计算机系统中所处的位置及功能可以分为片内总线（位于微处理器或 LSI/VLSI 芯片内部的总线）、片总线（元件级总线）、内总线（系统总线）和外总线（通信总线）等四类。

片内总线：它位于微处理器芯片内部，故称为芯片内部总线。用于微处理器内部 ALU 和各种寄存器等部件间的互联及信息传输。

片总线：又称元件级总线、芯片级总线、局部总线。局部总线是介于 CPU 总线和系统总线之间的一级总线。它有两侧，一侧直接面向 CPU 总线，另一侧面向系统总线，分别由桥接电路连接。由于局部总线离 CPU 总线更近，因此，外部设备通过它与 CPU 之间的数据传输速率将大大加快。如果把一些高速外设从系统总线（如 ISA）上卸下来，通过局部总线直接挂接到 CPU 总线上，使之与高速 CPU 总线相匹配，就会打破系统 I/O 瓶颈，充分发挥 CPU 的高性能。PCI 总线是目前高档微机普遍采用的局部总线，也是主板中用于接口插板连接的主要插槽。PCI 总线是装备仿真中高速数据传输常用的总线。

内总线：又称系统总线、板级总线。系统总线是微机系统内部各部件（插板）之间进行连接和传输信息的一组信号线。例如，ISA 和 EISA 就是构成 IBM-PC X86 系列微机的系统总线，有时又称之为标准总线。系统总线是微机系统所特有的总线，由于它用于插板之间连接，故也称作板级总线。在当前微机中已经不存在 ISA 总线和 EISA 总线插槽。

外总线：又称通信总线，通信总线是系统之间或微机系统与设备之间进行通信的一组信号线。例如，微机与微机之间所采用的 RS-232C/RS-485 总线，微机与智能仪器之间所采用的 IEEE 488/VXI 总线，以及现在非常流行的微机与外部设备之间的 USB 通用串行总线等。外总线是装备仿真中外设与计算机进行数据交换最常用的总线。

下面介绍几种在装备仿真中实现数据传输的常用的几种总线。

（1）PCI 局部总线。

PCI 总线是以 Intel 公司为首的 PCI 集团包括 IBM、Compaq、Apple、DEC、NCR 等计算机业界大户推出的一种局部总线标准。1992 年 6 月 22 日推出 PCI 1.0 版，1995 年 6 月 1 日推出 64 位数据通路、66 MHz 工作频率的 PCI 2.1 版。PCI 总线主要是针对 Pentium 的开发和使用而设计的。PCI 总线主要有以下七个特点。

1）突出的高性能。实现 33 MHz 和 66 MHz 的同步总线操作，传输速率从 132 Mbit/s 升级到 528 Mbit/s，满足当前及以后相当时期内 PC 传输速率的要求，支持线性突发工作方式。如果被传送的数据在内存中是连续存放的，则在访问这一组连续数据时，只在传送第一个数据时需要两个时钟周期，第一个时钟周期给出地址，第二个时钟周期传送数据；而传送其后的连续数据时，传送一个数据只要一个时钟周期，不必每次都给出地址，而是自动加 1 实现，这种传送称为"线性突发传送"。

2）良好的兼容性。PCI 总线部件和插件接口相对于处理器是独立的，PCI 总线支持所有的目前和将来不同结构的处理器，因此具有相对长的生命周期。

3）支持即插即用。对于 PCI 扩展卡及器件，能够进行全自动配置，PCI 设备中包含配置所需设备信息的寄存器。

4）多主能力。支持多主设备系统，体现高度地接纳设备的灵活性。在一个 PCI 应用系统中，如果某设备取得总线控制权，就称其为"主设备"；被主设备选中进行通信的设备称为"从设备"或"目标节点"。

5）优良的软件兼容性。

6）定义 5 V 和 3.3 V 两种信号环境，3.3~5 V 的组件技术可使电平平滑过渡。

7）相对的低成本。

（2）通用串行总线。

通用串行总线（Universal Serial Bus，USB）是由 Intel、Compaq、Digital、IBM、Microsoft 等七家世界著名的计算机和通信公司，于 1996 年 1 月 15 口共同推出的一种新型接口标准。实现外设的简单快速连接，达到方便用户、降低成本、扩展 PC 连接外设范围的目的。它可以为外设提供电源，而不像普通的使用串、并口的设备需要单独的供电系统。快速是 USB 技术的突出特点之一，USB 2.0 的最高传输速率可达 480 Mbit/s，适合多媒体数据的传送模式。USB 接口的目标是取代现有计算机用的接口。USB 外设以惊人的速度发展，迄今为止，各种 USB 的外设已经有成千上万种。那么，USB 为什么如此受青睐呢？这里从它自身所具有的很多优点谈起。

1）集线器使用树形连接，外设安装十分方便。

USB 具有真正的"即插即用"（PnP、Plug 和 Play）特性，用户可以很容易地对外进行安装和拆卸，主机可按外设的增删情况自动配置系统资源，用户可在不关机的情况下进行外设的更换（热拔插），外设装置驱动程序的安装删除实现自动化。

USB 的最大特点是连接外围设备时可使用集线器进行树形连接。连接于 USB 上的装置都不是终点，而是能够利用集线器连接其他装置的分叉点。此外，它所连接的装置之间不是平等关系而是亲子关系，因此上下游的关系明确。

USB 连接的外部设备数目最多达 127 个，节点间连接距离为 5 m，这对一般的计算机系统是足够的。

2）低成本。

一方面，USB 外设的设计制造过程比较简单，因为 USB 是一种开放性的不具有专利版权的理想的工业标准，由 150 多家企业组成的"USB 实施论坛"是一个标准化组织。它所制定的任何标准不为哪家公司所独有，不存在专利版权问题，所有 USB 组织的成员只要交付一定的会费（一年 2500 美元）即可。这一点也正是 USB 规范具有强大生命力之处。开放性是当前计算机技术得到飞速发展的重要因素之一。

另一方面，USB 从 1996 年 4 月起并入 Intel 芯片组，使设备制造成本降低。

3）3 种通信速率。

USB 1.1 有两种传送方式：数据传输速率最高达 12 Mbit/s 的全速方式和 1.5 Mbit/s 的低速方式。键盘、鼠标等输入装置用低速方式就够了，这样所用的控制器和电缆都便宜些。硬盘等快速外设用 USB 2.0 的高速传输速率可达 480 Mbit/s。

4）3 种传输模式对应多类装置。

USB 有同步、中断、大批等三种数据传输模式。同步传输主要用于数码相机、扫描仪等中速的外围设备。中断传输供键盘、鼠标等低速装置使用。大批量传送则供打印机、调制解调器等不定期传输大量数据的中速装置使用。

5）不同时钟信号用 NRZI 使数据同步。

USB 利用 NRZI（不归零翻转）编码方式使数据获得同步，其特点是容易实现同步。由于没有时钟信号，所以数据的可维护性差。

6）装置和集线器可从总线获得电源。

USB 的一个优点是低功耗装置可从总线获得电源。总线设备可使用的功率为最大 100 mA 电流，电压为 5 V。

由于 USB 的诸多特点，受到世界各大公司的重视，大有取代现有的 SCSI、各种串行端口和并行端口之势。

（3）通信。

所谓通信，是指计算机与外部设备、计算机与计算机之间的信息交换。通信的基本方法包括并行通信和串行通信两种。

并行通信是指数据的各位同时传送，数据有多少位，传输线至少就得有多少条。如一次将 8 位或 16 位或 32 位数据同时传送，传送速度快，传输效率高。但是，当多微机系统中各台微机相距比较远时，一般不能使用并行通信。其原因基于以下两点：一是通信线路费用昂贵，比如两台微机进行 16 位并行通信，若是单向传输，即一方只发送数据，而另一方只接收数据，则需要约 20 条线（包括 16 条数据线、1 条地线、1 条 BUSY 线、1 条选通信号线和 1 条应答信号线）；若是双干向传输，则需要约 30 条线线。如果距离较远，则发送设备、接收设备和电缆的费用是很昂贵的。二是由于众多连线之间极易引起干扰，又容易发生线路故障，使整个通信系统变得十分脆弱。可见，对于通信距离较远、通信数据位数较多的场合，宜采用串行通信。装备仿真中通信距离相对较远的外设多采用串行通信与计算机进行数据通信。

串行通信，只需一对传输线，数据的各位按时间顺序依次传送，如 8 位数据分 8 次传送。显然，串行通信的传输速度和传输效率都比并行通信低得多，但串行通信节省通信设备和传输线。对于传输数据位较多、传输距离较远时，这一优点尤为突出。

串行通信按信息格式分为异步串行通信方式和同步串行通信方式两种。

串行的异步通信是以字符为单位进行传输的，一个字符正式发送前，先发送低电平起始位，宽度为 1 位；然后是字符代码数据位，宽度 5~8 位；奇偶校验位，宽度为 1 位，也可以不设校验位；结束发停止位，高电平，宽度可以为 1 位、1.5 位或 2 位。它是用一个起始位标识字符开始，用停止位标识字符结束构成一帧。帧与帧之间可以有高电平空闲位。异步通信中两个字符间时间间隔是不固定的，而在同一字符中两个相邻位代码间的间隔是固定的。

异步通信开始前，收发双方必须有帧格式及波特率两项约定。帧格式即为刚描述的异步通信约定。波特率即每秒钟传送的二进制位数，简写为 bps，收、发双方的波特率必须一致。

由于异步通信是通过起始位作为联络信号，在异步通信的每一帧，接收方都是重新进行字符同步，这样，如果接收设备和发送设备两者时钟频率略有偏差，也不会因偏差的累积而导致错位。

为提高串行通信的速率，采用同步通信，而将异步通信中的起始位、校验位和停止位去掉。

同步通信的信息格式：一帧同步信息包括由固定长度（如 200 个）的字符组成的一个数据块，其中每个字符也由 5~8 位组成，在数据块的前面置有 1~2 个同步字符，最后是错误校验字符。在同步通信中，每时每刻在数据线上都有字符信息传送，而且通信中的每个字符间的时间间隔是相等的；此外，每个字符中各个相邻位代码间的时间间隔也是固定的。同步串行通信的数据传递速度比异步通信略快些，但通信双方的时钟要求严格同步，否则就可能出错。

在网络通信中，同步通信以其高传输效率和传输速度得到广泛的应用。虽然，同步传输错误校验码机制和纠错的功能比异步传输的单纯奇偶校验码有较大提高，但由于传输帧内的信息量大大增加（约几百倍），因此，对通信双方的时钟同步要求甚严。如果两者稍有差异，几千位的累积误差会导致通信完全失败。由于同步通信一般用在远距离网络通信中，要专门增设时钟信号线并不现实，而且易受噪声干扰，故发送方通常采用曼彻斯特编码，形成含有时钟同步的数据信息流，在接收方利用数字锁相技术跟随发送频率，并且通过数据同步分离电路提取时钟同步检测窗，从而得到发送方的原数据序列。当然，为了获得高效率、高质量的数据传输，同步传输要付出设备繁多，控制复杂的代价。

对于近距离的点-点数据通信，若不要求太高的数据传输速率，则通常采用设备简单、控制容易的异步通信。

3.3　检测与转换技术

检测与转换技术是以物理学、电子学、自动控制、电子计算机、测量技术等原理为基础的一门综合性技术学科。它的研究对象为：对各种材料和构件进行无损探伤、测量和计量；对自动化系统中各种参数自动检查和测量；对上述被检测各模拟量与其相对应之数字量间的转换等。它的研究内容为检测技术和装置的基本工作原理、结构、类型、性能、特点和适用范围。

科学技术的发展和检测与转换技术的发展是密切相关的。现代化的检测手段所具有的可能性（精确度、灵敏度以及测量范围等）在很大程度上决定了科学技术的发展水平。检测与转换技术达到的水平越高，则科学技术成就越深广。而科学技术的发展又为检测与转换技术的发展提供了新的前提和新的途径，同时也提出了新的课题。

在实现系统仿真过程中，检测与转换技术和装置采用是首要的，因为没有这些，建立任何一个仿真系统是难以想象的。检测与转换技术和装置是仿真系统中的"感觉器官"，只有对操作的参数变化等状态明、数量清的情况下才能进行系统仿真控制。

为了进一步说明检测与转换技术在仿真系统中的应用和地位，现将仿真系统分组叙述如下：

（1）自动检测系统。为了对仿真系统的操作和运行过程进行自动保护、自动监视；为了对整个系统仿真过程进行分类统计及评定等所构成的自动系统称为自动检测系统。例如，对导弹操作及运行过程仿真的自动检测等。

（2）模拟反馈控制系统。对仿真系统的操作、运动等过程参数采用模拟量测量，并进行负反馈自动调节的系统称为模拟反馈控制系统，一般称为 HD 调节。此类系统又可按被调参数的数目、直线性、闭合回环的数目等继续分类。

（3）数字反馈控制系统。在仿真系统的控制回路内包含有数字设备的负反馈控制系统，称作数字反馈控制系统。在此种系统中数字设备的数量不一，从使用一个数字元件到整个系统全由数字式元件组成。前者是混合式，兼有模拟和数字式系统的优点。在此系统中，有模拟量和数字量的测量问题，同时又有两者之间的转换问题，视系统的具体情况而异。例如，带有自动检测系统的液压运动控制。

（4）数字计算机控制系统。无论是采用中、小型专用数字计算机或是用微型数字计算机组成的控制系统，大多数是按多对象或多参量反馈控制考虑的。例如，复杂运动和操作的最优化控制；飞机驾驶仿真系统的控制系统等。在这些控制系统中，存在着大量运行参数的检测和数字量的转换问题。

一个典型的数字计算机控制系统的方框示意图如图 3-2 所示。它是由 1 组模拟传感器、1 组 A/D（模拟—数字）转换器、数字计算机、1 组 D/A（数字—模拟）转换器及 1 组模拟控制器构成。如果只有传感器、A/D 转换器和数字计算机，则此种系统一般称为数据测量（处理）系统。如果一个系统只包含数字计算机、D/A 转换器和模拟控制器，则这种系统一般称为程序控制系统。

在数字计算机控制系统中，不是每一种模拟输入或模拟输出都要用一部转换器，而往往用一部 A/D 转换器在各输入量之间进行分时工作，偶尔也有用一部 D/A 转换器在几种输出之间分时工作，但这是在牺牲工作速度和精度的条件下换来的。

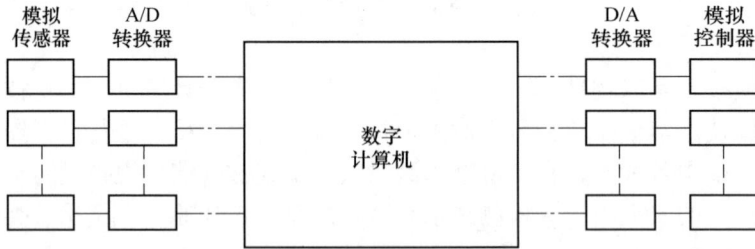

图 3-2　数字计算机控制系统示意图

（5）多级数字计算机递阶控制系统。对一个或几个大型系统实现仿真往往要采用数字计算机分级递阶控制的大系统。在最低级的控制和检测系统中，将存在为整个系统进行控制所需要的全部数据（如温度、速度、位移、方向等）的检测和转换问题。

从以上叙述中可以看出：自动检测与转换技术和装置是仿真系统中不可缺少的组成部分；仿真系统的控制精度，在很大程度上取决于检测与转换装置的精度；随着仿真系统的应用领域不断扩大和水平不断提高，对检测与转换技术和装置的要求也越来越高，而它的应用也日趋广泛。

由于电子学和电子计算机的飞跃发展，在检测与转换技术中普遍地采用电子测量装置来对不同物理量进行检测和转换。

电子测量装置先将被测参数的变化转换成电信号，再经过电子放大或运算等处理，然后，或用显示仪表显示出来，或去控制一定的执行机构，或用电传打印机打印出来。

电子测量装置主要由传感器、电子测量线路、显示装置（指示仪、记录仪、数字显示器等）三部分组成，如图 3-3 所示。

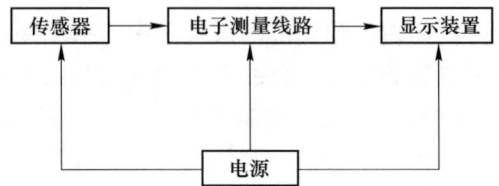

图 3-3　电子测量装置的方框图

传感器是借助于检测元件接收一种物理量形式的信息，并按一定规律将它转换成同样或别种物理量形式的信息的仪表。传感器的输出一般都是不同形式的电量信息。经常将检测元件所接收的物理量形式的信息称为被测量或被测信号。

从电信号角度来看，它可以是与电流、电压或频率呈一定函数关系的变化量。

从传递信号连续性的观点来看，信号的表示方法可以分为模拟信号、开关信号、数码信号和调制信号。

传感器直接与被测对象发生联系，将被测参数的变化直接或间接地转换成电信号。一般常用的传感器有：触点传感器、无触点接近开关（涡流传感器）、差动变压器、电容传感器、热电偶、气动传感器、超声波探头、霍尔传感器、红外探测器、光栅、感应同步器等。

由传感器输出的信号送至电子测量线路的输入端，经电子测量线路将送来的信号进行变换（放大、微分、积分等）后送至显示装置中。电子测量线路根据传感器要求的不同而异，最常用的是模拟电路（桥式电路、相敏电路和测量放大器等）和数字逻辑电路（门电路、数字显示电路、D/A 转换器和 A/D 转换器等）。

现代科学技术的迅猛发展为检测和转换技术的进步和发展创造了条件。同时，也不断地向检测和转换技术提出了更新更高的要求。尤其是计算机技术和微电子技术的发展，使得检测和转换技术得到了划时代的进步和发展。检测和转换技术中使用的仪器仪表向智能化、数字化、小型化、网络化、多功能化方向发展。近年来，由于计算机软件技术和数据处理技术的巨大进步，微型、智能、集成传感器的迅速开发，使检测和转换技术的面貌发生很大的变化。检测技术中数据处理能力和在线检测、实时分析的能力大大增强，使得仪器仪表的功能得以扩大，精度及可靠性有了很大的提高，与传统仪器仪表大相径庭的虚拟化仪器也以全新的面貌出现。

3.3.1 传感器技术

传感器技术是一项正在迅速发展的高新技术，它与通信技术、计算机技术一起构成当代信息产业的三大支柱。

由于传感器是用来直接或间接与被测对象发生联系，将被测参数（机械、物理、化学、压力、温度等非电量）转换成可以直接测量的信号（通常是易于放大和远距离传输的信号），它为系统提供了进行处理和决策所必需的原始信息。因此，它是现代检测系统和信息技术系统中的关键环节。传感器获得的信息正确与否，直接影响整个系统的精度。如果传感器的误差大，后级的测量电路、放大器及微处理器的精确度再高也是徒劳的。

在现代工业生产中，尤其是计算机过程控制中，需要各种传感器监视生产过程中的各种参数，并转换成电信号，以便控制生产设备及工艺流程，使其处于最佳状态，从而取得高质量产品，并能极大地提高生产率。可见，若没有众多优良的传感器，现代化生产也就失去了基础。

在现代飞行器上，装备着各种各样的显示与控制系统，以保证各种飞行任务的顺利完成。在这些系统中，传感器首先对反映飞行器的飞行参数、发动机工作状态的各个物理参数加以检测，并将它们显示在各类显示器上，提供给驾驶员和领航员去控制和操作飞行器；例如，"阿波罗10"运载火箭部分，检测加速度、声学、温度、压力、振动、流量、应变等参数的传感器共有 2077 个，宇宙飞船部分共有各种传感器 1218 个。可以断言，没有数量众多的传感器的正常工作，"阿波罗10"是无法登上月球的。

近年来，传感器在生物医学和医疗器械工程方面也显现出广阔的前景，它们可将人体内各种生理信息转换成工程上容易测定的量（一般是电量），从而显示出人体内各种生理信息。

计算机的智能赋予传感器，不仅能扩大传感器的功能，而且也能改善对测量值的数字处理技术。

总之，对于所有测量、控制和自动化技术来说，传感器都是一种关键技术。测量系统和自动化系统的一再进步，总是与采用合适的传感器密切相关。因此，对传感器的研制和生产必将保持较高的活力。国际上传感器近年来发展十分迅速，年产量增长率达 15%。

3.3.1.1 传感器组成

一般地，传感器由敏感元件、二次变换部分和辅助装置组成（见图 3-4）。

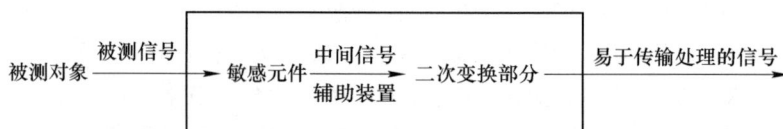

图 3-4 传感器结构组成

敏感元件是传感器内部直接感受被测量的一次变换元件。一些简单的传感器仅由敏感元件构成，如光敏二极管，仅由一个二极管构成。多数传感器为了使其输出便于传输和处理，还设有二次变换部分，以及安装和保护装置等辅助部分。

在工业控制领域，普遍使用具有标准化输出（如 4~20 mA）电流的传感器，称为变送器。

3.3.1.2 传感器的分类

传感器的分类方法很多，目前国内外尚无统一的方法。常见的有以下 4 种。

（1）按检测用途分类，有温度、流量、压力、湿度、位移、速度、加速度、生物信息传感器等。这种分类方法对使用者方便，但不便于研究和学习。例如，在文献资料中常会有下面的报道，从 1991 年世界传感器的市场数据可得出销售量的顺序为：压力传感器、流量传感器、温度传感器、二位式位置传感器（接近开关）、物位传感器、化学传感器、位置传感器（转速计及线性位移计）、速度/转速传感器、超声波传感器。这表明，这种分类方法直观、明确。

（2）按能量传递方式分类，分无源传感器和有源传感器两大类。有源传感器在工作时不需要外加电源，它本身就是一个电势源，能将非电功率转换成电功率，如热电式传感器，它可以把热量（温度）转换成电压（热电势）；压电式传感器、光电式传感器、磁电式传感器等。无源传感器在工作时，不起换能作用，仅对传感器某种电参数（如电阻、电容、电感）进行控制，随着输入被测参数的变化而改变传感器某个电参数的值，因有能量输出，必须外加电源才有输出信号，如电阻式传感器、电容式传感器等。这类传感器的检测电路一般是谐振电路和电桥电路。

（3）按转换原理分类，有电磁式、压电式、光学式、核辐射式、超声式、微波式等。这种分类方法对研究与学习比较方便。

（4）按传感器技术发展阶段分类，有结构型、物性型和信息处理型（或称智能型）传感器。

第一代：结构型传感器。其大多数是通过机构部分的位移或力将外界被测参数转换成相应的电阻、电容、电感等的变化，是目前应用最多、最普遍的传感器。

第二代：物性型传感器。它是利用某些固体材料的物理性变化（如电特性、磁特性、光特性、化学特性等）实现参数的直接转换。实际上是以半导体、电介质、磁性体等作为传感材料的固态传感器。它有灵敏度高，无可动部件，体积小，响应速度快，便于集成化等优点。此外，还能解决常规结构型传感器不能解决的某些特殊参数及非接触测量问题，从而大大扩大了传感器的应用领域。

第三代：信息处理型（或称智能型）传感器。这是一种带微处理器的兼有检测功能和信息处理功能的传感器。进一步便成为将信息检测、传感器的驱动回路及信号处理等外围电路全部集成在一块单片上的传感器。传感器本身具有自诊断、远距离通信调整零点和量程等功能。这样可使传感器向仿生或模仿人的"五官"功能方面发展。

3.3.1.3 传感器的发展趋势

随着科学技术的发展，人们要求获得的信息不断增加，因而对传感器亦提出了越来越高的要求。数字化检测信息便于传输、存储、处理、显示、记录等，有助于提高检测的可靠性、稳定性。因此，研究和发展数字化、智能化、集成化、非接触化的传感技术和传感器，有助于提高检测质量，方便大系统的工程设计与制造。由于传感器处于仪表和检测系统的入口处，其性能直接影响整个仪表系统的性能，因此，需要研究新型的品质优良传感器。

至今，传感器技术已发展为一门综合性很强的边缘科学技术，它与数学、物理学、化学、材料学及加工、装配等许多新技术有着密切的关系。特别是微型计算机及集成电子技术、激光及光导纤维等新技术的出现，对传感器技术产生了很大影响，它正在大大地改变其原来的状况；新型传感器技术，除了采用新原理、新材料及新工艺之外，由于微电子技术与微处理器技术进入传感器领域，传感器出现了新的突破，出现了一种对环境具有自适应能力（例如，信息的辨识、判断和逻辑处理）的传感器，即智能传感器。在智能传感器里、转换元件、信号调理电路与微处理器的"硬件"和"软件"集合于一体，特别是与"软件"的有机结合，可以把获得的信息进行存储、数据处理、控制及打印，从而扩展了传感的功能，提高了精度。对于智能传感器只要改变软件，即可实现功能扩展，这样可进一步使传感器具有视、嗅、触、味、听觉功能及思维等智能功能。目前，人们为不断满足测试技术的各种需要而努力开拓新型传感器。近年来，传感器技术发展特点综述如下：

（1）传感器固态化。目前发展最快的固态物性型传感器，主要是半导体、电介质和磁性体三类。其中以半导体最引人注目，它不仅容易使外界信息的作用转换为电量，而且响应速度快，便于实现传感器的集成化。例如，目前最先进的一种新型固态传感器，在一块半导体芯片上同时扩散成了差压、静压、温度三个传感器，使差压传感器具有温度压力补偿功能。

除半导体外，目前还发展了压电体、铁电体、强磁性等固态传感器。

（2）小型化与集成化。以前大多数传感器都采用分立型，即传感元件与检测分开。随着物理型传感器的发展，现在已经把传感元件与信号处理电路及电源部分集成在同一硅基片上，从而使检测与信号处理一体化。这类传感器便于成批生产，尺寸可以做得很小。集成化的另一方面的意义是把不同功能的传感器集成化，例如，将温度和湿度传感器集成在一起，便可实现同时测量温度和湿度。

（3）开拓新领域。目前开发的新型传感器以物理型传感器居多，化学型和生物型传感器还极不成熟，有待开发。采用新原理往往给传感器的发展带来质的飞跃，以约瑟夫逊效应传感器为典型代表，该效应是两块超导体间存在弱耦合时发生的现象，1962年约瑟夫逊（Josephson）从理论上预言，而后为安德森（Anderson）等人实验证实。基于约瑟夫逊效应的一种红外探测器，响应速度快，对光通信的贡献甚大。光导纤维原理用于传感器也是一种创新，产生的效果也是很大的。

（4）多功能化与智能化。当微型计算机正朝着高速度、高性能、低成本发展的同时，传感器也向着集成化、多功能化方向发展，这两者有机结合的趋势，促使了智能传感器的问世，它既具备传感器的基本功能，又具有微处理器的智能。

（5）单片机的应用，促进了传感器和测试的标准化。而传感器标准化也将推进智能仪表的规范化，智能仪表可根据测试对象的不同要求，设计成模块结构，并按需要进行组合，这样可减少设计工作量，提高可靠性，降低成本。

除了继续寻找新的测试原理以外，将传感器技术和微电子技术集成于一只外壳，甚至一片芯片上的一体化技术，将成为研究和开发的重点。今后"传感器"一词不单是单独的传感器部件，凡是用外壳组装完成的传感器产品都被视为传感器。显然，信号适配元件之类的电子器件、模数转换器和微处理器也可能装于同一外壳中，使传感器智能化。此外，传感器输出数据的数字化已明显成为下一步的研究目标，其中一个重要因素是，传感器信号的就地数字化，使得在向控制监测系统及管理计算机传输数据的过程中获得最佳抗干扰性。将来的传感器用户更倾向于购买"解决问题"，而不是购买一个单纯的传感器硬件。

3.3.2　A/D、D/A 转换

装备仿真系统中，一般需要输入计算机处理的信号分为模拟信号和开关量信号，如驾驶训练模拟系统中，挡位、灯开关等为开关量信号，而油门、方向、制动等信号为模拟信号。计算机只能识别数字信号，因此，需要将开关量信号和模拟信号转换为数字信号才能传输到计算机中。开关量信号的转换相对简单，而模拟信号则需要专门的转换器件才能转换为数字信号。

模拟信号是指时间上连续和幅值上也连续变化的信号。工业生产和科学研究中常见的绝大多数物理量，如温度、湿度、压力、流量等非电量的模拟信息，它们都可以通过各种传感器转换成模拟电信号。这些模拟电信号可以是电压信号，也可以是电流信号，其电平可以连续地改变。理论上可以说，模拟信号有无限高的分辨率，但是易受噪声干扰。

数字信号是指时间上离散，而且幅度也离散的信号。数学上可以用序列来表示，实际电路中的数字信号用高低电平来表示。其数值是用高、低电平的各种组合（编码）来描述的。所以数字信号只能取有限个数值，也就是只有有限的分辨率。但数字信号抗噪声干扰能力强，而且只要数字信号的数位足够多，总可以达到所要求的精度。

在装备仿真系统中，从传感器输出的信号大多是模拟信号，若要送入计算机进行数据处理，则必须将该模拟量转换为数字量，以便于计算机进行加工、计算及处理，以达到去伪存真、提高测量精度、准确进行实时控制的目的。如经计算机处理后的数据还要以模拟信号的形式传送出去作显示、记录或控制，就需要把数字信号再转换为模拟信号，数—模和模—数转换器就是用来完成模拟量和数字量之间的相互转换。把模拟信号转换成数字信号的装置，称之为模—数转换器，简称 A/D 转换器。反之，把数字信号转换为模拟信号的装置称为数—模转换器，简称 D/A 转换器。

3.3.2.1　A/D 转换器

A/D 转换器的转换过程主要包括采样、量化和编码。采样是使模拟信号在时间上离散化，量化与编码是把采样后得到的离散幅值变换为有限数并转换为二进制数字。

A/D 转换芯片发展很快，种类繁多，性能各异，但按其变换原理可分为逐次逼近式、双积分式、并行式、跟踪比较式等。其中逐次逼近式精度、速度及价格都适中，应用最广泛；并行式速度快但价格高，而双积分式精度高、抗干扰能力强、价格低，但速度偏低，使用时可根据实际需要选择不同芯片。

A/D 转换的主要技术指标如下。

（1）转换时间和转换速率。转换时间是 A/D 完成一次转换所需要的时间。转换时间的倒数为转换速率。并行式 A/D 转换器，转换时间最短为 20 ~ 50 ns，速率为 20 ~ 50 MHz；双极性逐次逼近式转换时间一般约为 0.4 μs，速率为 2.5 MHz。

（2）分辨率。A/D 转换器的分辨率习惯上用输出二进制位数或 BCD 码位数表示。例如 AD574A/D 转换器，可输出二进制数 12 位即用 2^{12} 个数进行量化，其分辨率为 1LSB，用百分数表示为 $1/2^{12} \times 100\% = 0.0244\%$。又如双积分式输出 BCD 码的 A/D 转换器 MC14433，其分辨率为三位半。若满字位为 1999，用百分数表示其分辨率为 $1/1999 \times 100\% = 0.05\%$。

（3）转换精度。A/D 转换器的转换精度定义为一个实际 A/D 转换器与一个理想 A/D 转换器在量化值上的差值。可用绝对误差或相对误差表示。

3.3.2.2 D/A 转换器

在装备仿真中，计算机在获取输入信息处理后，需要产生相应的控制量，并需要将控制量转换为模拟信号，驱动外部设备。如将声音信号转换为模拟器驱动喇叭或耳机发出声音，将仪表指针控制量转换为模拟量驱动仪表指示。这些都需要相应的 D/A 转换器将数字信号转换模拟量。

D/A 转换器是把数字量转换成模拟量的线性电路器件，已做成集成芯片。由于实现 D/A 转换的原理、电路结构及工艺技术有所不同，因而出现了各种各样的 D/A 转换器。D/A 转换器为微机系统的数字信号与外部环境的模拟信号之间提供了一种接口，从而广泛地应用在数据采集与模拟输入输出系统。

D/A 转换器的核心电路是解码网络，解码网络的主要形式有两种：一种是权电阻解码网络，另一种是 T 型电阻网络。

权电阻解码网络 D/A 转换器中，电阻网络中每一位电阻的阻值是与这一位的"权"相对应的，权越大，阻值越小，网络的电阻值也是二进制规律。由于电阻阻值和每一位的"权"相对应，所以称之为"权电阻解码网络"。由最小电阻到最大电阻之间如此宽广分散的阻值范围内要保证每个电阻都有很高的精度是很困难的。为了保证转换精度，必须对电阻阻值要求非常精确，这就给生产制造上带来一定的困难，在经济上亦增加了成本，为了克服这个缺点通常采用 T 型解码网络。

T 型电阻网络 D/A 转换器中，电阻只有 R 和 2R 两种，整个网络由相同的电路环节构成。每节有两个电阻和一个开关，相当于二进制数的一位，开关由该位的代码控制，如该位的代码为"1"，该位代码所控制的开关就接基准电压，如该位代码为"0"，则该位代码所控制的开关就接地。由于网络中电阻接成 T 型，故称之为 T 型解码网络。

D/A 转换器的主要技术指标如下。

（1）D/A 转换的分辨率。

D/A 转换器的分辨率指单位数字量变化引起的模拟量输出的变化。通常定义为满刻

度值与 2^n 之比（n 为二进制位数）。显然，二进制位数越多，分辨率越高。例如，若满量程为 10 V，根据分辨率定义则分辨率为 $\frac{10\ V}{2^n}$。设 8 位 D/A 转换，即 $n=8$，分辨率为 $\frac{10\ V}{2^8}=39.1\ mV$，即二进制变化一位可引起模拟电压变化 39.1 mV，该值占满量程的 0.391%，常用符号 1LSB 表示。

同理：10 位 D/A 转换　1LSB=9.77 mV=0.09%满量程；

12 位 D/A 转换　1LSB=2.44 mV=0.0244%满量程；

14 位 D/A 转换　1LSB=0.061 mV=0.006%满量程；

16 位 D/A 转换　1LSB=0.0152 mV=0.00152%满量程。

（2）D/A 转换精度。

理想情况，精度与分辨率基本一致，位数越多精度越高。但由于电源电压、参考电压、电阻等各种因素存在着误差。严格讲精度与分辨率并不完全一致。只要位数相同，分辨率则相同，但相同位数的不同转换器精度会有所不同。例如，8 位 AD DAC-08D 精度 ±0.19%，而 8 位 AD75231LN 精度为 ±0.05%。

（3）影响精度的误差。

失调误差（零位误差）定义为：当数字量输入全为"0"时，输出电压却不为 0 V。该电压值称为失调电压，该值越大，误差越大。

增益误差定义为：实际转换增益与理想增益之误差。

线性误差定义：它是描述 D/A 转换线性度的参数，定义为实际输出电压与理想输出电压之误差，一般用百分数表示。

（4）D/A 转换速度。

D/A 转换速度是指从二进制数输入到模拟量输出的时间，时间越短速度越高，一般几十微秒到几百微秒。

3.4　虚拟现实技术

虚拟现实技术在计算机仿真中有着重要的地位，将推动计算机仿真技术进入一个新的发展阶段。20 世纪 80 年代初提出的虚拟现实（Virtual Reality，VR）的概念，用以表达借助计算机及最新传感器技术创造的一种崭新的人机交互手段。虚拟现实技术在传统计算机仿真技术的基础上，综合了计算机图形技术、传感器技术、显示技术等多种科学技术，在多维信息空间上创建一个虚拟信息环境，使用户具有身临其境的沉浸感，具有与环境完善的交互作用能力，并有助于启发构思。

3.4.1　虚拟现实的定义与特征

虚拟世界是全体虚拟环境（virtual environment）和给定仿真对象的组合。虚拟环境是由计算机与电子技术生成的，通过视、听、触觉等作用于用户，使之产生身临其境的感觉。因此，从根本意义上来看，可以将虚拟现实技术视为交互式仿真技术的高级形式。它与传统的一般交互式仿真的主要区别在于：

（1）信息多维性。VR 基于多维信息，包括声音、图像、图形、位姿、力反馈、触觉等，而不仅仅基于数字信息。

（2）人机交互的自然性。传统人机交互系统借助于键盘、鼠标或专用的控制设备（如各类训练仿真系统），用户发出指令，机器执行指令，人适应计算机。VR 强调的是计算机适应人，计算机可以识别人的位姿、手势，甚至人机可以"会话"，头盔、数据手套、数据衣等成为人机自然交互的基本手段。

（3）理想的 VR 应达到人在虚拟环境中如同在真实环境中"一样"或"接近一样"的感觉，即除了三维视景感觉外，还具有自动定位的听觉、触觉、力学、运动等感知，甚至具有味觉、嗅觉等。

可以用"虚拟现实技术三角形"来简洁地说明虚拟现实系统的基本特征，即三个"I"，它们是 Immersion-Interaction-Imagination（沉浸—交互—构想），如图 3-5 所示。

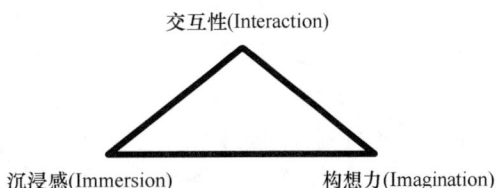

图 3-5　虚拟现实的三个特性

（1）沉浸感（Immersion）。VR 追求的目标是力图使用户在计算机产生的三维虚拟环境中有身临其境感。环境中的"一切"，看上去是真的，听起来是真的，动起来是真的，使用户觉得自己是环境中的一部分，如同在已有经验的现实世界中一样，而不是旁观者。

（2）交互性（Interaction）。虚拟环境与用户的交互是三维的，用户是交互的主体，且是多感知的。

（3）构想力（Imagination）。过去用户只能根据以定量计算为主的结果加深对对象的认识，则可使人从定量和定性两者的综合中得到感性和理性的认识，从而得到启发、深化概念并萌发新意。

VR 的应用领域非常广，除在军事上的应用以外，在娱乐业、工业、医学、建筑和商业规划上都得到广泛应用。许多应用领域提供了类似真实世界的环境，如 CAD 和建筑建模。有些 VR 应用系统提供了许多真实世界难以实现的应用，如科学仿真器、遥示（Telepresence）系统、空中交通控制系统等。同时，VR 技术在仿真中的应用也非常活跃，成为建立人机和谐仿真系统的关键技术。目前，尤其在制造业，VR 已成为提供协同工作虚拟环境，支持地理位置分布的设计成员的协同工作，构造虚拟样机，支持虚拟样机技术的重要工具。

3.4.2　虚拟现实系统的类型与组成

虚拟现实系统一直在不断发展，按它们在与用户进行交互时的方式可分为 WoW 系统（Window on World Systems）、视频映射（Video Mapping）系统、沉浸式系统（Immersive System）、遥示（Telepresence）系统和混合现实（Mixed Reality）系统等。

按 VR 系统所具有的硬件设备可分为以下几种。

（1）初级 VR 系统（Entry VR，EVR）。基于 PC 机或工作站，实现 WoW 系统的 VR。包括一般硬件设备，如图形显示器、二维输入设备、键盘、硬盘及内存等。

（2）基本 VR 系统（Basic VR，BVR）。在 EVR 系统上增加一些基本交互和显示能力，如立体图形显示器（如液晶光阀眼镜）、输入/控制设备（如数据手套或鼠标、控制杆等）。

（3）高级 VR 系统（Advanced VR）。在 BVR 的基础上，增加了表现加速器（Rendering Accelerator，如图形加速卡）、帧缓冲、多处理器及输入的并行处理等。

（4）沉浸式 VR 系统（Immersive VR）。一个沉浸式 VR 增加了一些沉浸式显示系统，如 HMD、Boom、Cave 等，还可增加一些触觉反馈交互机制。

（5）分布式 VR 系统（Distributed VR）。基于网络的虚拟环境，在这个环境中，位于不同物理位置的多个用户和多个虚拟环境通过网络相连接，并共享信息。最大 VR 项目是美国国防部的 SIMNET 项目。

一个基本的 VR 系统可分为输入处理、仿真系统、表现处理和虚拟世界数据库等部分。其中，满足时间要求、减少时间延迟以提供逼真的虚拟环境是各部分需要考虑的关键因素。

输入处理：它控制用于向计算机输入信息的各种设备，如键盘、鼠标、跟踪球、控制杆、三维或六维位置跟踪器等。一个网络 VR 系统可通过网络加入输入设备。通常，VR系统的输入处理的目标是以尽量短的时间将数据处理并传输到系统的其他相关部分。

仿真系统：VR 系统的核心是仿真系统，它对各种交互、脚本对象行为进行处理、仿真实际的物理过程（真实的或假象的）并确定相应虚拟世界的状态。用户输入通过仿真引擎实现碰撞检测、脚本等各类任务，并确定虚拟世界中将要发生的各类行为活动。

表现处理：即生成输出给用户的各种感官刺激，包括视觉、听觉、触觉及其他一些感官反应（如平衡与运动、温度、味觉等）。每一感官表现器通过仿真处理或直接通过虚拟世界数据库从不同角度描述虚拟世界。

虚拟世界数据库：虚拟世界数据库是 VR 系统的重要组成部分，它主要保存虚拟世界中有关的对象信息、描述这些对象行为或使用者的脚本信息、光效、程序控制、硬件设备的支持信息等。

3.4.3　虚拟现实系统中的人机交互设备

为了实现人与虚拟现实系统之间的交互，依靠传统的键盘与鼠标是达不到要求的，需要使用专门设计的人机接口设备把用户操作信息输入到计算机，同时把模拟过程中的反馈信息提供给用户。基于不同的功能和目的，当前有很多种人机接口设备用来解决人与虚拟现实系统的多感官通道的交互。例如，身体的运动状态可以由位置跟踪器或数据衣测量获得，手势可以通过数据手套进行识别，视觉反馈可以发送到立体显示设备中，虚拟声音可以通过三维声音设备得到，等等。

虚拟现实中常用的人机接口设备分为输入设备和输出设备，输入设备有位置跟踪设备、数据手套、数据衣、三维鼠标、三维扫描仪等，输出设备有立体显示设备、三维声音设备、触觉和力反馈设备等。

本节介绍几种主要的人机接口设备。

3.4.3.1　三维定位跟踪设备

为实现人与虚拟现实系统的交互，在虚拟现实系统中必须确定用户的头部、手、身体等的位置与方向，准确地跟踪测量用户的动作，将这些动作实时检测出来，以便将这些数据反馈给显示和控制系统。这样随着人体的运动和操作，虚拟现实系统中的场景、声音等也将实时进行变化，产生出逼真的效果。

三维定位跟踪设备在虚拟现实系统中最常见的应用是跟踪用户的头部位置与方位来确定用户的视点与视线方向，而视点位置与视线方向是确定虚拟世界场景显示的关键。

要检测用户的头在三维空间中的位置和方位，一般要跟踪 6 个不同的运动方向，即沿 X、Y、Z 坐标轴的平动和沿 X、Y、Z 轴方向的转动。由于这几个运动都是相互正交的，因此共有 6 个独立变量，即三维对象的宽度、高度、深度、俯仰角、滚动角和偏航角，称为六自由度（DOF），用于表示物体在三维空间中的位置与方位，如图 3-6 所示。

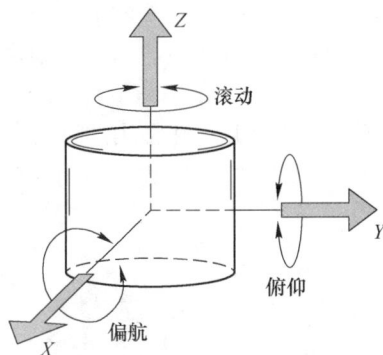

到目前为止，常用的三维定位跟踪设备从原理上可分为电磁式、声学式、光学式、机械式和惯性式几种。这几种三维定位跟踪设备各有优缺点，为克服各自的缺点，便于更广泛地应用和提高定位跟踪的精确性和实时性，也可用两种或两种以上的不同三维定位跟踪设备进行综合。

图 3-6　六自由度示意图

3.4.3.2 头盔显示器

为增加临境感觉的程度，可采用立体眼镜和头盔显示器（Head Mounted Display, HMD）。其中，头盔显示器所能提供的临场感要比立体眼镜好很多。

虚拟现实系统大多采用头盔显示器。头盔显示器通常固定在用户的头部，并用机械的方法固定，头与头盔之间不能有相对运动。HMD 用两个 LCD 或 CRT 显示器分别向两只眼睛显示两幅图像。这两个显示屏中的图像是由计算机分别驱动的，屏上的两幅图像存在着细小的差别，类似于我们的"双眼视差"。显示器的图像经过凸状透镜使图像因折射产生类似远方效果，利用此效果将近处物体放大至远处观赏而达到所谓的全像视觉。通过大脑将两个图像融合获得深度感知，得到一个立体的图像。封闭式头盔显示器可以将生成的虚拟环境与用户所处的真实环境完全隔离（见图 3-7），而通透式头盔显示器则可以将生成的虚拟环境直接叠加到用户所处的真实环境中，因而 HMD 已成为沉浸式虚拟现实系统与增强式虚拟现实系统不可缺少的视觉输出设备。

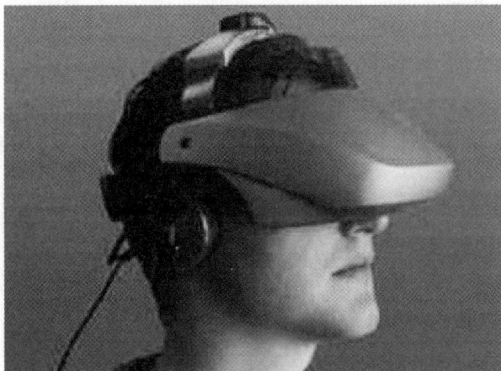

图 3-7　5DT HMD800 封闭式头盔显示器

头盔显示器上还装有头部位置跟踪设备。通过头部跟踪，虚拟现实用户的运动觉和视觉系统能够得以重新匹配，计算机随时可以知道用户头部的位置和运动方向。因此计算机就可以随着用户头部的运动，相应地改变呈现在用户视野中的图景，从而提高了用户对虚拟系统知觉的可信度。头部追踪还能增加双眼视差和运动视差，这些视觉线索能改变用户的深度知觉。

3.4.3.3　数据手套

手是我们与外界进行物理接触及意识表达的最主要媒介，在人机交互设备中也是如此，基于手的自然交互形式最为常见，相应的数字化设备很多，在这类产品中最为常见的就是数据手套。

至今应用最多的数据手套是 VPL 公司的 DataGlove 数据手套，它也是第一个推向市场的。DataGlove 使用光纤作为传感器，用于测量手指关节的弯曲和外展角度，光纤安装在轻便且有弹性的莱卡手套上。采用光纤作为传感器是因为光纤较轻便、结构紧凑，可方便地安装在手套上，并且用户戴上手套感到很舒适。DataGlove 还使用位置传感器用于三维空间中手掌的位置检测，如图 3-8 所示。

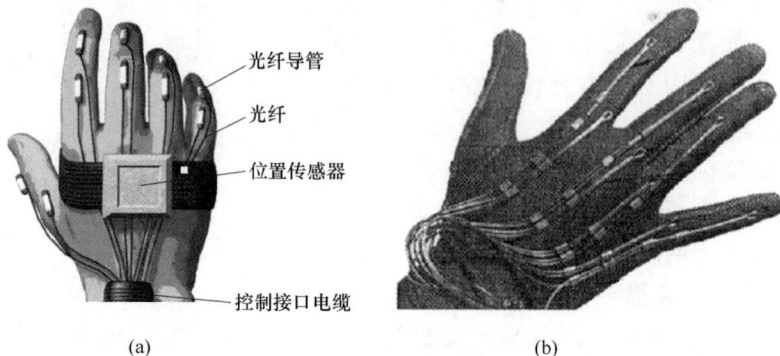

光纤导管
光纤
位置传感器
控制接口电缆

(a)　　　　　　　(b)

图 3-8　DataGlove 数据手套
（a）手套结构图；（b）手套外观

DataGlove 的手指每个被测关节上都有一个光纤环。光纤经过塑料附件安装，使之随着手指的弯曲而弯曲。光纤环的一端与光电子接口的一个红外发射二极管相接，作为光源端；另一端与一个红外接收二极管相接，检测经过光纤环返回的光强度。当手指伸直（光纤是直的）时，因为圆柱壁的折射率小于中心材料的折射率，传输的光线没有被衰减；当手指弯曲（光纤呈弯曲状态）时，光纤壁改变其折射率，在手指关节弯曲处光会逸出光纤，光的逸出量与手指关节的弯曲程度成比例，这样测量返回光的强度就可以间接测量出手指关节的弯曲角度。

3.4.3.4　力矩球

力矩球也称为空间球，是一种可提供六自由度的外部输入设备。力矩球安装在带有几个按键的固定底座上，转动、挤压、拉伸或来回摇摆这个小球，就能控制虚拟场景做自由漫游，或控制场景中某个物体的空间位置及其方向。

力矩球通常使用发光二极管来测量力。力矩球的中心是固定的，并装有 6 个发光二极管，这个球有一个活动的外层，也装有 6 个相应的光接收器。它采用发光二极管和光接收器，通过装在球中心的几个张力器测量出手所施加的力，并将测量值转化为 3 个平移运动和 3 个旋转运动的值送入计算机中，计算机根据这些值即可计算出虚拟空间中某物体的位置和方向等。图 3-9 为 Space Ball 5000 力矩球。

图 3-9　Space Ball 5000 力矩球

4 视景仿真技术

视景仿真源于可视化技术，是仿真可视化与仿真动画的有机结合，作为仿真动画的高级阶段，充分体现了视觉效果的逼真性、实时性及自然交互能力等先进特性。通过视景仿真，能够逼真再现可见的现实场景、目标，提供身临其境的视觉环境，还能够将仿真运行的动态过程及静态的仿真结果以图形的形式直观地呈现在研究者眼前，大大方便研究和分析工作。因此，视景仿真是一种较为先进的仿真技术，对于各种环境模拟、装备设计与制造等相关领域具有重要应用价值。

4.1 视景仿真的基本概念及应用

视景仿真与可视化、仿真可视化、仿真动画等基本概念存在密切联系，下面首先给出这些概念的定义，从而有利于理解视景仿真的内涵及其作用。

4.1.1 可视化

可视化是一种计算方法，其将符号（数据）转换成几何，使研究者能形象地观察他们的模拟与计算。可视化将不可见的对象变成可见的形象，丰富了科学发现的过程，给予人们深刻与意想不到的洞察力，在很多领域使科学家的研究方式发生了根本变化。

可视化技术在多个领域得到广泛应用，如早期应用于军事、航空航天、汽车设计、科学计算可视化、环境科学、地理信息系统等领域；现代的应用主要有娱乐、医学、建筑、艺术、网络、管理、金融、经济等诸多领域。由于可视化对于科研工作的重要作用，可视化对科学生产与重大科学突破产生了巨大的影响，其意义可与超级计算机的影响相比拟。

4.1.2 仿真可视化

仿真可视化建立在可视化基础之上，其作用是把仿真中的数字信息变为直观的图形图像形式表示的及随时间和空间变化的仿真过程直接呈现在研究人员面前，使研究人员能够知道系统中变量之间、变量与参数之间、变量与外部环境之间的关系，从而直接获得系统的静态和动态特性。仿真可视化主要包括动态过程的可视化及静态结果的可视化两种类型。如零部件某时刻温度场或应力场的可视化属于静态的仿真可视化，而风洞试验中来流扰动的可视化则是动态的仿真可视化。其中动态的仿真可视化属于仿真动画范畴。

4.1.3 仿真动画

仿真动画是指仿真动态过程的实时可视化再现或后期可视化回放。因而仿真动画又可分为实时仿真动画和非实时仿真动画（见图 4-1）。实时仿真动画如三维游戏、各种驾驶模拟器、战场仿真等，其特点是用户与场景之间存在充分而灵活的互动，场景的转换及观察视角是由用户的意志决定的；而非实时仿真动画如三维动画，其特点是动画内容按照时间顺序依次呈现，交互模式仅有播放、停止、暂停、快进/退等有限几种，并且每张画面的观察视角是相对固定的。

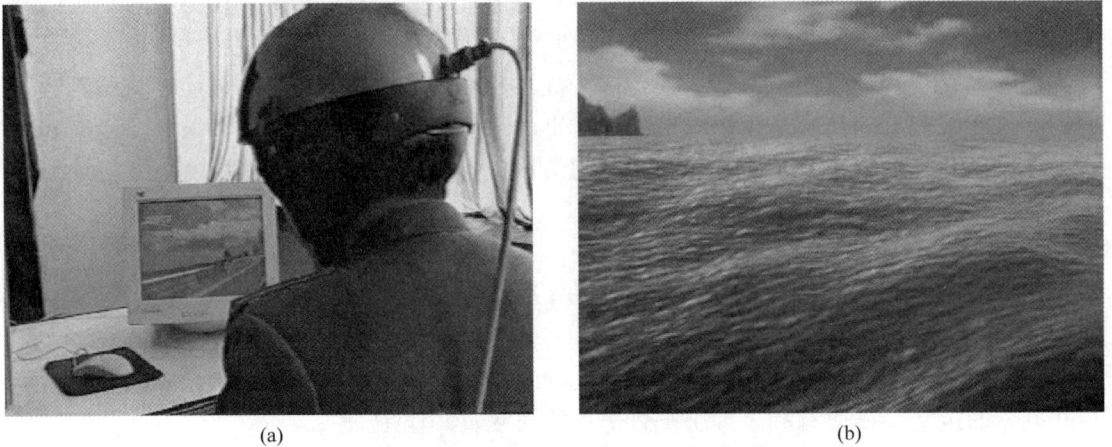

(a)　　　　　　　　　　　　　　　　(b)

图 4-1　实时仿真动画与非实时仿真动画

（a）汽车驾驶模拟；（b）水面三维动画

4.1.4　视景仿真

视景仿真是仿真动画的高级阶段，是虚拟现实技术的最重要表现形式，为用户提供身临其境的交互环境，实现了用户与仿真环境的自然交互。因此，视景仿真的基本特点是：真实、实时及交互友好。真实性是视景仿真的基本要求，一方面被仿真的对象需要具有客观性，而不能随意虚构。对于主要的地形地貌、关键装备、关键人员等对象的几何模型需要与实际情形相对应，但允许存在一定的放缩比例。实时性则要求视景仿真系统视觉、听觉、触觉等反馈信息的呈现频率必须达到基本的要求。如画面刷新率不少于 20 f/s（帧每秒）才能达到视觉对于实时性要求，听觉感知则要求声音的频率在特定范围内（2000 ~ 20000 Hz），而触觉反馈的刷新率一般要求至少达到 10000 Hz。

自然交互是指通过人的多种感官与仿真系统进行交流，也即多通道交互。自然交互模式主要有视觉、听觉、语音、触觉/力觉、嗅觉、味觉、运动感知、表情、肢体动作等。其中常用的交互模式主要是视觉与听觉。对于视景仿真而言，至少需要两种感知通道才具有明显的交互友好体验。其中视觉交互是必不可少的，听觉交互也很重要。图 4-2 列出了具有较好应用前景的交互模式。

综上所述，可视化、仿真可视化、仿真动画及视景仿真等基本概念的内涵之间存在密切联系，并且存在逐渐递进的逻辑关系，如图 4-3 所示。

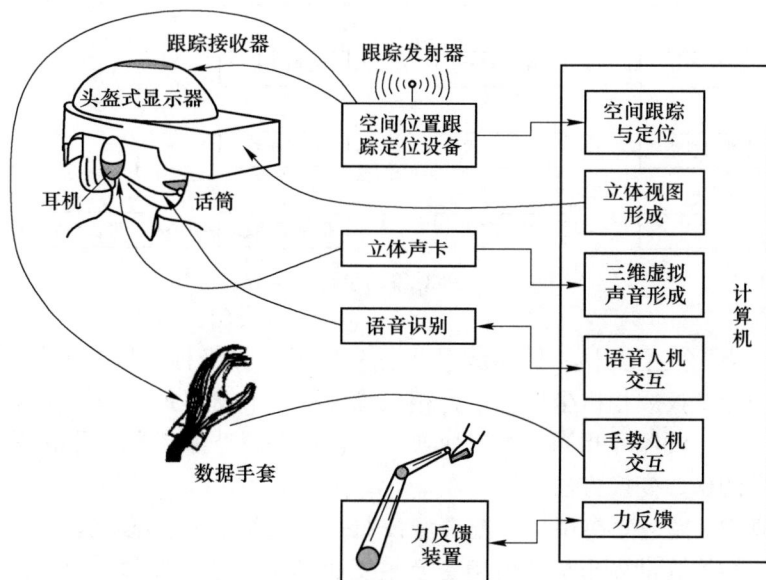

图 4-2　常见的自然交互模式

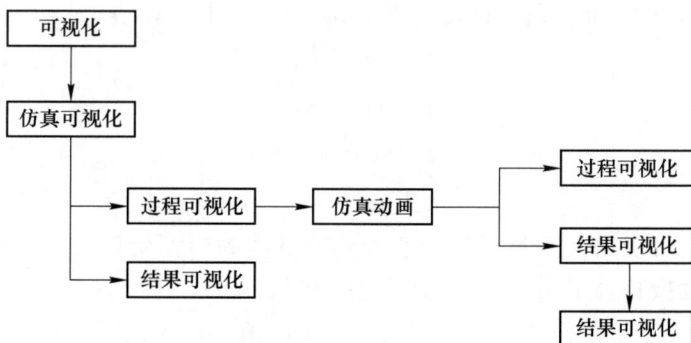

图 4-3　视景仿真相关基本概念之间的逻辑关系

4.2　坐标变换与相机空间

4.2.1　坐标变换方法

在视景仿真程序设计过程中，常常需要对三维模型包括相机进行移动、旋转、放缩等操作，这就是坐标变换。因而坐标变换是视景仿真中的一种基本技术。仿真程序员必须在头脑中对整个坐标变换原理及过程有一个清晰的理解，才能将所建立的场景模型正确地显示在屏幕上。

三维对象的显示过程需要经过一系列坐标变换，最终把三维模型显示到二维设备窗口中。从坐标变换的角度来看，这一过程把模型坐标变换到设备坐标，如图 4-4 所示。

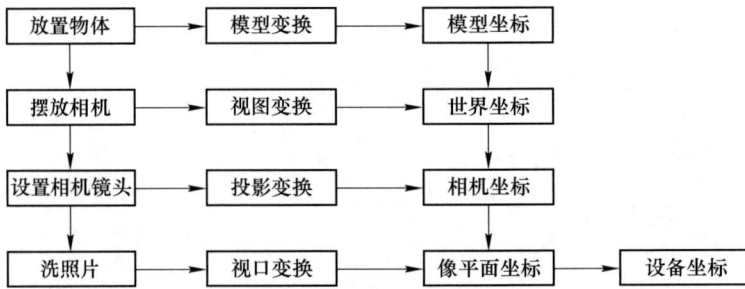

图 4-4　三维对象的坐标变换流程

　　放置物体相当于模型变换，即将模型坐标变换成世界坐标；摆放相机相当于视图变换，即把世界坐标变换成相机坐标；设置相机镜头相当于投影变换，其作用是将相机坐标变换成像平面坐标；洗照片相当于视口变换，即将像平面坐标变换成设备坐标。下面分别介绍这几种常见的坐标变换方法。

　　在视景仿真中，模型变换相当于把模型按照一定的位置和姿态放置在世界坐标系中，进而把模型坐标转换为世界坐标。模型变换主要通过对模型的平移、放缩和旋转来完成。从计算机图形学的角度来看，相当于将模型的齐次坐标进行矩阵变换：

$$v' = Mv \tag{4-1}$$

式中，v 表示变换前的齐次坐标；v' 表示变换后的齐次坐标；M 表示一个 4×4 的变换矩阵：

$$M = \begin{bmatrix} m_1 & m_5 & m_9 & m_{13} \\ m_2 & m_6 & m_{10} & m_{14} \\ m_3 & m_7 & m_{11} & m_{15} \\ m_4 & m_8 & m_{12} & m_{16} \end{bmatrix} \tag{4-2}$$

　　在此基础上，可以定义平移、旋转、放缩等基本的模型变换，且均可由变换矩阵 M 进行表示。平移变换相当于用以下平移矩阵乘以当前矩阵，其中 x、y、z 表示平移量：

$$\text{Translate}(x, y, z) = \begin{bmatrix} 1 & 0 & 0 & x \\ 0 & 1 & 0 & y \\ 0 & 0 & 1 & z \\ 0 & 0 & 0 & 1 \end{bmatrix} \tag{4-3}$$

　　放缩变换相当于用以下放缩矩阵乘以当前矩阵，其中 x、y、z 表示比例因子：

$$\text{Scale}(x, y, z) = \begin{bmatrix} x & 0 & 0 & 0 \\ 0 & y & 0 & 0 \\ 0 & 0 & z & 0 \\ 0 & 0 & 0 & 1 \end{bmatrix} \tag{4-4}$$

　　旋转变换相当于用以下旋转阵乘以当前矩阵，以绕 z 轴旋转为例，α 表示旋转角度：

$$\text{Rotate}(\alpha, 0, 0, 1) = \begin{bmatrix} \cos\alpha & -\sin\alpha & 0 & 0 \\ \sin\alpha & \cos\alpha & 0 & 0 \\ 0 & 0 & z & 0 \\ 0 & 0 & 0 & 1 \end{bmatrix} \tag{4-5}$$

4.2.2 相机空间基本操作

相机空间是指虚拟相机所在的坐标系，三维对象必须从世界坐标系变换至相机空间，才能进一步实施投影、裁剪、光栅化等渲染相关流程。因而，与相机空间相关的基本操作包括视图变换、投影变换及视口变换等。

4.2.2.1 视图变换

视图变换将顶点坐标从世界坐标系变换到相机坐标系。世界坐标系也称为全局坐标系，可以认为该坐标系是固定不变的。相机坐标系也是一种局部坐标系，该坐标系是可以活动的。在初始态下，其原点及 X、Y 轴分别与世界坐标系的原点及 X、Y 轴重合，而 Z 轴则正好相反，即为垂直屏幕面向外（采用右手系时）。

视图变换能够改变视点的位置和方向，也就是改变相机坐标系相对于世界坐标系的位置和方向。在世界坐标系中，视点（观察点）和物体的位置是一个相对的关系，对物体做一些平移、旋转变换，可以通过对视点做相反的平移、旋转变换来达到相同的视觉效果。因此，在 OpenGL 环境中，通常把模型变换和视图变换合称为模型视图变换。

模型视图变换过程类似于用照相机拍摄照片的过程，主要涉及以下步骤：

（1）模型变换（见图 4-5（a））：将要拍的场景模型置于所要求的位置上。

（2）视图变换（见图 4-5（b））：相当于竖起三脚架，将照相机对准场景模型。

（3）投影变换（见图 4-5（c））：调整焦距，使模型在拍摄窗口中具有适当尺寸。

（4）视口变换（见图 4-5（d））：确定最终画面的大小及位置，类似于放缩照片的操作。

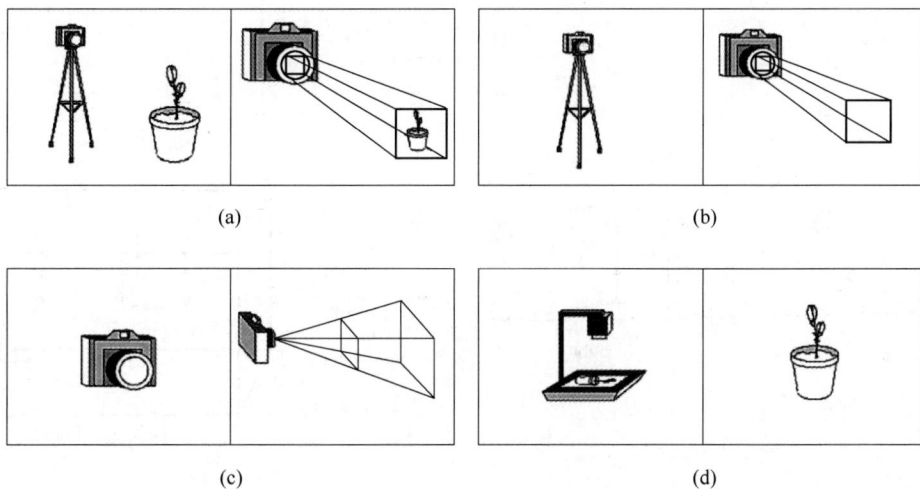

(a)　　　　　　　　　　　　　(b)

(c)　　　　　　　　　　　　　(d)

图 4-5　相机取景与视图变换

（a）模型变换；（b）视图变换；（c）投影变换；（d）视口变换

4.2.2.2 投影变换

投影变换类似于为照相机选择镜头，其目的是确定观察视野，然后选择合适的投影方式把相机坐标系下的顶点坐标转换为像平面上的坐标。视景仿真中常用的投影变换包括透视投影（中心透视投影）和正交投影（平行投影）。

透视投影的取景体积是一个截头锥体，在这个体积内的物体投影到锥体的顶点（视点），透视投影能够提供近大远小的投影效果，如图 4-6 所示。透视投影的各参数含义为：left、right 指定左右垂直裁剪面的坐标；bottom、top 指定底和顶水平裁剪面的坐标；near、far 指定近和远深度裁剪面离开透视中心的距离。

根据透视投影的几何参数，其矩阵表示为：

$$M = \begin{bmatrix} \dfrac{2n}{r-l} & 0 & \dfrac{r+l}{r-l} & 0 \\ 0 & \dfrac{2n}{t-b} & \dfrac{t+b}{t-b} & 0 \\ 0 & 0 & -\dfrac{f+n}{f-n} & -\dfrac{2fn}{f-n} \\ 0 & 0 & -1 & 0 \end{bmatrix} \tag{4-6}$$

式中，n 和 f 分别表示近和远深度裁剪面的距离；l 表示近截面的 left；r 表示近截面的 right；t 表示近截面的 top；b 表示近截面的 bottom。

正交投影又称平行投影，其取景体积是一个各面均为矩形的六面体，投影视线垂直于远近截面，如图 4-7 所示。正交投影的矩阵表示为：

$$M = \begin{bmatrix} \dfrac{2}{r-l} & 0 & 0 & -\dfrac{r+l}{r-l} \\ 0 & \dfrac{2}{t-b} & 0 & -\dfrac{t+b}{t-b} \\ 0 & 0 & \dfrac{-2}{r-l} & -\dfrac{f+n}{f-n} \\ 0 & 0 & 0 & 1 \end{bmatrix} \tag{4-7}$$

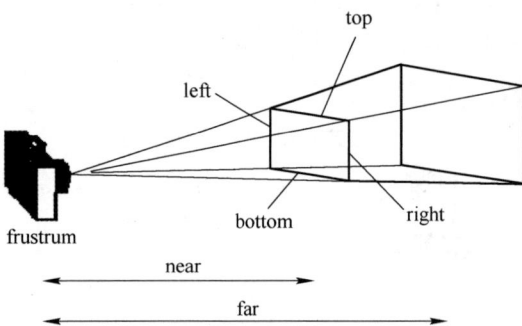

图 4-6　透视投影　　　　　　　　　　　　图 4-7　正交投影

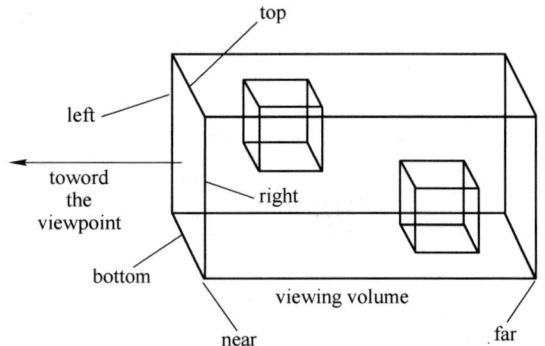

在利用投影矩阵变换场景中模型对象的顶点后，任何位于取景体积外的顶点都被裁剪掉。除此之外，还可指定附加的任意位置的裁剪面，对场景中的物体做进一步的裁剪。

4.2.2.3　视口变换

物体显示于屏幕窗口内指定的区域内，这个区域通常为矩形，即视口。视口变换就是将像平面上的模型投影进一步变换到二维的窗口平面上，如图 4-8 所示。像平面是连续的实空间，其规范大小一般为 $[-1, 1] * [-1, 1]$。投影后的顶点也在这个规范的矩形视口内。而平面上窗口所在坐标系一般采用左上角为坐标原点，向下为正，其显示范围是整数空间：$[0, width] * [0, height]$。显然，通过线性变换可以将像平面上的坐标变换至屏幕窗口，从而实现对象的显示。

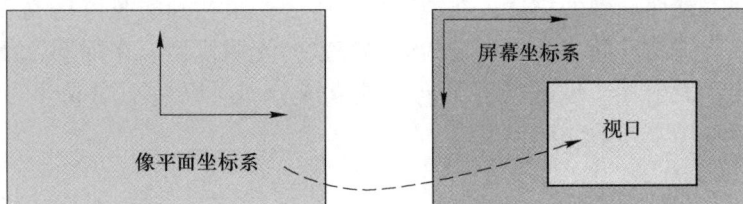

图 4-8   视口变换

4.3   灯光、材质与光照模型

4.3.1   影响光照效果的因素

视景仿真的基本要求是真实性、实时性及自然交互。通过光照能有效增强三维模型的立体感，使视景仿真场景和模型更加真实。视景仿真中通过简化现实世界中的光照机理，来模拟实现场景中的光照效果。

从光学理论和日常经验可以知道，物体的光照效果受到多个因素的影响，主要包括灯光类型、物体的材质及环境对光线的反射情况等，如图 4-9 所示。可见同一三维模型在不同材质、灯光条件下，其光照效果具有显著区别。灯光的类型、光强、入射角度、颜色影响光照效果，而材质的反射率、粗糙程度及表面法向量等因素影响着光照效果。

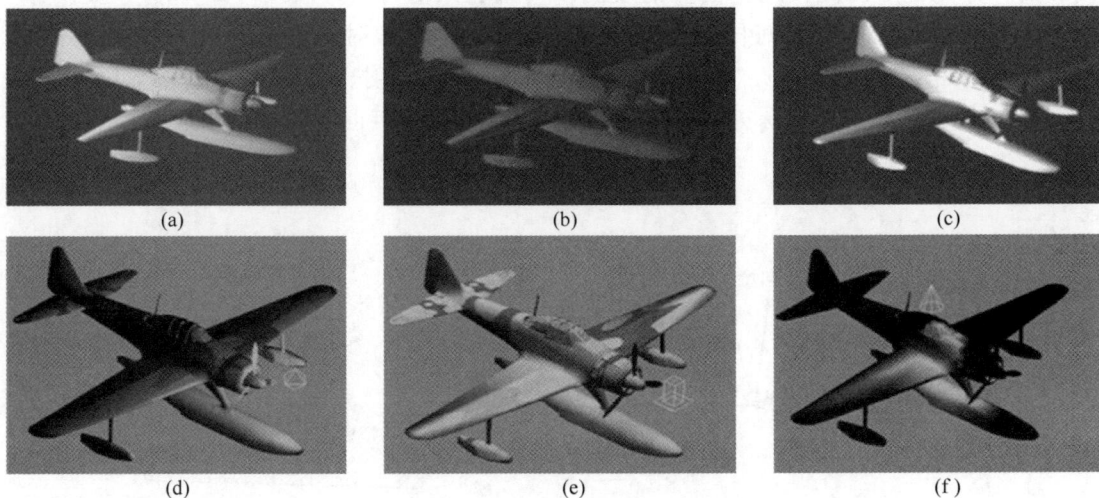

图 4-9   不同条件下的三维模型光照效果
(a) 木质；(b) 铜质；(c) 铝质；(d) 点光源效果；(e) 平行光源效果；(f) 聚光灯效果

4.3.2　光照模型

光照模型是指反映物体表面反射光强度的数学模型，通常由灯光与材质共同决定。现实中的反射光强度与入射光的强度、入射方向、波长及物体本身的材质特点存在密切复杂关系，难以得到完整而准确的描述。在视景仿真中，为了达到实时仿真效果，通常是将常见的光照效果进行归纳和简化，得到较为简单有效的光照模型。在视景仿真中，光照模型把光分为环境光、散射光、镜面光等不同的独立成分，可以对不同成分的光进行单独计算，然后叠加组合出不同的光照模型。

4.3.2.1　环境光

环境光（ambient）又称泛光，是指那些在环境中充分地散射，无法辨别其方向的光，它好像是来自所有方向的光。也就是说，在反射条件相同的情况下，对于物体上的某一点，在环境光的条件下，从不同的角度看到的环境光反射强度是相同的，如图 4-10 所示。环境光可以用式（4-8）计算：

$$I_{ambient} = K_a I_a \tag{4-8}$$

式中，K_a 为反射常数，与物体表面性质有关；I_a 为入射的泛光光强，与环境的明暗度有关。

从环境光特点可以看出，环境光仅仅与物体表面反射常数和环境明暗度有关，与物体表面的法向量无关。因此，在单一环境光条件下，很难看出物体的明暗变化，也很难看出"立体感"。图 4-10 为环境光条件下坦克的显示效果，只能分辨模型的轮廓。

图 4-10　环境光光照效果

4.3.2.2　散射光

散射光（diffuse）又称漫反射光，散射光来自某一方向，具有方向性。因此，从正面照射表面，它看起来更加亮一些。反之，当它斜着掠过表面，看起来显得暗一些。散射光还有一个显著的特点，即假设物体表面是粗糙不平的，光线会均匀地向所有方向发射，如图 4-11 所示。因此，不管视点在哪个位置，当光源方向确定后，物体表面某一点向各个方向的反射光强是一样的。

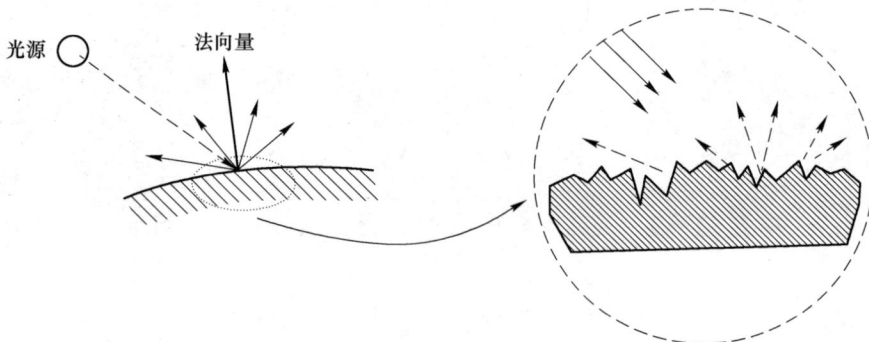

图 4-11　散射光示意图

散射光基本原理可由图 4-12 进行解释。在已知入射光强度、入射角度和反射系数的条件下，散射光可以用式（4-9）计算：

$$I_{\text{reflected}} = K_{\text{diffuse}} I_{\text{directed}} \cos\alpha \tag{4-9}$$

式中，K_{diffuse} 表示反射系数；I_{directed} 表示入射光强度；α 表示入射光与物体表面法向量之间的夹角。散射光强度不仅与反射常数和入射光强有关，还与入射光和物体表面法向量之间的角度有关，角度的变化会引起物体表面明暗变化，从而可以表现三维模型的立体感，如图 4-13 所示。

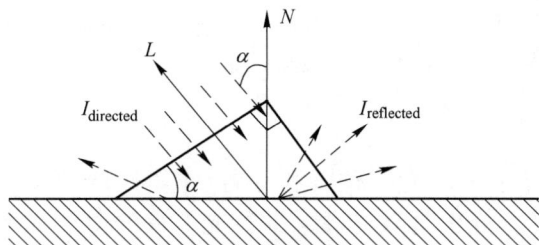

图 4-12　散射光基本原理

图 4-13　散射光效果图

4.3.2.3　镜面光

镜面光来自某一个特定的方向，并且从表面的某个方向反射。当一束经过充分校准的激光从一面高质量的镜子上反射回来时，它产生的几乎是百分之百的镜面反射光。不同材质的物体具有不同程度的镜面反射能力，具有光泽的金属或者塑料具有非常高的镜面成分，而粉笔和地毯等粗糙的物体则几乎不存在镜面成分。

镜面光基本原理如图 4-14 所示，当视点与反射光具有一定角度时，角度越小，获得的反射光光强越大，角度越大获得的反射光光强越小。因此，镜面光可以用式（4-10）计算：

$$I_{\text{specular}} = K_{\text{specular}} I_{\text{directed}} \cos^n(\beta) \tag{4-10}$$

式中，K_{specular} 表示镜面反射系数；I_{directed} 表示入射光强度；β 表示反射光与视线间的夹角。镜面光主要用来体现物体光泽效果，可以有效提高物质的金属感，如图 4-15 所示。

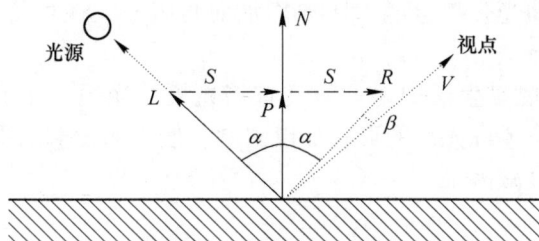

图 4-14　镜面光基本原理

图 4-15　镜面光效果

4.3.2.4　典型的光照模型

A　Bouknight 模型

在实际情况下，总会有一些光线通过多次反射能够到达表面。利用漫反射模型和散射光模型来模拟光在环境中多次反射的情况，Bouknight 模型由环境光和散射光模型组合而成，可以表示为式（4-11）。

$$I_{\text{bouknight}} = I_{\text{ambient}} + I_{\text{diffuse}}$$

或

$$I_{\text{bouknight}} = K_{\text{ambient}}I_{\text{ambient}} + K_{\text{diffuse}}I_{\text{directed}}\cos\alpha \tag{4-11}$$

B　Phong 模型

在 Bouknight 模型的基础上增加镜面光成分就是 Phong 光照模型。Phong 模型可以用式（4-12）表示：

$$I_{\text{phong}} = I_{\text{bouknight}} + I_{\text{specular}}$$

或

$$I_{\text{phong}} = K_{\text{ambient}}I_{\text{ambient}} + K_{\text{diffuse}}I_{\text{direct}}\cos\alpha + K_{\text{specu}}I_{\text{direct}}\cos^n\beta \tag{4-12}$$

4.3.3　光源类型

在视景仿真中，光源具有多种属性，例如颜色、位置和方向。不同的光源具有不同的性质和作用。常见的光源类型有三种，分别是点光源、平行光、聚光灯，如图 4-16 所示。

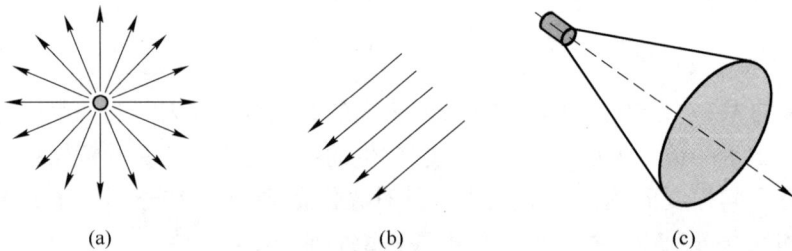

图 4-16　常见光源类型
（a）点光源；（b）平行光；（c）聚光灯

（1）点光源。点光源是一种理想化的光源，其向所有方向均匀地发射光线。因此，点光源也被称为全向光源。点光源是最为简单的光源，可以放置在场景中的任何一个地方。常用的白炽灯可以理解成点光源。

（2）平行光。无穷远处的光源离场景中的物体很远，以致光线相互平行地到达场景。无穷远处的光源具有近似不变的强度，即光强不会随着距离增加而衰减。在视景仿真中，太阳光可以理解为平行光。

（3）聚光灯。聚光灯主要用于模拟现实生活中常见的具有挡光板的光源，如手电筒射出的光束。通过聚光灯模型，可以把位置性光源的形状加以限制，使它的发射范围限于一个锥体之内，同时还可以设定其光强衰减因子。

4.4　视景仿真图形引擎入门（Direct3D）

4.4.1　DirectX 基本概念

4.4.1.1　DirectX 的技术背景

DirectX 是 Microsoft 公司开发的运行于计算机平台的多媒体控制处理引擎，通过 COM

技术及一套由 Microsoft 和硬件厂商共同编写的驱动程序和程序库，可以提供对所有设备的硬件级的控制。DirectX 能够对显存和硬件直接访问，并提供了丰富的应用程序接口。

4.4.1.2 DirectX 的主要功能

DirectX 的主要功能包括图形绘制、声音录制、合成与播放、视频播放、手柄输入、网络连接等。图形显示绘制 DirectDraw 和 Direct3D，9.0 以后统称 DirectGraphic。音影播放 DirectAudio 和 DirectShow，其中 DirectAudio 由 DirectSound 和 DirectMusic 整合而成。DirectSound 只支持数字化的声音，而不支持 MIDI。DirectMusic 支持 MIDI，是一种基于 DLS（Downloadable Sound）数据的实时音乐编排和回放技术。DirectShow 提供了在 Windows 平台上对多媒体数据流的高质量的捕捉和回放，支持多种多媒体格式，包括 AVI、MP3、WAV 等。输入功能 DirectInput，提供了对游戏输入设备的支持，包括键盘、鼠标、手柄等；支持力反馈设备，模拟使用者的真实感觉。网络通信功能 DirectPlay，提供了玩家进行多人游戏中信息通信和玩家互动交流的平台环境；支持多种连接方式如 TCP/IP、IPX、Modem、串口通信等，从而实现计算机之间互联无障碍。

4.4.1.3 DirectX 与 COM 的关系

COM 是组件对象模型（Component Object Model）的简写。它是一种协议，用来实现软件模块间的二进制连接。当这种连接建立后，两个模块之间就可以通过称为"接口（interface）"的机制来通信。COM 给开发人员提供的是一种开发与语言无关的组件库的方法。COM 的发布形式是：以 Win32 动态链接库（DLL）或者可执行文件（EXE）的形式发布的可执行代码组成。

DirectX 和 COM 的协同工作，COM 在装载 DirectX 的运行版本时，作为 DLL 包含在系统中。运行 DirectX 时，其装载 DLL，这些接口的方法就被调入而完成任务。应包含一些封装了 COM 内容的输入库函数 .LIB，以便于使用这些封装函数调用 DirectX 来创建 COM 对象。

4.4.2 Direct3D 编程初步

Direct3D 程序是基于视窗的应用程序，因此 Direct3D 程序的逻辑结构与一般 Windows 程序类似，如图 4-17 所示其创建主要涉及以下步骤。

（1）创建窗口。根据 Windows 程序的创建流程，首先需要创建一个 Windows 类，其作用是描述窗口的风格如标题栏、系统菜单、背景色、光标等基本属性。向 Windows 系统注册刚创建的 Windows 类，然后创建一个事件句柄 WinProc，其作用是处理系统传递给窗口的各种消息，如鼠标消息、键盘消息、各种命令等，并将事件句柄与 Windows 类关联；用前面创建的 Windows 类创建一个窗口；最后将该窗口显示在屏幕上。

（2）初始化 Direct3D 环境。以 visual studio6 为例，配置编译环境的方法是在当前程序工程中添加链接库（如 d3dx. lib、guid. lib 等）、头文件及链接库路径。紧接着在程序初始化的适当位置创建

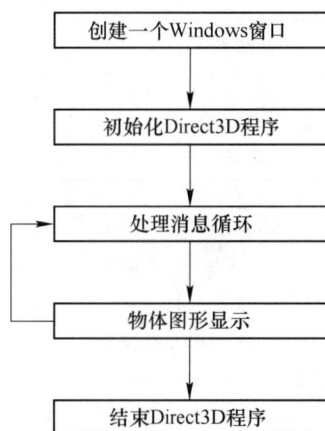

图 4-17 Direct3D 程序结构

Direct3D 接口，通过该接口可以查询显卡所支持的各种显示模式，选择其中一种显示模式，创建 Direct3D 设备接口。D3D 设备接口相当于用于绘制图形的画笔。

（3）处理消息。Windows 程序需要消息驱动程序的运行，主要涉及两个函数：PeekMessage() 或 GetMessage()。PeekMessage() 用于检测系统消息队列中是否有消息，若有则返回 1，否则返回 0，其特点是不会删除消息；而 GetMessage() 则一直等到消息产生才返回，如果队列中没有消息，那么 GetMessage() 将导致程序休眠（让出 CPU 时间）。因此，PeekMessage 判断消息队列中如果没有消息，它马上返回 0，不会导致系统休眠。在 Direct3D 程序中一般采用 PeekMessage() 获取消息，若返回 0 即表示当前无消息，这时可以利用 D3D 进行图像绘制、刷新窗口，从而产生各种动画效果。

D3D 刷新窗口采用的技术是翻转页面，也即交换内部的缓冲区，将绘制完成后的缓冲区作为主缓冲，其内容将被自动刷新到屏幕。

（4）结束 Direct3D 程序。当窗口句柄函数接收到 WM_DESTROY 消息时，意味着程序即将结束，需要调用接口的 Release() 函数释放 Direct3D 资源。

（5）自由顶点格式（Flexible Vertex Format，FVF）。顶点（vertex）是 Direct3D 中最为基本的概念，表示图形上每一点所具有的属性，如坐标、颜色、法向量、纹理坐标等。三维模型的几何形态及其外观颜色特征主要取决于顶点的格式和具体数值。Direct3D 支持灵活的顶点格式，也即用户可以根据需要自己定义顶点所包含的字段，表 4-1 列出了常用的顶点字段。

表 4-1 顶点格式

名称	用　途
顶点坐标	表现顶点三维坐标
RHW	坐标的 W 值，具有该值才是完成变换的顶点
结合浮点值	用于蒙皮制作
法线向量	表现顶点的法线向量
扩散光	RGBA 宏值，表现顶点的漫反射颜色
反射光	RGBA 宏值，表现顶点的镜面反射颜色
纹理坐标	表现纹理坐标，D3D 可以同时使用 8 个纹理坐标

例如定义一个顶点，其字段包括坐标和颜色，则其格式为：

```
Struct MY_ VERT
{   float x, y, z, rhw;
    DWORD color;
}
```

（6）Direct3D 支持的基本图元。Direct3D 内部支持的基本图形元素包括：点列、线列、线带、三角形列、三角形带、三角形扇形等多种形式，如图 4-18 所示。这些基本图元几乎能够描述任何复杂的几何模型，也是视景仿真的基石。

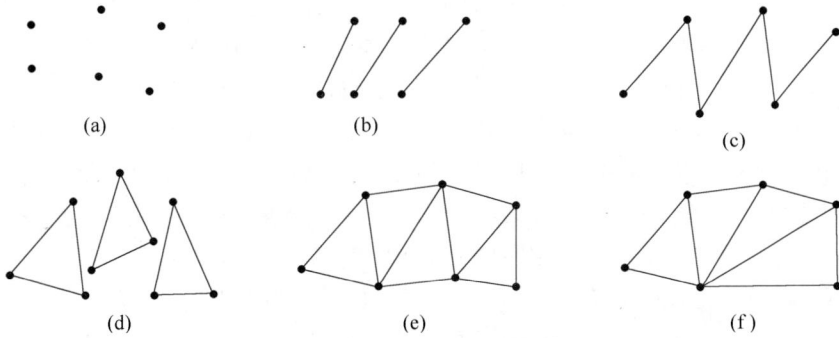

图 4-18 Direct3D 的基本图元

(a) 点列；(b) 线列；(c) 线带；(d) 三角形列；(e) 三角形带；(f) 三角形扇形

4.5 场景及装备三维建模技术

场景及装备的三维模型构成了视景仿真的数据基础，其质量高低直接影响到视景仿真的视觉效果。由于视景仿真具有实时性、逼真性及交互性等基本特点，对于三维模型的构成方式和复杂度具有特定要求。

4.5.1 视景仿真中三维模型的特点

视景仿真中需要大量的三维模型，这些三维模型从本质上讲主要是采用多边形（以三角形为主）为基本图元的表面模型。因此，视景仿真中的三维模型与一般三维游戏中的模型并不存在实质上的区别。但是视景仿真本身需要体现仿真的要求，也就是实时性和逼真性。就实时性而言，要求视景仿真中的三维模型尽量简洁，即尽量减少数据量；逼真性则要求三维模型与对应的实物模型尽量相近。实时性和逼真性是一对矛盾，视景仿真中的三维建模就是要在这个矛盾中寻求一个相对的平衡。

视景仿真、三维游戏及三维可视化等概念之间存在内涵上的交集，通常并不加以严格区分。但三者在实时性要求、画面逼真度要求、数据量大小要求等方面均存在明显差异，具体见表 4-2。

表 4-2 三种视觉应用领域对于模型的不同要求

应用领域	实时性	逼真度	数据量	交互性
视景仿真	实时（>30 f/s）	与实物相近	精简	良好
三维游戏	欠实时（10~30 f/s）	与实物相似/虚构	较大	一般
三维可视化	实时/欠实时/静态	高度逼真	很大	可变

由此可见，视景仿真对于三维模型的要求比较苛刻，一方面需要保证较高的实时性，另一方面又要兼顾画面的逼真度。需要特别注意的是，在视景仿真当中，"相近"这一概念具有两个方面的含义：一是相应的实物必定存在，二是与实物在尺寸、结构、颜色/纹理等属性方面存在一致性，即相对误差在一定的容许范围内。由于实时性和交互性等方面的要求，视景仿真中的三维模型的数据量必定是十分精简的，从而与逼真度要求产生一定

程度上的矛盾。这就要求从仿真的主要目的出发，有针对性地简化不必要或不重要的模型部件及细节，而对于重要的部分模型则可以适当提高几何表达精度。从更为广泛的意义上而言，这就涉及场景精度的有效管理，需要运用诸如空间剖分、多分辨表达、实时调度等多种策略。当然，模型的精简程度并没有一定的标准，但从实践经验来看，按照以下等级进行模型简化能够有效协调视景仿真的各项指标：简略模型（面片数小于 10）、一般模型（面片数小于 100）、中等模型（面片数小于 1000）、重要模型（面片数小于 2000）（见图 4-19）。如此，在场景中分布 10 个左右的重要模型、数十个中等模型、数百个一般模型、上千个简略模型，则能够基本实现详略得当，仿真重点突出。

图 4-19　三维模型的不同表达精度

（a）面数：20；（b）面数：130；（c）面数：71474

4.5.2　视景仿真中常用三维模型的建模方法

视景仿真中常用的三维模型主要有：地理环境模型、装备模型及人员模型等。这些模型具有各自不同的特点，需要在建模过程中有针对性地加以考虑。下面重点就地理环境、装备等两类模型的建模思路和方法进行简要介绍。

4.5.2.1　地理环境的三维建模

视景仿真中的地理环境模型主要涉及：地形模型、天空模型、植被模型、人工构筑物等。地形模型是一种 2.5 维的模型（2 维平面 + 竖向的高度维），常见的地形建模方法有数字高程映射（规则格网、TIN）、虚拟地形（分形地形、交互构造）等。

最简单、最基本的地形建模方法是高程映射方法。该方法需要一张矩形的灰度图像，其内部每个像素的灰度值对应于地形上某点的高程值。通过简单的线性映射可将每像素灰度值变换为三维点的高度（通常是 Z 坐标），如图 4-20 所示。

由于灰度图像相当于规则的网格，数据量一般较大，不便于三维地形的实时交互。其根本原因是其中大量的相对平缓的地形仍然采用最高的分辨率，因而数据冗余度较大。而三角形网格则能够很好地克服这一困难，如图 4-21 所示。三角形网格也即 TIN（Triangular Irregular Network）是一种完全由三角形面片拼接构成的连续表面模型。TIN 具有变分辨率的特点，即在复杂地形上采用密度较大的三角形，而其余平缓的地形则采用较大的、密度较低的三角形。因而总体上而言，TIN 的数据冗余度较低，数据量也较小，便于地形实时交互。目前三维仿真平台一般都支持 TIN 地形的构造与漫游，如 Vega、Vtree、Ogre 等。

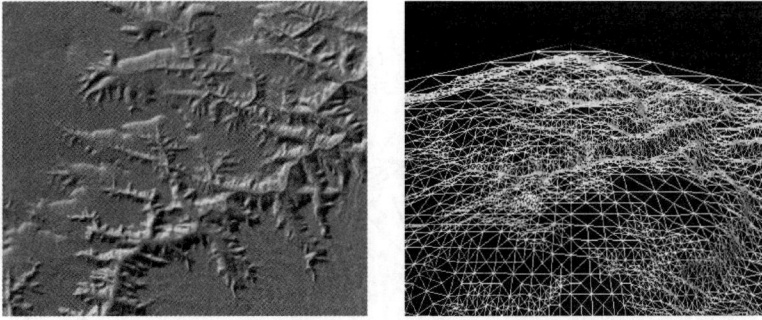

图 4-20　数字高程映射的三维地形模型

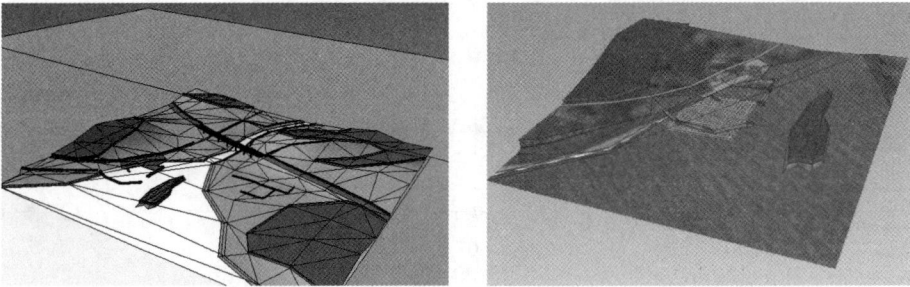

图 4-21　TIN 地形网格模型

前面两种地形仿真方法即高程映射法、TIN 网格法都需要表示地形上离散点的三维坐标。一般真实地形的地面点坐标是通过测绘作业获取的，成本很高，也可能涉及国家机密，因而在普通仿真应用中一般较少采用测绘数据。另外，通过计算机算法能够生成类似地形起伏的数据，从而可以大量使用，同时具备很高的真实感。常用的地形生成算法有分形迭代、随机噪声等，其中分形地形最能表现地形的复杂性。分形是将某种简单规则反复在对象上迭代实施的一种过程，如图 4-22 所示。

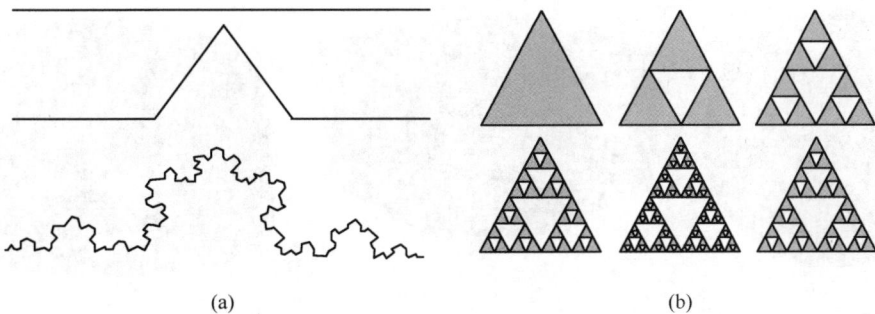

(a)　　　　　　　　　　　　　　　　(b)

图 4-22　分形曲线（a）与分形面片（b）

运用分形的迭代构造思想，可以生成十分逼真的地形模型（见图 4-23）。典型的分形地形生成方法是金字塔-钻石方法，也即 diamond-square。该方法属于四叉树分割方法，包括两个主要步骤：（1）diamond 步：计算正方形中心点高度，正方形中心点高度值等于 4

个角点的平均值加上一个随机量。这样就得到了一个类似钻石的棱锥；（2）square 步：计算每边中点高度。取上面生成的棱锥，平均角点值再加上一个随机量，则得到每条边中点高度值。这一步又产生 4 个正方形，如图 4-24 所示。

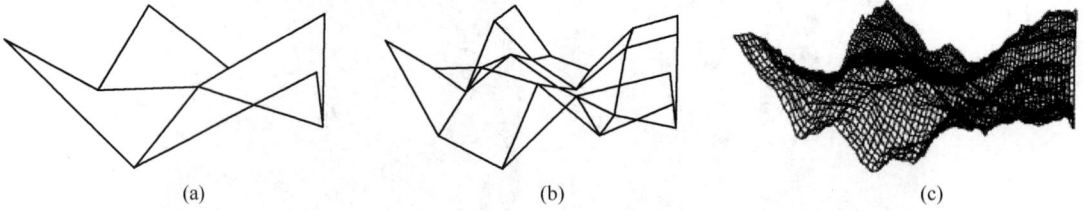

图 4-23　分形构造的地形模型

（a）迭代 1 次；（b）迭代 2 次；（c）迭代 10 次

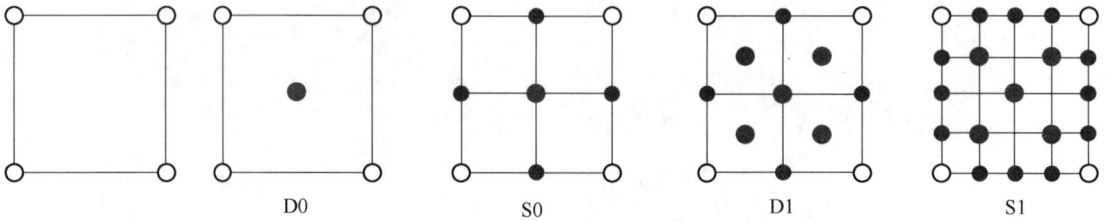

图 4-24　分形地形的 diamond-square 序列

　　天空也需要模型进行表达，常见的天空模型有：球状、半球状、片状、柱状、盒状等，如图 4-25 所示。球状天空体最常用，可采用矩形网格构造。半球状与之类似，只能用于局部地面的仿真，不能用于全球；片状天空体是矩形网格拉伸之后得到的，其优点是不存在极点，一般需要跟随相机移动；柱状天空体用于仿真环视、俯视等场合，方法简单，不存在极点；盒状天空体采用长方体的内表面作为天空的形状，构造简单，一般只需要 5 个面，但在面之间的交界处存在明显的折痕。

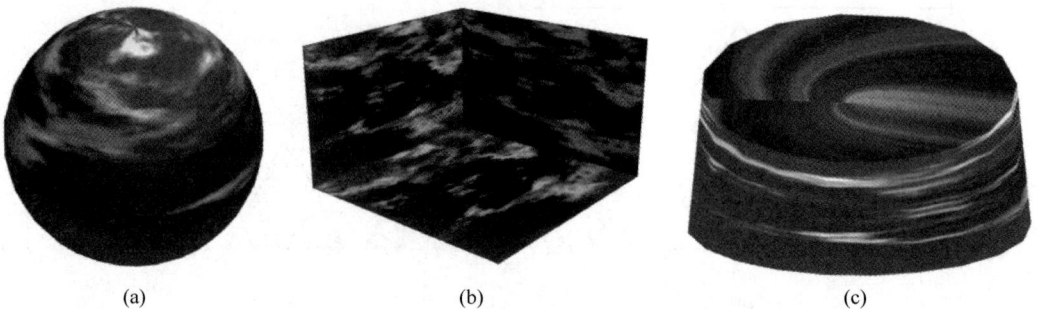

图 4-25　天空体的三维模型

（a）球状天空体；（b）盒状天空体；（c）柱状天空体

　　植被模型在地理环境仿真中具有增加真实感的重要作用，如图 4-26 所示。常用的植被模型有：草丛、灌木、高大树木等几种。下面主要论述树木的建模方法。真实的树木一般具有众多枝条、数目庞大的树叶，因而树木是一种十分复杂的几何对象。在视景仿真中，有必要对树木进行简化建模。根据日常的观察不难发现，一般树木具有近似轴对称的外形特点，枝叶的空间分布形态在远处观察可以当作一个平面投影。因此，树木的简化建模方法是采用一个平面代表树木的纵向界面，并用相应树木的图片表示枝叶分布。具体而言，常用的植被模型包括：billboard 模型、交叉面片模型等。

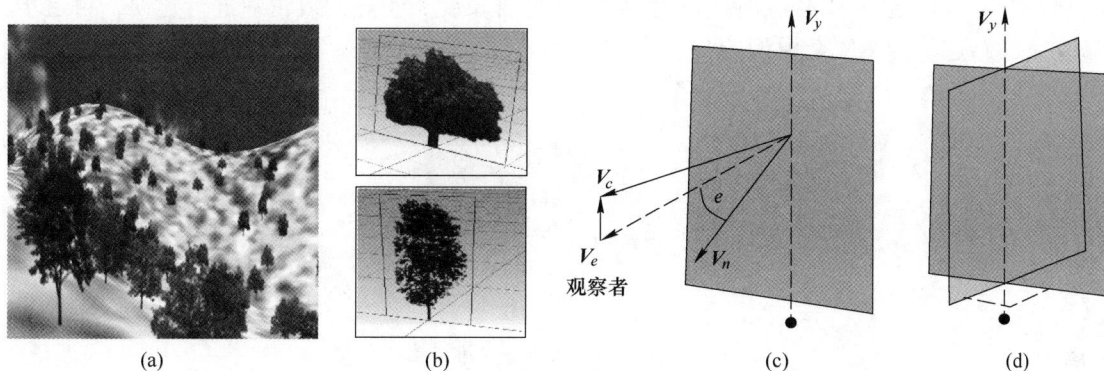

图 4-26　树木的三维模型

（a）植被分布形态；（b）树木的界面表示；（c）billboard 模型；（d）交叉面片模型

billboard 树木模型需要依据相机方位进行旋转，如图 4-26（c）所示。令 V_y 为树干即转轴，V_c 为相机的观察矢量，V_n 为面片的法线矢量，V_e 为 V_c 的水平投影，e 为需要计算的转角。根据空间几何关系，已知 V_c、V_n，则 V_e 可计算为：$V_e = V_c - V_y(V_y \cdot V_c)$；则转角满足关系：$\cos(e) = V_n \cdot V_e$。在仿真过程中，每次刷新前都要计算转角 e，若 e 超过一定阈值，则将该面片旋转角度 e，使其面向相机。

在视景仿真环境中，还有其他一些对象如房屋、电塔、水塔、城墙、楼宇等人工构筑物体，如图 4-27 所示。这些三维对象可以提供场景某些功能性的描述，或者增强场景的表现力。人工构筑物具有明显的面状特征，又以多边形表面为主。因此，这类三维对象的建模多采用基本几何体表达其总体轮廓，再用多边形修改方法进一步修改完善。建筑的外立面往往具有门窗、广告及装饰等细节，一般通过纹理来表达这些特征。而楼宇的内部结构需要参考建筑学的有关知识，这里不作深究，我们常常关心建筑外观的仿真。

图 4-27　人工建筑物的三维模型

4.5.2.2　装备的三维模型

装备如车辆、飞行器、舰只、枪械等一般具有大量的零部件及复杂的外观，对其进行完全真实的建模会产生极为庞大的数据量，这与视景仿真的实时性要求是相抵触的，如图 4-28 所示。在仿真环境中，装备模型需要作适当简化（见图 4-29），而简化的标准见 4.3.1 小节。装备的三维模型一般采用多边形网格进行构造，常用的有三角形网格、四边形网格等。建模思路一般是部件建模、组装合成。对于不同的部件，往往要针对其外形特征采取相应的建模方法。如车轮具有轴对称特点，可以使用旋转建模；炮管可以采用标准的圆柱模型进行建模，只需要修改截面半径及炮管长度。先对大致轮廓进行建模，再逐步修改完善，这是构造复杂模型的一般方法。

图 4-28　复杂的装备三维模型

图 4-29　简化的装备三维模型

4.5.3　基本建模工具的使用

通过建模工具构造三维模型是一种必要的仿真技能。对于简单或比较熟悉的对象，使用建模工具往往能够迅速得到需要的模型，极为方便、经济。目前三维建模领域出现了大量的建模工具软件，如 3dmax、maya、softimage、AutoCAD、犀牛、poser 等。其中以 3dmax 最为常见，也较容易掌握。通过学习 3dmax 建模过程，能够有效提高学习者的建模技能及对于三维建模的理解水平。

目前国内装备建模大多采用 3D Studio Max 进行，该软件常简称为 3ds Max 或 MAX，是 Autodesk 传媒娱乐部开发的基于 PC 系统的全功能的三维计算机图形软件。3ds Max 可通用于 Win32 和 Win64 系统，并且在多领域得到了广泛的应用。下面介绍 3dmax 软件的基本特点及利用其构建装备模型的主要步骤。

4.5.3.1　界面组成

3ds Max 界面主要由标题栏、菜单栏、工具栏、命令面板、绘图区域、视图控制区、动画控制等区域构成，用户也可根据自身习惯进行另外设定。

标题栏：包括软件名称及系统设置，文件保存前进后退的功能。

菜单栏：包括视图、动画、编辑、工具的功能。

工具栏：用于模型绘制过程中选择、平移、旋转、角度捕捉、图层选择等功能。

命令面板：构建模型的主要面板，包括创建、修改模型、调整层次、灯光摄像机设置及模型基本信息的显示。

绘图区域：分上、前、左、透视图 4 种视图方式，模型构建过程中可以根据需要任意切换 4 种视图进行模型的构建。

视图控制区：模型绘制过程中用于控制模型的角度、位置、大小及视图切换。

动画控制区：调整关键帧的位置，生成动画。

4.5.3.2 建模方式

3ds Max 提供多种建模手段，总体上可分为两种方式：基础建模方式和高级建模方式。

（1）基础建模可分为内置模型建模、二维形体建模和复合物体建模三种模式。

内置模型建模：指 3ds Max 本身带有的标准基体和扩展基本体，内置模型建模方式仅用于构建一些简单的三维模型。

二维形体建模：指 3ds Max 中图形栏中有像包括线、矩形、圆、椭圆、圆环、多边形等的二维图形工具，可以通过上述工具绘制想要得到的二维图形，在此基础上通过修改器中的车削、挤压、放样等将二维图形转化为三维模型。这种建模方式也是 3ds Max 建模尤为重要的一种方式。

复合物体建模：采用几何体中的复合对象，利用布尔的并集、交集、差集、切割功能对内置模型进行组合得到复合模型。这种建模方式也比较常见。

（2）高级建模又可分为多边形建模、片面建模、NURBS 建模三种模式。

多边形建模：多边形建模是利用 3ds Max 建模过程经常使用的一种建模方式。这种方式是利用已经建立好的标准三维模型，将其转化为可编辑多边形，利用对点、面、边界的位置调整修改模型形状至自己需要模型的形状，通过表面平滑组工具，处理模型表面使其平滑，构建最终模型。这种建模方式适合构建复杂形状的模型，而且使用频率往往也比较高。

片面建模：片面建模以多边形建模为基础，对其进行了相关的优化，用户能够采取像编辑 BEZIER 曲线一样去进行曲面的编辑。曲面编辑和样条曲线编辑具有类似的工作特点，都是 BEZIER 类型，能够通过修改外表的控制句柄从而改变面片的曲率。两者之间的区别为：曲面拥有三维空间坐标系，所以存在 X、Y、Z 方向的控制句柄。相比而言面片建模只需调整部分点的坐标位置即可编辑出有特殊效果的曲面。它适合创建生物体模型。

NURBS 建模：采用高级算法的一种建模方式，和 NURBS 曲线编辑类似，通过控制点来编辑曲面。这种建模方式可以用于表面呈流线形的物体进行三维建模，例如：工业上汽车、飞机、船的壳体。

4.5.3.3 三维建模流程

以 3ds Max 平台为核心，以步履式挖掘机为对象，结合绘图软件 AutoCAD 及

Photoshop 介绍装备三维模型的构建步骤，利用采集到的实车各部分的尺寸外形通过 AutoCAD 进行山地挖平面视图绘制，导入到 3ds Max 中构建步履式挖掘机白模，利用采集到实车的外表信息通过 Photoshop 进行实车及元器件外表贴图的绘制，赋予 3ds Max 中构建白模材质及贴图，最终构建与实车相仿的山地挖三维模型。图 4-30 为山地挖三维模型构建流程图。

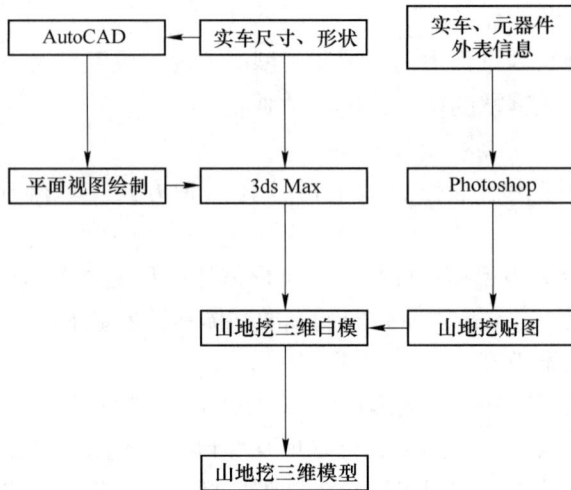

图 4-30　山地挖三维模型构建流程图

大多数的工程装备，如步履式挖掘机一样，其机电一体化程度高、结构复杂，如果不采用有效的方法进行建模既浪费时间，又不能达到预期的效果。通常采用分层构建的方式进行模型构建，不同的系统建于不同的图层，保证每个系统模型的构建处于独立的状态，便于更改，在系统下按回路分层，在回路层次构建每个回路中的元件。

4.5.3.4　零部件三维建模

以步履式挖掘机模型构建为例，进行简单介绍。该装备的主要零部件大概可分为 4 种类型。图 4-31 所示为步履式挖掘机组成，在构建每个系统中的零件模型时，构建的先后顺序为：机械结构零件→液压电器元件→连接紧固件→油管线缆。其中构建机械零件的过程中，先构建外形尺寸大的零件，利用尺寸大的零件模型进行定位，再根据位置构建其他小型机械结构零件。

4.5.3.5　模型数据的输出

建立完成的三维模型一般需要输出到文件才能被视景仿真程序使用。通常将模型输出为固定格式如："＊.3ds、＊.flt、＊.dwg、＊.stl"等。但这些文件一方面具有复杂的内部格式，另一方面版本不同则格式也存在较大差异，往往因为版本不兼容而造成读取失败。因而，在视景仿真实践过程中，采用自定义的模型文件格式则具有最大限度的灵活性，应用加密算法后，还能有效地保护模型数据不被侵权使用。

下面以 3dmax 内置的脚本语言编制脚本程序，通过在 3dmax 环境中调用脚本程序而实现模型数据输出为文本文件。

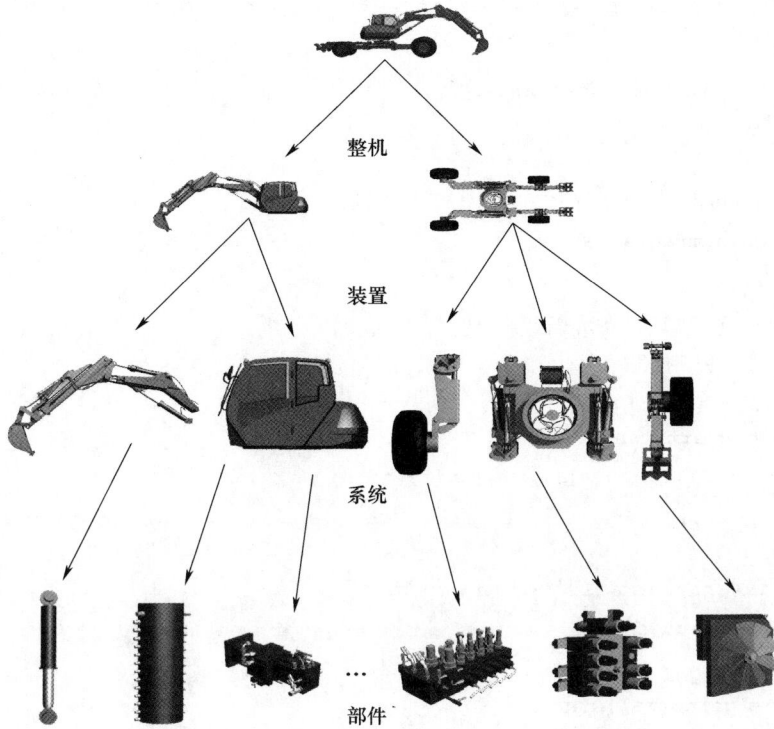

图 4-31 步履式挖掘机组成

（1）熟悉 max 的脚本语言。

使用快捷键 F11 打开脚本调试窗口。进行获取模型数据的试验，以 mesh 模型为主，分别应用 getnumvert、getnumfaces、getvert、getface、getnormal、gettvert 等函数进行试验。使用<Ctrl+E>编译脚本，在 lisenter 窗口中调用上述函数，观察输出结果。

（2）编写脚本函数输出模型数据。

脚本函数形式为：fn outmesh meshobj filename = （ … ），其中 fn 是关键词，outmesh 是自定义的函数名称，meshobj、filename 分别是需要输出的对象及输出文件名。

进一步需要设计文件格式如：首先存放顶点数目，然后是面片数目，最后是顶点坐标、法线坐标、纹理坐标、面索引值等。利用步骤（1）中的函数获得模型的顶点数据，包括顶点数目（getnumvert）、顶点三维坐标（getvert）、面片索引（getface）、法线（getnormal）等。然后创建输出文件：hfile = createfile filename，并输出各个数据项，如：Format" num of verts = % \ n" nverts to：hfile。打开输出文件观察输出结果是否正确，否则调试脚本函数。图 4-32 列出了输出模型数据的脚本代码，可实现网格对象 mesh 的数据输出。

```
fn outmesh msh filename =
(
  hf = createfile filename
  if hf == undefined then
  (
      "err: fail to open file."
  )

  nv = getnumverts msh
  nf = getnumfaces msh

  format "verts= %\n" nv to:hf
  for i=1 to nv do
  (
   v = getvert msh i
    format "% % % " v[1] v[2] v[3] to:hf
  )

  format "\n\nnormals= %\n" nv to:hf
  for i=1 to nv do
  (
      v = getnormal msh i
       format "% % % " v[1] v[2] v[3] to:hf
  )
  ntexcoords = meshop.getnummapverts msh 1
  format "\n\ntexcoords= %\n" ntexcoords to:hf
  for i=1 to ntexcoords do
  (
      v = meshop.getmapvert msh 1 i
       format "% % " v[1] v[2] to:hf
  )

  format "\n\nindexs= %\n" (nf*3) to:hf
  for i=1 to nf do
  (
      f = getface msh i
      f1 = (f[1] as integer) - 1
      f2 = (f[2] as integer) - 1
      f3 = (f[3] as integer) - 1
      format "% % % " f1 f2 f3 to:hf
  )

  nf = meshop.getnummapfaces msh 1
```

```
format "\n\ntindexs= %\n" (nf*3) to:hf
for i=1 to nf do
(

    f = meshop.getmapface msh 1 i
    f1 = (f[1] as integer) - 1
    f2 = (f[2] as integer) - 1
    f3 = (f[3] as integer) - 1
    format "% % % " f1 f2 f3 to:hf
)

close hf
)
```

图 4-32　输出模型数据的脚本程序示例

4.6　视景中的 Player

4.6.1　Player 概述

4.6.1.1　视景中的 Player

在视景中，除了建立逼真的视景环境外，还需要有很多活动的物体，如汽车、坦克、飞机等，甚至还有——人。这些在场景中生动有趣的物体不能只是简单地移动，还希望这些移动物体所表现的行为与真实世界尽可能相似。因此，可将这些有"生命"的物体称为 Player（角色）。关于 Player 在视景仿真中需要解决的问题称为 Player 问题，如碰撞检测、智能寻路、模型管理等方面的问题。

4.6.1.2　Player 的种类

场景中的 Player 可能代表计算机前的玩家（包括本地的玩家和远程的玩家）与计算机程序所生成的并具有一定智能的虚拟对象等。按照对 Player 的不同控制方式，Player 可以分为主动 Player、自动 Player 及被动 Player 等类别。主动 Player 是指在场景中由用户控制的 Player，是用户在虚拟场景中的代理。自动 Player 是由计算机自动控制的 Player，用于扮演用户的对手、助手，或者仅仅使得画面更为生动。而被动 Player 则是在网络环境中代表其他网络节点的 Player，其行为完全取决于网络节点自身的信息。

4.6.1.3　视景中 Player 所涉及的问题

在视景仿真中，Player 作为仿真进程的参与者和推进力量，一般会与环境对象和其他 Player 之间发生一系列复杂的相互作用，如碰撞检测、状态控制（情景控制）、智能行为（寻路算法）等。其中碰撞检测是最为基本的 Player 问题，碰撞检测的效率、正确性及鲁棒性都直接影响到视景仿真的真实感与交互效率。因此，有必要掌握有效的碰撞检测方法。

4.6.2　Player 之间的碰撞检测问题

4.6.2.1　碰撞问题

碰撞是 Player 之间的一种基本行为，碰撞发生的原因是对应的几何体之间存在一定程度的干涉现象，即发生接触或相互介入。在视景仿真中，对碰撞问题的处理一般包含两个主要步骤：碰撞检测和碰撞响应。碰撞检测即通过计算判断两个几何对象之间发生干涉的可能性、干涉发生时的位置及时间等条件。因此，碰撞检测是一个复杂的计算过程，最为基本、最为常用的检测方法是计算对象之间是否发生几何介入。而碰撞响应则是在作出已经发生碰撞行为的判断后，如何进一步调整对象的运动。简单的碰撞响应方法是将对象退回至前一时刻的位置，而更为真实的碰撞响应将涉及弹性力学或非线性计算。

在视景仿真中，采用下述简单逻辑实现基本的碰撞检测及响应的处理：

（1）计算 Player 新位置；

（2）碰撞检测，如果发生碰撞，执行（5）；

（3）如果没有发生碰撞，更新 Player 位置；

（4）跳转到（6）；

（5）保留 Player 老位置；

（6）渲染场景。

4.6.2.2　碰撞检测的实现方法

几何体之间相互干涉的判断是碰撞检测的基本问题。对于计算机程序而言，判断两个对象是否发生相交较之判断是否相互接触更为容易、更具鲁棒性。因此，下面仅仅涉及几何体之间的相交计算问题，主要包括：蛮力计算、包围盒方法、空间剖分方法等。

（1）蛮力计算。蛮力计算是最基本的几何相交判断方法，其思想是在两个对象的所有几何要素之间进行两两相交判断，因而计算度为 $O(n^2)$。例如，对一个包含 100000 个三角形的三维环境和一个由 10000 个三角形构成的 Player，如果使用这种蛮力计算法，那么在 Player 的每一个位置，需要执行 1 亿次三角形与三角形的相交测试以确定在当前时刻 Player 之间是否生了碰撞。

（2）包围盒方法。包围盒方法的思想是采用比原始对象更为简单的几何体进行相交判断。包围盒方法又可进一步分为单一包围盒方法和层次包围盒（hierarchical bounding volumes）方法。对于单一包围盒方法，常用的几何体有方体、球体等，如图 4-33 所示。

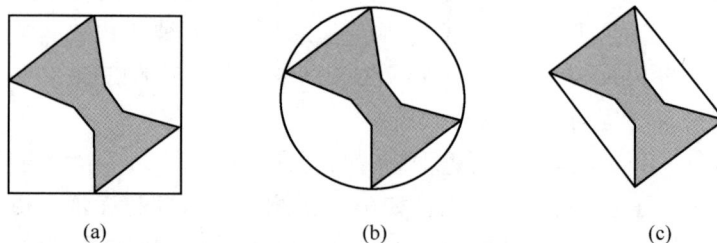

图 4-33　常见的包围盒

（a）AABB；（b）包围球；（c）OBB

1）包围盒的选择原则。

①简单性——包围盒应该是简单的几何体，至少应该比被包围的几何对象简单。简单性不仅表现为几何形状简单，而且包括相交测试算法也具有快速、简单的良好性质。

②紧密性——包围盒应该尽可能地贴近被包围的几何对象，其紧密性可由公式（4-13）计算：

$$\tau = \max_{b \in B} \min_{g \in G} dist(b, g) \tag{4-13}$$

式中，B、G 分别表示两个三维对象，并且可视作由点、线、面等基本几何元素所组成的集合；而 b、g 分别表示从 B、G 中任取的几何元素，dist（＊，＊）则表示两个几何元素之间的距离。式（4-13）的含义：对于 B、G，计算任意两两几何元素之间的距离并取其最小值，再在这些最小值的集合中找出最大者。显然，当 B 与 G 完全相同时，则其紧密性计算值为零；而其差异越大则紧密性的计算值也越大。

2）基于 AABB 的碰撞检测。

沿坐标轴的包围盒 AABB（Axis-Aligned Bounding Box）在碰撞检测的研究过程中使用得最为广泛。一个给定对象的 AABB 被定义为包含该对象且各边平行于坐标轴的最小的六面体。

对象的 AABB 的计算过程十分简单，只需统计组成对象的基本几何元素集合中各个元素的顶点坐标的最大值和最小值即可。由 x 坐标的最大值和最小值可确定 X 轴方向上 AABB 的范围，同理，由 y 坐标的最大值和最小值可确定 Y 轴方向上 AABB 的范围，由 z 坐标的最大值和最小值可确定 Z 轴方向上 AABB 的范围。

但 AABB 的紧密性相对较差，尤其是对于沿斜对角方向放置的瘦长形对象，其 AABB 将留下很大的边角空隙，从而容易导致错误的相交测试判断。另外，当对象的尺寸随时间变化时，其 AABB 包围盒也会发生变化，如图 4-34 所示。因此，对于运行变化的对象，需要不断重新计算其当前时刻的 AABB。

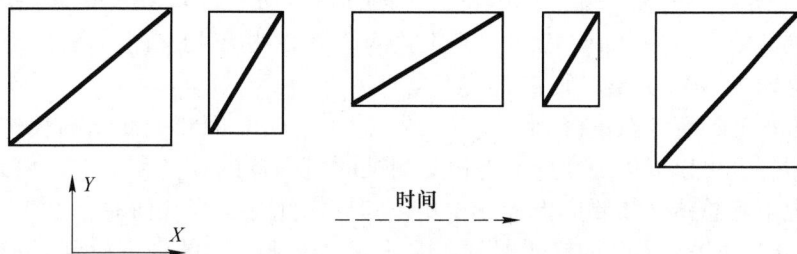

图 4-34　AABB 随时间的变换

AABB 间的相交测试也比较简单，两个 AABB 相交当且仅当它们在 3 个坐标轴上的投影区间均存在重叠。描述 AABB 的 6 个最大、最小坐标值分别确定了它在 3 个坐标轴上的投影区间，因此 AABB 间的相交测试最多只需要 6 次比较运算。

3）基于 OBB 的碰撞检测。

方向包围盒 OBB（Oriented Bounding Box）是近年来较为常用的一种包围盒。一个给定对象的 OBB 被定义为包含该对象且相对于坐标轴方向任意的最小长方体。OBB 最大特点是其方向具有任意性，这使得它可以根据被包围对象的形状特点尽可能紧密地包围对象，但同时也使得它的相交测试变得比 AABB 复杂。

OBB 的计算过程相对复杂一些，其关键是寻找最佳方向，并确定在该方向上包围对象的最小尺寸。不失一般性，假设对象可表示由基本几何元素所构成的集合 S_E，而 S_E 中的几何元素不妨均取为三角形。令 S_E 中第 i 个三角形的顶点用 p^i、q^i 和 r^i 表示，则 S_E 的均值 μ 和协方差矩阵 C 计算如下：

$$\mu = \frac{1}{3n} \sum_{i=1}^{n} (p^i + q^i + r^i) \tag{4-14}$$

$$C = \frac{1}{3n} \sum_{i=1}^{n} (p_j^i p_k^i + q_j^i q_k^i + r_j^i r_k^i) \tag{4-15}$$

式中，$p^i = p^i - \mu$、$q^i = q^i - \mu$、$r^i = r^i - \mu$，三者均为 R^3 中的一个向量，如 $\bar{p}^i = (\bar{p}_1^i, \bar{p}_2^i, \bar{p}_3^i)^T$，$C$ 为一个 3×3 的对称矩阵。协方差矩阵 C 的 3 个特征向量是正交的，正规化后可作为一个基底，它确定了 OBB 的方向。分别计算 S_E 中各个元素的顶点在该基底的 3 个轴上的最大值和最小值，从而可以确定该 OBB 的大小。

存储一个 OBB 需要 15 个浮点数（表示方向的 3 个基底向量共 9 个浮点数和表示范围的 6 个浮点数）。OBB 间的相交测试基于分离轴理论：对任何两个不相交的凸三维多面体，其分离轴要么垂直于任何一个多面体的某一个面，要么同时垂直于每个多面体的某一条边。若两个 OBB 在一条轴线上（不一定是坐标轴）的投影不重叠，则这条轴称为分离轴，如图 4-35 所示。若一

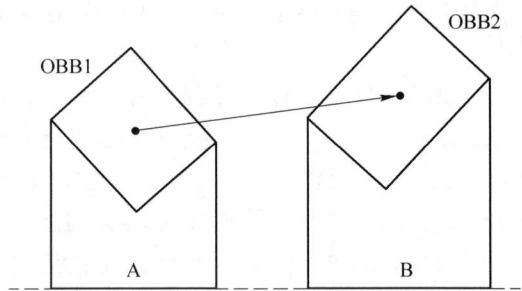

图 4-35　分离轴检测

对 OBB 间存在一条分离轴，则可以判定这两个 OBB 不相交。因此，对一对 OBB，只需测试 15 条可能是分离轴的轴：每个 OBB 的 3 个面方向再加上每个 OBB 的 3 个边面的两两组合。只要找到其中一条分离轴，就可以判定这两个 OBB 是不相交的；反之，如果这 15 条轴都不能将这两个 OBB 分离，则它们是相交的。

分离轴方法的计算复杂度降到 O（$N \lg N$）。尽管 OBB 间相交测试的代价比较大，但它的紧密性很好，可以成倍地减少参与相交测试的包围盒的数目和基本几何元素的数目，在大多数情况下其总体性能要优于 AABB 和包围球。此外，当几何对象发生旋转运动后，只要对 OBB 的基底进行同样的旋转即可。因此，对于刚体间的碰撞检测，OBB 不失为一种较好的选择。但迄今为止，还没有一种有效的方法能够较好地解决对象变形后 OBB 树的更新问题，而重新计算每个结点的 OBB 的代价又太大，故而 OBB 不适用于软体对象环境中的碰撞检测。

4）基于包围球的碰撞检测。

包围球类是简单性好而紧密性差的一类包围盒，包围球被定义为包含该对象的最小的球体，如图 4-36 所示。计算给定对象的包围球，首先需分别计算其 S_E 中所有元素的顶点的均值以确定包围球的球心，再由球心与 3 个最大值坐标所确定的点间的距离而计算半径。包围球的计算时间略多于 AABB，但存储一个包围球只需要 4 个浮点数，即位置（3 分量）、半径：(c, r)。

包围球间的相交测试也相对比较简单。对于两个包围球 (c_1, r_1) 和 (c_2, r_2)（见图 4-36），如果两球心之间的距离小于两球半径之和，即 $\| c_1 - c_2 \| \leqslant r_1 + r_2$，则两包围球相交。可进一步简化为判断 $(c_1 - c_2) \cdot (c_1 - c_2) \leqslant (r_1 + r_2)^2$。故包围球间的相交测试需要 4 次加减运算、4 次乘法运算和 1 次比较运算。

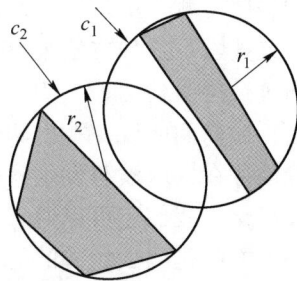

图 4-36 包围球间的相交测试

包围球的紧密性在所有包围盒类型中是比较差的，除了对于在 3 个坐标轴上分布得比较均匀的几何体外，几乎都会留下很大的空隙。相对于 AABB 而言，在大多数情况下包围球无论是紧密性还是简单性都有所不如，因此，包围球是用得比较少的一种包围盒。

当对象发生旋转运动时，包围球不需要做任何更新。这是包围球比较优秀的一个特性，当几何对象进行频繁的旋转运动时，采用包围球可能得到较好的计算效率。

对于层次包围盒方法，层次包围盒的基本思想是用体积略大且几何特性简单的包围盒来近似地描述复杂的几何对象，进而通过构造树状层次结构越来越逼近对象的几何模型，直到几乎完全获得对象的几何特性，从而只需对包围盒重叠的部分进行相交测试。如可以将大的球形包围盒分割成一系列小的球体，并检查与各小球体是否发生碰撞，如图 4-37 所示。

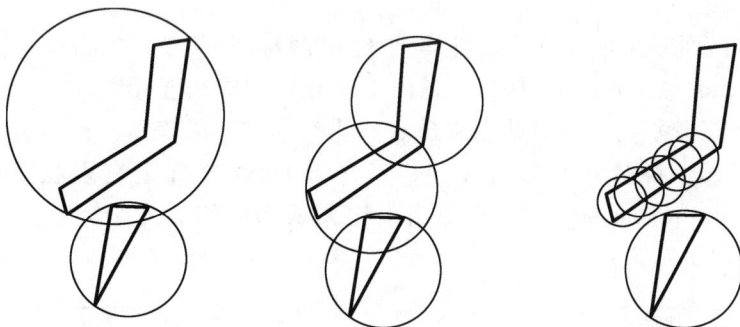

图 4-37 分层分割

假设我们已经有了 OBB 或者 AABB 树，那么怎么进行碰撞检测呢？先检测最大的包围盒之间是否相交，如果发生相交，则它们可能发生了碰撞；接下来进一步地递归处理它们，即不断地递归用下一级进行处理。如果沿着某一级进行检测，发现所有子树所对应的包围盒之间没有发生相交，这时就可以停止递归并得出没有发生碰撞的结论。如果发现子树相交了，则要进一步处理下一级子树直到到达叶子节点，并最终得出结论。

5）基于 BSP 树的碰撞检测技术。

二叉空间分割（Binary Split Plane，BSP）树是一种空间分割技术，其已经在游戏工业上应用了多年（Doom 是第一个使用 BSP 树的商业游戏）。尽管在今天 BSP 树已经没像过去那么受欢迎了，但现在 3 个被广泛认可的游戏引擎（Quake Ⅱ、Unreal、Lithtech）仍在广泛地采用这项技术。BSP 在碰撞检测方面干净利索和高效率，能让人眼前一亮。

BSP 树不但在多边形剪切方面表现出色，而且还能让我们有效地自由运用 world-object

式的碰撞检测。BSP 树的遍历是使用 BSP 的一个基本技术。碰撞检测本质上减少了树的遍历或搜索。这种方法很有用，因为能在早期排除大量的多边形，所以在最后仅仅是对少数面进行碰撞检测。

正如前面所说，找出两个物体间的分隔面的方法适合于判断两个物体是否相交。如果分隔面存在，就没有发生碰撞。因此递归地遍历 world 树并判断分割面是否和包围球或包围盒相交。我们还可以通过检测每一个物体的多边形来提高精确度。进行这种检测最简单的一个方法是测试物体的所有部分是否都在分割面的一侧。这种运算很简单：用笛卡尔平面方程式 $ax + by + cz + d = 0$ 去判断点位于平面的哪一侧。如果满足等式，点在平面上；如果 $ax + by + cz + d > 0$，那么点在平面的正侧；如果 $ax + by + cz + d < 0$，点在平面的背侧。在碰撞没发生的时候有一件重要的事情需要注意，就是一个物体（或它的包围盒）必须在分割面的正面或背面。如果在分割平面的正面和背面都有顶点，则说明物体与这个平面相交了。

4.6.3　Player 的人工智能问题

4.6.3.1　有限状态机

有限状态自动机（Finite State Machine，FSM 或者 Finite State Automaton，FSA）是为研究有限内存的计算过程和某些语言而抽象出的一种计算模型。有限状态自动机拥有有限数量的状态，每个状态可以迁移到零个或多个状态，输入字串决定执行哪个状态的迁移，如图 4-38 所示。

有限状态自动机还可以分成确定与非确定两种类型。一个确定有限状态自动机（Deterministic Finite Automaton，DFA）是由下述元素构成的五元组（Q，Σ，δ，q0，F），其中各个成分含义分别为：有穷状态集合 Q、有穷输入字母表 Σ、转移函数（δ：Q×Σ→Q）、初始状态 q0、终结状态集合 F（F 包含于 Q）。非确定有限状态自动机（Non-Deterministic Finite Automaton，NFA）是由下述元素构成的五元组（Q，Σ，δ，q0，F），各个成分含义同 DFA。

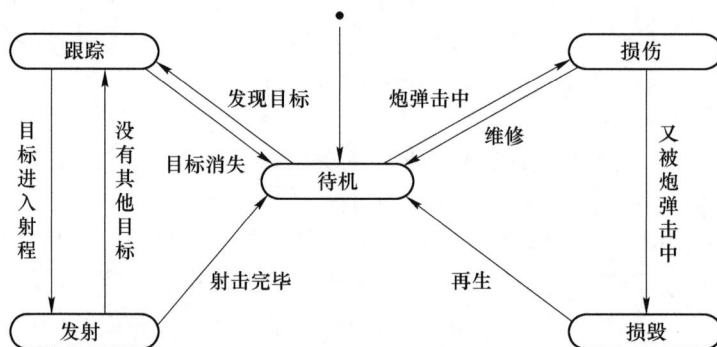

图 4-38　视景仿真中的一种有限状态机

4.6.3.2　路径寻优算法

寻路技术已经成为众多视景类游戏的一个核心组成部分。人物、动物及车辆均按照某种指定目的地的方式移动，要求程序必须能够找到一条从起点到目标点的最佳路径。这条路径应该是绕过障碍物并且到达目的地的最短的路径，完成这个任务最好算法是 A*。

A A* 算法的原理

状态空间搜索是 A* 算法的基础。状态空间搜索就是将问题求解过程表现为寻找从初始状态达到目标状态的路径的过程。A* 算法在搜索过程中采用一定的启发策略，即启发式搜索。启发式搜索就是在状态空间中每一个可以搜索的位置进行评估，得到最好的位置，再从这个位置进行下一步搜索，直到目标。启发式搜索有很多算法，如局部择优搜索法、最好优先搜索法等。

B A* 算法基本流程

A* 算法的估价函数可表示为：$f'(n)=g'(n)+h'(n)$。A* 算法需要两个列表：开放列表 OPEN []、闭合列表 CLOSED []。列表 OPEN [] 作用是存放所有未被访问过的状态，列表 CLOSED 用于存放已经被访问过的且被确定为最佳的状态。某个状态的优劣取决于估价函数的计算结果。给定状态空间树，如图 4-39 所示，A* 算法的基本逻辑流程为：

（1）初始状态：

 OPEN = [A5]; CLOSED = [ ];

（2）估算 A5，取得所有子节点，并放入 OPEN 表中；

 OPEN = [B4, C4, D6]; CLOSED = [A5]

（3）估算 B4，取得所有子节点，并放入 OPEN 表中；

 OPEN = [C4, E5, F5, D6]; CLOSED = [B4, A5]

（4）估算 C4；取得所有子节点，并放入 OPEN 表中；

 OPEN = [H3, G4, E5, F5, D6]; CLOSED = [C4, B4, A5]

（5）估算 H3，取得所有子节点，并放入 OPEN 表中；

 OPEN = [O2, P3, G4, E5, F5, D6]; CLOSED = [C4, B4, A5]

（6）估算 O2，取得所有子节点，并放入 OPEN 表中；

 OPEN = [P3, G4, E5, F5, D6]; CLOSED = [O2, H3, C4, B4, A5]

（7）估算 P3，已得到解。

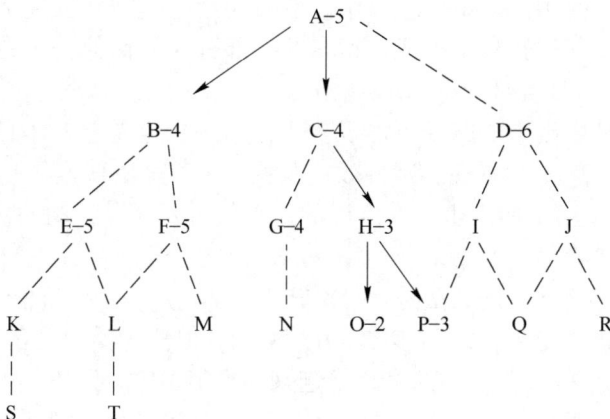

图 4-39 状态树

利用 A* 算法可以得到在某种评估函数条件理想的最短路径搜索，如图 4-40 所示。

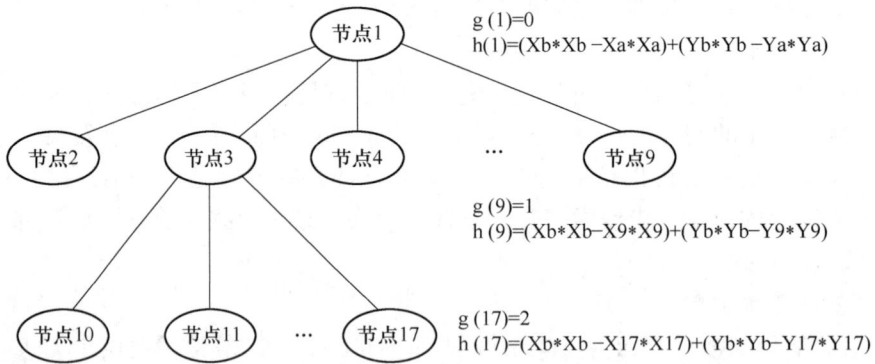

图 4-40　启发函数计算

C　A* 路径的平滑

使用标准 A* 寻路算法返回的结果往往得到不尽如人意的 "Z 字形" 效果, 如图 4-41 (a) 所示。经过简单平滑处理后的路径如图 4-41 (b) 所示。

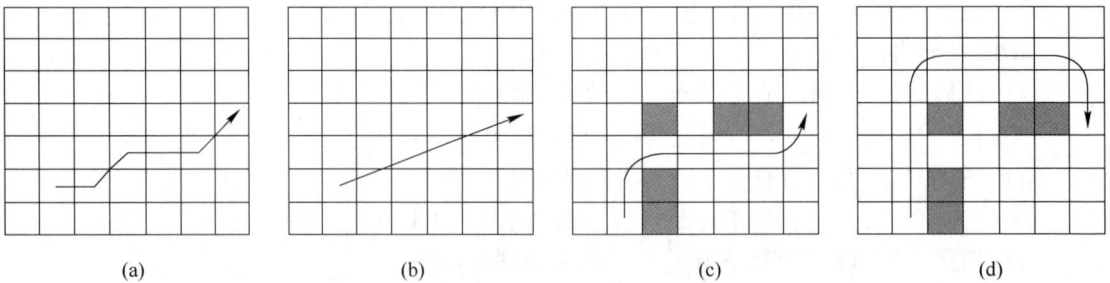

(a)　　　　　　　　(b)　　　　　　　　(c)　　　　　　　　(d)

图 4-41　改进 A* 算法

对于现实中的移动很关键的一点就是按照曲线的方式转弯, 而不是突然改变方向。用一些基本的三角几何知识, 就可以沿着一个转弯半径来模拟平滑转弯, 如图 4-41 (c) 所示。一般而言, 程序员会用标准的 A* 算法, 然后使用一些技巧去完成平滑转弯。正规技术通过修改 A* 算法, 使得转弯半径成为搜索的一部分, 从而保证了在整条路径里面只存在 "合法" 的转弯, 如图 4-41 (d) 所示。

要使得 A* 算法搜索出来的路径更加现实化, 第一步也是最基本的一步就是要消除 Z 效应。你可以在图 4-42 (a) 看到。这种效应是由于 A* 算法搜索了一个格子的周围 8 个格子然后才处理下一个格子而产生。在今天的大多数需要平滑移动的仿真应用中是不可以接受的。

一个简单的减少转弯数目的方法是: 每次转弯时都增加一个代价值。这样对于距离相同的路径转弯少的就会被选出来, 如图 4-42 (b) 所示。但这种简单的解决方法不是很有效, 因为所有的转弯依然是 45°, 其会导致移动看起来不是很真实。另外, 45°的转弯经常导致路径比它实际的距离要长很多。最后这种方法也会导致 A* 算法执行时间显著地增加。

我们期望得到如图 4-42 (c) 所示的路径, 采用了最直接的路线, 而忽略了转弯。为了达到这个目的, 我们引入了一个简单的平滑算法。这个算法在 A* 算法找到路径后再进行后处理 (见图 4-43)。算法利用了一个函数 Walkable (pointA, pointB), 这个函数沿着从点 A 到点 B 的线按照一个给定的粒度（一般用 1/5 的图素宽度）采样，在每个点检查游戏单元是否重叠了相邻的任何堵塞的格子（利用游戏单元的宽度，检查围绕游戏单元中心的四边形的 4 个点）。如果遇到了没有阻塞的格子，函数就返回真，否则返回假。这个平滑算法简单检查了路径上面的关键点，试图在需要的时候消除中间的关键点。为了达到图 4-42（c）中的路径，图 4-42（a）中间的 4 个关键点被消除了。

既然标准的 A* 算法在每个节点周围搜索了的 8 个格子，则有很大可能性返回一条不可能的路径，如图 4-44 的细线色路径所示。在这种情况下，上面的平滑算法将会平滑它可以平滑的部分（粗线所示），而留下"不可能"的部分不动。这个简单的平滑算法类似于"视线"平滑，这种算法中所有的关键点都被跳过直到最后一个可以从当前位置看到的关键点（见图 4-45）。

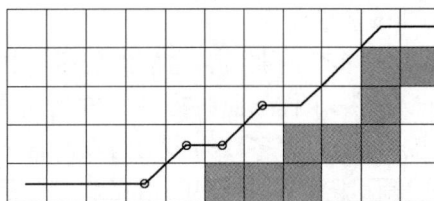

(a)

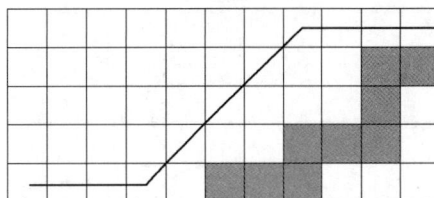

(b)

(c)

图 4-42   A* 路径平滑

```
checkPoint=starting point of path
currentPoint=next point in path
while(currentPoint->next!=NULL)
    if Walkable(checkPoint,currentPoint->next)
        temp=currentPoint
        currentPoint=currentPoint->next
        delete temp from the path
    else
        checkPoint=currentPoint
        currentPoint=currentPoint->next
```

图 4-43   A* 平滑伪代码

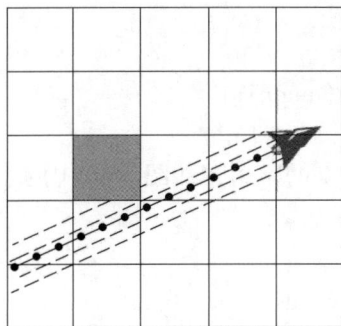

图 4-44   规避障碍

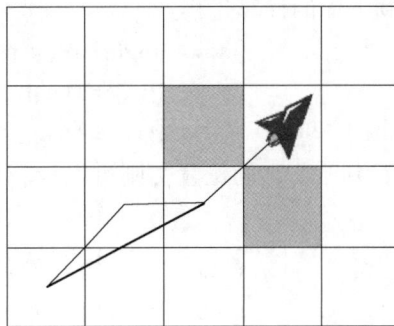

图 4-45   不可行的路径

D　添加现实性的转弯

添加现实性的曲线转弯能够使得在转弯的时候看起来不是特别突然。一个简单的解决办法涉及用一个样条曲线将突然的拐角平滑成转弯，如图 4-46 所示。这样看起来更加美观一些，但是对大多数的移动仿真而言依然会导致物理上非常不现实的移动。例如，这种方法可能让一个突然拐向的坦克改走一条紧凑的曲线，但是这个曲线的转弯依然会比事实上这个坦克可以做到的转弯要紧得多。

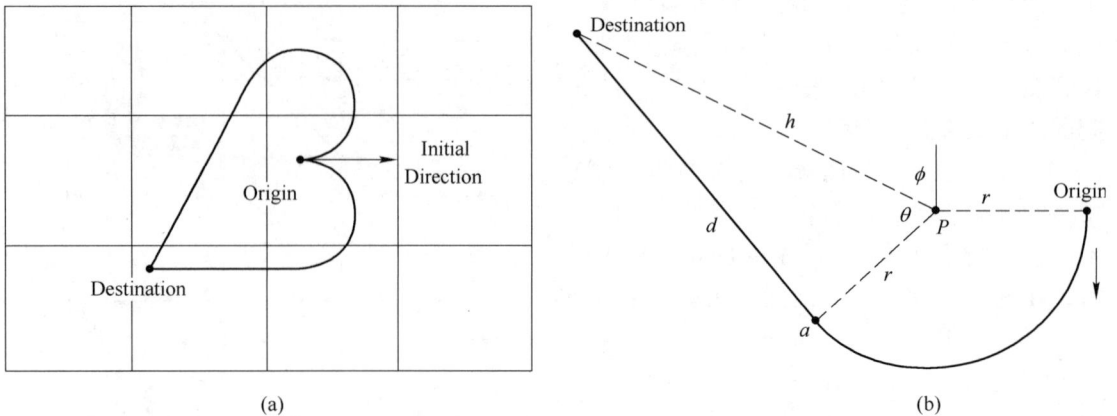

图 4-46　现实性转弯

因此，要找一个更好的解决办法，首先要知道对象的转弯半径。转弯半径是个相当简单的概念：如果你在汽车里，而车子正在一个大的停车场上，那么把车轮向左转直到汽车可以沿着一个圆圈运动，这个圆圈的半径就是转弯半径。大众汽车公司的甲壳虫汽车的转弯半径会比一个大的 SUV 小得多，而人的转弯半径则比一个大笨熊要小得多。

假设在某个点（出发点）并且朝着某个方向，想要到达另外的目标点，如图 4-46（a）所示。可以找到的最短路只有两种：一种是尽可能向左转，走个圆圈直到你正好对准了目标点，然后就直着向前走，另一种就是向右转然后再进行同样处理。图 4-46（a）中最短的路很清楚，是底部的路线。利用某些几何关系，这条路线可以相当直接地被计算出来，如图 4-46（b）所示。

首先计算点 P 的位置，这个点是转弯的中心点，而且和起始点的距离总是半径 r，如果从开始的方向向右边转，即 P 在从开始位置的这个角度（起始方向为 $-90°$）前进。因此可以得到下面的计算过程：

$$angleToP = initial\_direction - 90$$
$$P.x = Origin.x + r * \cos(angleToP)$$
$$P.y = Origin.y + r * \sin(angleToP)$$

现在得到了中心点 P 的位置，则可以计算从 P 到目标点的距离，即图 4-46 中的 h：

$$dx = Destination.x - P.x$$
$$dy = Destination.y - P.y$$
$$h = sqrt(dx * dx + dy * dy)$$

在这个点，我们还要检查目标点是否已在这个圆中间，若在，则沿着弧线没办法到达它：

$$if(h < r) \quad return\ false$$

现在可以计算线段 d 的长度。既然已经知道了这个直角三角形的另外两条边的长度，就是 h 与 r，就可以从直角三角形的关系式中推算出这个角度：

$$d = sqrt(h * h - r * r)$$
$$theta = arccos(r / h)$$

最后，找出了离开圆弧进入直线的点 Q，需要知道角度的总和，这个值是很容易用从 P 到达目标点的角度决定：

$$phi = arctan(dy / dx)$$
$$Q.x = P.x + r * cos(phi + theta)$$
$$Q.y = P.y + r * sin(phi + theta)$$

上面的算式代表了右转的路径，左转路径也可以按照同样的方式计算，但需要在开始的方向加 90°得到 angleToP，且用"−"代替"+"（计算右边时要减少 90°）。在计算完了两条路径后，很容易看出哪条路更短。

在上面的算法及后面要研究的算法的实现过程中，采用了一个数据结构来存放最多 4 个"线段"，每一个线段可能是直的或者弯的。对于这里提到的弯的路径，只有两个线段可以用：一个弧线后面跟一条直线。这个数据结构包含了这些成员变量：强调线段是弧线还是直线的成员变量、线段的长度与线段的开始位置。如果线段是直线，数据结构也会说明这个角度。如果是弧线，还要说明圆弧的中心点、圆弧开始的角度及圆弧的弧度。

E 可行转弯的基本方法

现在已经知道了怎么找到及沿着两点之间的一条最短的弧线而行，但是怎么样在寻路过程中使用这种方法呢？换句话说，需要在寻路中间使用 A* 算法，然后按照某种方式添加曲线转弯，要么在延伸的寻路中间，要么在实际的单元移动之间。

（1）简单的方法。忽略堵塞的格子。首先使用 A* 算法来计算路径，然后按照下面的方法沿着路径逐点前进：在任何关键点，一个单元有位置、方向及目标关键点如图 4-47（a）和（b）所示。用前面讲过的算法，可以计算从这个关键点到下一个关键点最快的弧线路径。当到达目标关键点的时候，不用考虑这时候正朝着什么方向，虽然已经证明这个方向肯定是要到达下一个关键点的出发方向。也就是说这个算法是一个快速的近似算法，如果不考虑沿着路径的一些障碍，那么这个算法就是我们要的了。图 4-47（c）显示这个方法的结果。曲线的形态不错，但是在转弯的时候，会与堵塞图素发生重叠。

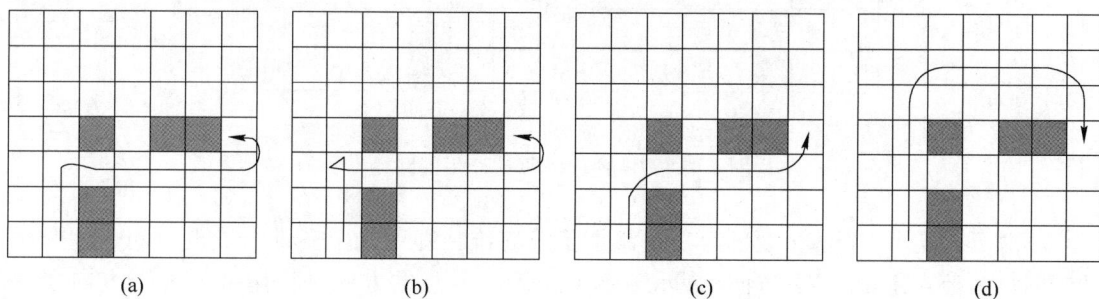

(a)   (b)   (c)   (d)

图 4-47 可行的转弯方法

（2）路径再计算。在 A* 算法已经算完后，沿着路径走，确定每一步从一个关键点到下一个关键点都是有效的（可以算作平滑移动的一部分）。如果发现了碰撞，标志这一步是无效的移动，然后重新用 A* 算法再搜索一遍。为此，需要对每个格子存储一个字节（或者为前面讲的优化算法中矩阵的每个元素添加附加的字节）。每一位对应当前格子的周围 8 个相邻的格子，表示这个相邻格子是否可以通过。然后稍微改变 A* 算法使得在确认每一步之前都要检查这一步是否有效。这个方法的主要问题是因为如果淘汰了路径中的某步，那么别的有效的从不同方向通向这个格子的路径可能就会无法找到了。同样，在最坏的情况下，这个方法可能需要重新计算这条路径很多次。

（3）更加紧凑的转弯方法。无论何时需要转弯，当这个转弯会导致碰撞发生的时候，允许转弯半径减小直到这个转弯可行。该方法的一个好处是当推算 A* 搜索的时候，在每个节点只需要搜索相邻 4 个格子（而不是 8 个），因此不会像描述的那样找到一个不可能的情况。对于一些交通工具而言，这个方法看起来比较奇怪，如重型坦克会突然做一个不可思议的急转弯。但在另一些情况下这可能正好是你需要的。不像交通工具总是需要一个一致的转弯半径。如果游戏单元是人，如果不是跑而是爬行的话它们可以做一个急得多的转弯。所以为了沿着一条简单的路径走动，你只需要在游戏单元快要转弯的时候降低它的速度。这可以产生非常现实化的运动。

在车道上面怎么做一个急转弯？最后根据现实世界的经验，倒车然后做一个三点转弯。如图 4-47（d）所示。如果你的单元能够做这样的操作，并且这同它们的行为一致，这是一个可行的办法。

F 引导型 A* 算法

以上所讨论的方法都不是严格正确的方法。第二个方法在寻找有效路径的时候经常发生失败。比较图 4-48（a）与图 4-48（b），注意到唯一有效的考虑到转弯半径的方法需要一个与 A* 算法所提供的完全不同的路径。为了解决这个问题，引入了一个对 A* 算法的明显的修改，这个算法称为引导型 A* 算法。

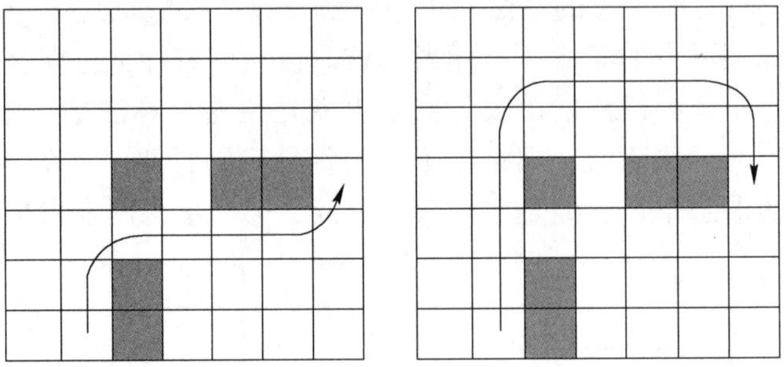

(a)   (b)

图 4-48 引导型 A* 算法产生的路径

相对于传统 A* 算法主要的改变是添加了第三维，即用一个三维的节点空间。这个空间中间每个节点用<X，Y，方向>表示节点的位置。节点的方向是指南针的 8 个方向之一（N 北、S 南、E 东、W 西、NE 东北、NW 西北、SE 东南、SW 西南）。如某个节点可以表示为 [X = 92，Y = 142，方向 = SW]。因此有比以前节点数目多 8 倍的节点，而从某个点到另一个点也会有以前 64 倍的路。因为你可以从第一个节点按照 8 个方向的任何一个方向出发，而按照任何一个方向到达下一个节点。

在这个算法中，在一个父节点 p 检查子节点 q 时，不仅要检查子节点是否为一个堵塞的节点，还检查是否存在一条从 p 到 q 的可行曲线路径（考虑到 p 的方向、q 的方向及转弯半径）；如果可行，则还要检查沿着这条路径行动是否会撞到被堵塞的格子上。只有全部都可以通过，才能认为一个字节点是可行的。此时，每条能够看到的路径都是可行的。给定单元的大小和转弯半径，一定会找到一条有效的路径、最短的路径及标准 A* 算法可以找到的路径。

G 引导型的曲线路径

为了实现引导型的 A* 算法，考虑了起始方向，后续方向定位，以及转弯半径，还包括结束的方向这些因素。因而必须规划一下怎么计算从点 p 到点 q 的最短的路径。下面的算法可以在给定了地图上面的当前位置和方向的条件下计算出到达下一个关键点的最短的可行路径，而且当到达这个关键点的时候必然处于一个既定的方向上。

前面分析了给定起始方向和转弯半径条件下怎么去计算最短的路径。但要使到达下一个关键点后的方向是固定的，那么处理过程就会更复杂一些了。给定开始和结束方向，从起始点到目的地有 4 条可能的最短路径，如图 4-49 所示。与图 4-50 的主要差别是通过沿着一个圆弧绕圈到达目的地，所以结束的时候朝着正确的方向。与前面类似，用三角几何来计算角度和每个线段的长度，不同的是，现在共有三个部分：第一个弧线、中间的直线和第二个弧线。

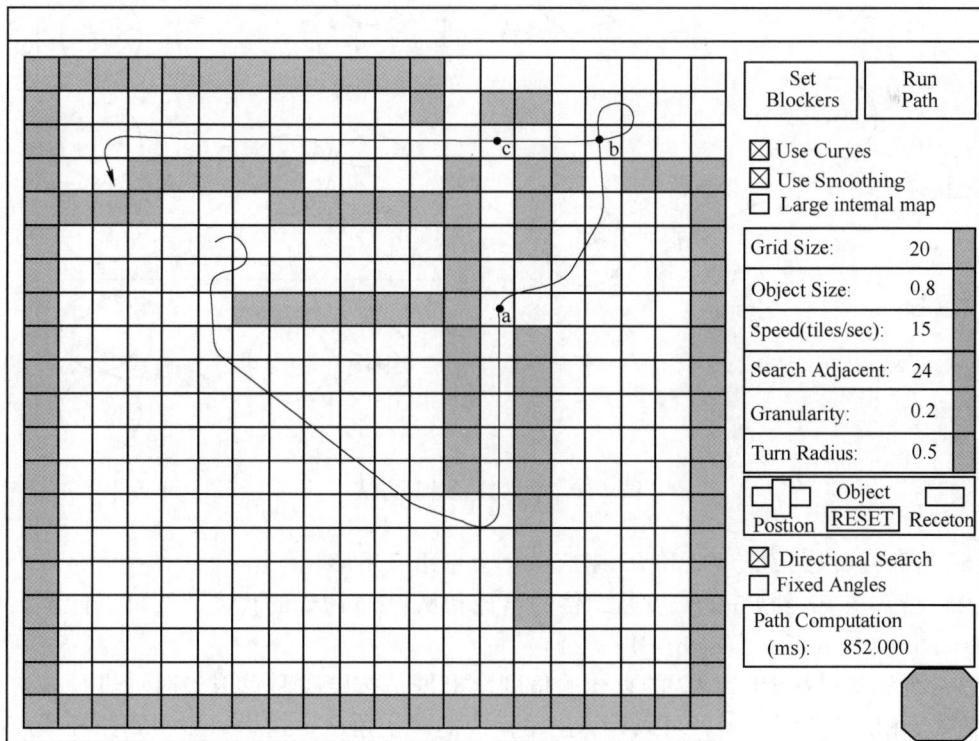

图 4-49 基于 A* 算法的寻路程序

采用图 4-50 所示的方法，很容易确定开始和结束的转弯圆弧。问题在于找到路径离开第一个圆弧和进入第二个圆弧的点（及角度）。这里有两种情况需要考虑：第一种情况，沿着相同的方向绕过两个圆弧，要么是顺时针，要么是逆时针。对于这种情况，留心以下几点：

（1）从 P1 到 P2 的直线和它下面的路径线有相同的长度和斜角。

（2）下面路径线与第一个圆的触点（第一次接触的点）的周角（这个点到所在圆心的连线的斜角）和 P1 到 P2 的直线的斜角正好差 90°。

（3）与第二个圆的触点的周角和与第一个圆的触点的周角是相同的。

第二种情况，路径沿着不同的转向绕过两个圆（好比顺时针绕过第一个，逆时针绕过第二个）。比第一种情况稍微复杂一些，如图 4-50 所示。要找到两个触点，假设有第 3 个中心点在 P3 的圆正好和目的圆相切，而且相切点的周角和路径线垂直。然后按照下面的步骤去做：

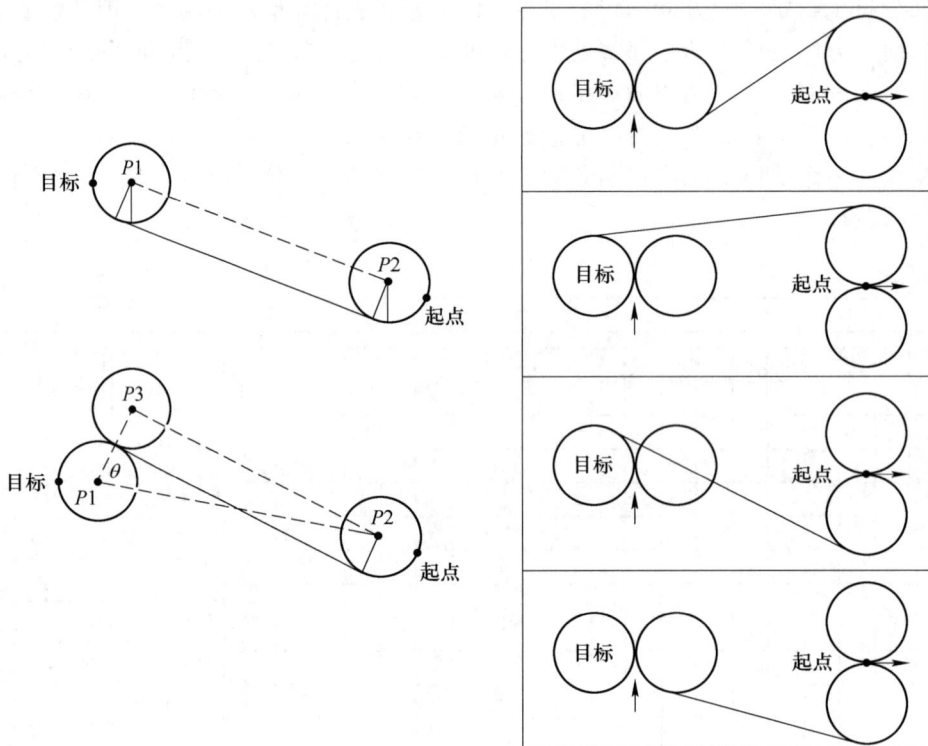

图 4-50　转弯路径计算方法

（1）容易认识到 P1、P2 和 P3 组成了一个直角三角形。

（2）已知从 P2 到 P3 的长度是二倍的半径和从 P1 到 P2 的长度，则可以计算出角度值：$\theta = \arccos(2 \ast radius / Length(P1, P2))$。

（3）既然知道从 P1 到 P2 的直线的角度，根据是按照顺时针或逆时针进行转向来增加或者减少相应的角度 θ，就可以计算出路径线的确切角度。这样可以得到路径线离开第一个圆和碰到第二个圆的周角。

现在知道了如何计算从起点到目的地的所有 4 条路径线。给定两个节点及它们的相关的位置和方向，就可以计算出 4 条可能的路径并且选择最短的一条。

H 优化 A* 算法

在分析场景里的有效寻路时，很关键的一个概念就是分级地图。对于任何搜索，其严重不足就是出发点和目标点之间的距离过大，或者搜索时间太长。因此建议出发点与目标点之间的距离最好限制在 40 个图形元素（图素）之间，另外整个搜索空间不要超过 60×60 个图素大小（在起始点和目标点之后都需要创建 10 个图素大小的缓冲区，使得路径可以绕过很大的障碍物）。如果搜索更大的距离，就需要采用一些分级的寻路方法，主要思路如下。

（1）把到达目标点的路线分成若干个中间点，每个中间点可以作为一个子目标点。然而，中间点可能处在一个不可能到达的区域。如果把这种中间点作为子目标点，就会导致不可能找到一条有效的路径。

（2）对地图进行预处理，把地图划分成很多区域，例如建筑、空地、山地等图素。然后首先在这个"基于图素的地图"上找出一条从当前区域到达目标区域的路径，然后在详细的地图上寻找能够到达下一个区域的路径。

4.7 Unity3D 虚拟现实开发引擎

引擎，对于绝大部分人来说比较熟悉的就是汽车引擎，其实在运用到发动机的机械中，引擎都是发动机一个主要的核心部分。汽车引擎决定了汽车发动机的性能从而影响了汽车的使用性能，一个飞机发动机的引擎直接影响飞机发动机性能。由此可见，引擎是一个很重要的核心设备。由此，在虚拟现实开发的过程中，引擎的选择是尤为重要的。目前，市场上主流的虚拟现实引擎主要包括了 Virtool、Quest 3D、Unity3D、UDK、VRP、Crysis 等，Virtool、Quest、UDK、Crysis 功能强大，是一些游戏开发的主要引擎，但是其开发难度大，文件大；VRP 作为我国本土引擎，开发简单，动画制作功能差。因此，Unity3D 成为目前使用最多的虚拟现实和游戏程序开发引擎。

4.7.1 Unity3D 引擎及其框架

Unity3D 是一个具有强大功能的跨平台全面整合资源的专业游戏引擎，是 Unity Technologies 公司为让广大的游戏爱好者能够快速方便地创建三维游戏的平台，其强大性不仅体现在能够整合其他各类软件平台提供的资源，还体现在强大的计算机程序编译平台，是一个综合型游戏开发工具。Unity 类似于 Director、Blender game engine、Virtools 或 Torque Game Builder 等利用交互的图形化开发环境为首要方式的软件其编辑器运行在 Windows 和 Mac OS X 下，Unity3D 是一个全面集成的开发引擎，具有丰富的开包即用功能，可以用来创建游戏和其他 3D 互动内容。可以使用 Unity3D 将艺术和素材配置到场景和环境中；添加物理性能；虚拟游戏测试并编辑游戏，一切完备就绪后，可以发布到所需要运行的平台。Unity3D 提供了 Android、iPhone、Mac、Wii 还有 Windows 平台，也可以利用 Unity3D 引擎中的 Unity web player 插件，将开发的游戏发布为网页游戏的形式，支持 Windows 和 Mac 系统下的网页浏览。

Unity3D 的组成如图 4-51 所示。

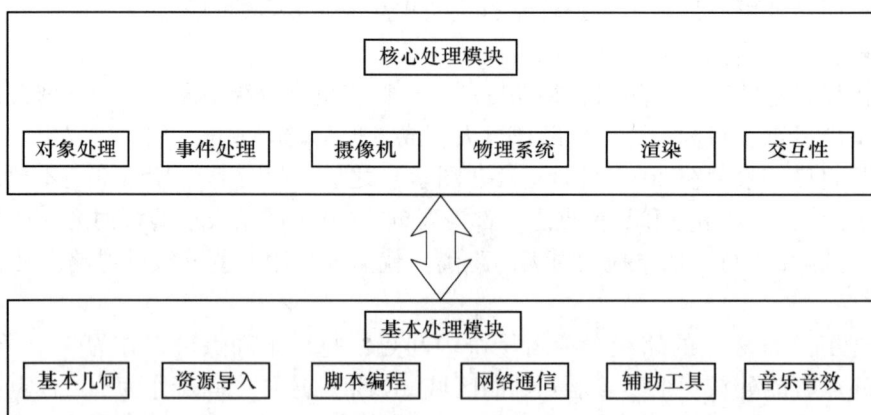

图 4-51　Unity3D 引擎组成

Unity3D 中部分模块的功能如下：

（1）核心处理模块。

对象处理：在 Unity3D 中对角色制作和控制的过程中主要都是以一个一个的对象为基础来进行的，可以创造一个 GameObject 来定义一个角色并且对其进行脚本控制。

事件处理：Unity3D 中的事件处理和编程过程中的事件处理是一样的，全部都由脚本程序来定义，当所定义的事件被触发以后 Unity3D 会将其事件送到相应的模块去进行处理。

摄像机：Unity3D 引擎中的摄像机和其他软件（如 3ds Max、maya 等）里面的摄像机都有类似的功能，就像人的眼睛一样，摄像机所包含的范围都是在可观测到的范围内。

物理系统：Unity3D 中物理系统主要实现的功能就是给 Unity3D 里面的物体加上具有物理属性的功效，如给一个物体加上刚体的特性，给物体加上重力、加上碰撞等特性，在角色运动过程中实现相互碰撞从而达到逼真的模拟显示环境的效果。

渲染：此处的渲染和 3ds Max 里面的渲染一样，通过计算机大量的计算，结合场景中的贴图、材料、动画、光效光影等效果，直接输出相应的画面。

交互性：Unity3D 里面的交互性指的是 Unity3D 里面和外界设备如鼠标等的连接沟通性。

（2）基本处理模块。

基本几何：基本上所有的 3D 引擎中，基本几何体是最基本的计算，在二维和三维的矢量和几何代数运算中对应了相应的矩阵变化，并明确了几种运算之间的关系。

资源导入：Unity3D 中资源导入的这个模块主要担当导入由其他软件制作出来的素材，如模型、图形材质，以及有关资源等材料的导入，很大程度上扩展了 Unity3D 引擎的实用性和方便性。

脚本编程：在导入 Unity3D 版面中的模型，主要通过动作脚本来实现其具体的运动状况，再通过触发脚本来实现场景的交互性，最后利用连续性脚本来控制各种画面动作的流畅性，脚本编程模块就是实现和定义模型行为动作的主要语言。

网络通信：顾名思义，网络通信模块主要就是利用 TCP/IP 协议实现网络各部分的连接与信息交互。

辅助工具：辅助工具模块就是根据不同项目开发形式需要用到的辅助工具的导入。

音乐音效：音效模块主要负责场景中的音效处理。

4.7.2 Unity3D 开发流程

基于 Unity3D 三维引擎的开发流程如图 4-52 所示。

由图 4-52 可知，Unity3D 项目开发流程被分为 4 个层级，应用程序（Application）、场景（Scene）、游戏体（GameObject）、组件（Component）；每一个层级的作用都不同，下面分别简单介绍其作用。

应用程序（Application）：相当于 API 函数，由 Unity3D 三维引擎制作人员针对部分常用的功能进行封装，提供给使用 Unity3D 三维引擎的开发人员进行调用，减轻开发人员工作量和开发难度。

场景（Scene）：在可视化软件开发中，场景是软件项目中必不可少的元素，一个好的场景会为项目增色加分；在装备模拟训练系统中的各种装备（如挖掘机、坦克、飞机等）的显示由许多其他场景组建而成。

图 4-52 Unity3D 开发流程

游戏体（GameObject）：因为 Unity3D 是一个专业的游戏引擎，游戏体是一种泛称。一个场景中有很多个物体对象，比如：角色、石头、天空、建筑等都可以称为 GameObject，GameObject 是场景中必不可少的元素。各种装备，如挖掘机、坦克等的建模等模型就是场景中的 GameObject。

组件（Component）：它是 Unity3D 中基础元素，其作用是为对象新建相应的组件或属性。

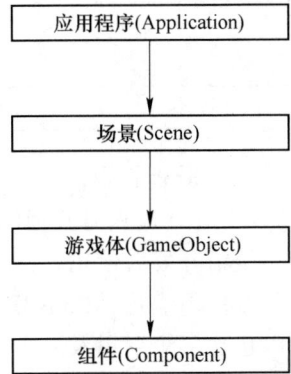

4.7.3 Unity3D 特点

（1）强大的编辑界面。Unity3D 图形用户界面操作友好、功能布局层次分明，打开软件开发界面使人一目了然其功能的分布。由于 Unity3D 具有强大的综合编辑特点，所以其具有快速开发游戏的原型或者能够快速制作出游戏作品。

Unity3D 主界面由多个编辑界面组合而成，界面层次分明，包含了动画面板、项目文件栏、场景面板、层次清单栏、对象属性栏、菜单栏、场景调整工具，一个窗口可以满足所有的编辑功能；具有完善而强大的场景编辑器，能够快速实现场景的开发，同时又具有资源导入的功能，将创建好的模型一键导入，提高开发效率，一键部署打包的功能为开发者快速打包，减轻开发者负担。

（2）完善的脚本编程语言。脚本语言是实现虚拟现实技术中交互性的关键语言，通过脚本语言可以控制模拟环境中的物体的运动以实现人机互动，Unity3D 引擎中支持 C#、Boo 和 Javascript 3 种计算机脚本语言。其中 Boo 语言主要是通过 Python 编译平台的编译在 .Net 上实现的；Unity3D 通过 Mono 实现了 .Net 代码的跨平台。

（3）跨平台集成。Unity3D 具有跨平台的特性。通过 Mono 进行桥接，可以发布到

Unity3D 支持的所有平台上。目前支持的平台见表 4-3。

表 4-3　Unity3D 所支持的平台列表

目前支持的目标平台							
Android	Bada	Blackberry	ISO	Symbian	WebOS	WP7	Flash
√		QNX only	√				
Linux	Mac	PS3	Wii	WinPC	Xbox360	WebGL	VR 设备
√	√	√	√	√	√	√	√
其他平台：游戏主机、移动设备、MeeGO/Tizan							

（4）其他特点。

Unity3D 还具有其他的很多特性，比如当需要天气效果时，Unity3D 提供了强大的粒子系统给开发者使用。Unity3D 具有自带的着色系统，如果开发者对 Unity3D 自身提供的渲染效果不满足，Unity3D 允许开发者自定义 Shader（着色程序），一个自定义的 Shader 可以包含多个变量及一个参数接口，Unity3D 首先会进行判断该参数接口是否支持，然后才会根据该参数接口自动选择最适合的参数进行匹配，所以 Unity3D 的着色系统具备非常强的灵活性。如果需要快速地生成地形场景，比如森林，高山等场景；Unity 为开发者提供了强大的地形编辑器，支持地形的生成和 LOD（多细节层次）、树木灌丛贴纹理等。强大的 Phys X 物理引擎为开发者提供了各式各样的物理特效，比如模拟仿真牛顿力学模型的一个计算机程序，输入质量、速度等不同的参数来预测显示不同的效果。

5 基于实装与模拟联动的维修训练系统设计

工程装备广泛采用液压传动和电控系统为执行机构的运动提供动力，液压传动和电控系统的应用，使得武器装备的结构变得尤为复杂。新技术的应用在为工程保障顺利实施、装备作战运用等方面带来便利的同时，也为装备的维修保障带来了极大的困难。由于工程装备编配部队数量较多且结构复杂、技术含量高，在使用中故障率较高尤其是液压系统和电控系统一旦发生故障，部队很难在短时间内排除，而且受装备数量及装备完好率等因素限制，部队及院校难以在实装基础上开展维修训练。因此，基层分队迫切需要培养大量的维修技术人员以满足装备繁重的维修保障任务需求。本章以某工程装备维修训练系统的设计为例，系统地阐述其设计思路与开发流程。

5.1 维修训练系统总体设计

某装备具有电、气、液等多种传动方式，操纵部件众多，操作流程复杂。为全面、准确地模拟装备的训练科目与维修过程，必须合理规划操控系统整体布局，对软硬件结构进行顶层设计，以明确技术路线，降低开发成本与开发难度。

5.1.1 系统需求分析

通过对使用对象、训练目标、训练科目及内容等的分析确定，基于实装与模拟联动的维修训练系统应能满足维修训练实际需求，并对环境具有一定的适应能力。

（1）能够实现某装备电控系统、液压系统、气动系统工作原理一体化直观展示。

该装备维修训练的最终目的是排除故障，确定故障部位是排除故障的前提。按照维修的目的与时机，工程装备维修可分为修复性维修和预防性维修，目前针对该装备的科研项目虽然较多，但能够用于其故障检测的设备非常匮乏，无论是院校还是部队，对其实施预防性维修比较困难。因此对其进行维修，通常采用修复性维修，即装备产生故障后，根据故障现象对装备进行的维修活动。修复性维修需要维修人员从装备工作原理出发，对其产生的故障现象进行故障分析，确定故障产生部位，进而排除故障的过程。因此工作原理是故障分析的基础，维修人员只有掌握其工作原理才能对重型机械化桥进行快速的故障诊断，才能确定故障点，才能顺利实施装备修理工作。然而某装备由机、电、液三部分组成，其工作原理十分复杂，而部队既精通液压修理又精通电控修理的修理工却很少；部分使用分队操作手由于多次参加院校培训，从院校或装备生产厂家带回装备电控系统原理图和液压系统原理图或装备使用说明书等，但这些原理图都是二维平面原理图，且液压、电控原理分离，动态原理与静态原理分离，二维原理与三维原理分离，导致他们对该装备的工作原理理解不了，最终导致对该装备的修理工作难度极大。因此，基于实装与模拟联动的装备维修训练系统需实现重型机械化桥电控系统、液压系统、气动系统工作原理一体化直观展示，既方便维修人员迅速查找相关原理，开展装备故障判断与排除工作，又便于部队开展其维修训练。

（2）能够实现工作原理展示与实装动作的协调有序进行。

无论是液压系统原理图还是电控系统原理图，仅仅是该装备故障分析判断的辅助工具，只表明了液压或电控的控制关系，并没有说明各液压元件、电控部件的位置关系等，而要对实装进行故障判断与排除必须掌握装备的实际工作原理，亦即液压元件在实装的安装位置、液压回路的走向、电控系统电路的连接关系、电路在实装的布线情况等。基于实装与模拟联动的装备维修训练系统需克服传统维修训练手段的原理指示不清、原理演示不清、原理与实装分离等缺点，实现二维静态原理与三维动态原理的结合。

（3）能够依托该装备的工作原理进行故障设置。

根据训练目的和训练内容分析，装备维修训练的最终目的是排除实装故障。该装备按照其结构组成可分为机械部分、液压及气动系统、电控系统三部分，如果产生故障，则三部分均有可能导致故障的产生。无论是机械部分导致的故障，还是液压及气动系统导致的故障，抑或是电控系统导致的故障，最终的原因都是装备的结构原理达到了装备的极限技术状态。因此，虽然针对该装备的故障诊断几乎没有可用的仪器设备，有经验的修理人员往往能够快速地查找到故障原因，通常的做法都是从装备的工作原理上找原因。既然故障原因都是工作原理，因此在对其进行修理、故障诊断等训练首先需要根据该装备工作原理设置贴近部队实际的故障。

（4）能够实现装备常见故障的准确虚拟再现。

根据工作任务安排，使用分队承担该装备的小修任务，根据赴部队调研了解，目前该装备的使用分队几乎无法对其进行修理。在其使用过程中若出现故障，则由使用分队后送至修理分队进行修理。修理分队在对该装备进行修理之前要询问故障现象，操作手往往描述不清或表达不清故障现象，而修理人员又不了解装备的构造原理，结果导致操作手和修理人员沟通不畅，最终造成修理时间过长，装备带故障停机时间过长，严重时导致部队长时间不能正常训练。因此，为了能够让操作手、修理工更加深入地理解重型机械化桥的修理程序、故障判排方法，基于实装与模拟联动的重型机械化桥维修训练系统需利用三维建模技术，实现重型机械化桥常见故障的准确虚拟再现。

（5）能够实现装备常见故障诊断辅助指导。

由于该装备结构十分复杂，尤其是其液压系统和电控系统，在装备产生故障后，无论是使用分队操作手还是修理分队修理工都感到手足无措。虽然修理工掌握一些工程机械故障判断与排除的方法，但是这些方法适不适用、如何适用于该装备，或者该装备有没有独特的故障判排方法和程序，成了摆在修理工面前的一道难题，因此装备维修训练需要研究一套适用于该装备的故障诊断程序。经过课题组的不懈努力，在对某装备常见故障理论分析的基础上，创新性地提出了"基于影响度分析的液压系统故障诊断"，完善了工程装备液压系统故障诊断方法，并经过多次实践，该方法已形成较为成熟的运用程序，拟通过基于实装与模拟联动的维修训练系统故障诊断辅助指导软件实现可视化维修指导。

5.1.2　设计要求与设计准则

5.1.2.1　设计要求

（1）软件设计采用模块化设计思路，程序扩展性强，具备良好的安全性；

（2）具有良好的人机界面、人机交互方式方便灵活，具有规范化的操作提示，并具有误操作警示；

（3）能够实现装备维修训练系统与实装/模拟器相互协调有序动作；

（4）能够对装备液压系统、电控系统和气动系统工作原理进行一体化直观展示；

（5）能够依托工作原理一体化训练平台进行故障设置、故障识别、故障定位、故障再现和故障诊断指导等判断与排除训练，并可随时更新故障和维修数据；

（6）系统采用分层架构，易于扩展和重构，可集成新增功能模块；

（7）具有二次开发接口，易于升级；

（8）具备系统自检、日志记录、跟踪定位错误位置；

（9）运行环境应满足当前常用计算机配置，可在 Windows XP 系统及以上版本独立运行，兼容性强；

（10）将所需文字、图片、声音、视频及三维模型等严格按照制作稿本的要求编辑合成，构建的软件须具备交互、链接、导航、控制、上下承转关系等功能。

5.1.2.2 系统总体设计准则

（1）需求牵引、突出特色。

系统的建设紧紧围绕工程装备作战运用需要，为工程装备维修训练提供手段支持。

（2）夯实基础、易于扩展。

将软件基础框架作为系统设计研制的重要内容，设计结构合理、体系开放、易于扩展的软件基础架构；同时，尽量采用各类通用标准规范，为要素模型资源的扩展、软件功能升级及与其他系统互联提供易于扩展的软件基础平台。

（3）成熟先进、稳定可靠。

系统研制建设采用先进的、成熟的技术标准和技术方法，同时将可靠性和可维护性作为系统设计的重要内容，保证系统研制的硬件和软件能够运行稳定、安全可靠。

（4）先进架构、面向服务。

必须根据国际国内先进实施经验，设计系统项目总体技术架构，以模块化、层次化和服务化为系统架构的基本思路，同时满足原理一体化展示、故障可视化维修与指导、故障设置、故障虚拟再现等的综合要求。

（5）系统安全，便于查验。

系统提供全方位的安全保障，支持硬件、软件和数据全方位的安全措施。从数据传输、系统管理、业务权限控制等多个方面采取措施，充分保证系统安全性。实现方便可视化的系统运行实时监控，可及时了解系统运行情况，故障发生时能够准确定位故障点。

5.1.3 系统总体结构设计

5.1.3.1 系统硬件总体设计

依据基于实装与模拟联动的装备维修训练系统研究研制总要求，按照"模块化、层次化、服务化"的系统构建思想，研制一个集装备原理一体化展示、虚拟故障在线模块、故障维修可视化指导、故障设置模块等功能于一体，结构合理、体系完整、特色鲜明、技术先进、开放性好、互操作性强的以装备故障维修训练为核心的软硬件系统，基于实装与模拟联动的维修训练系统硬件总体结构如图 5-1 所示。

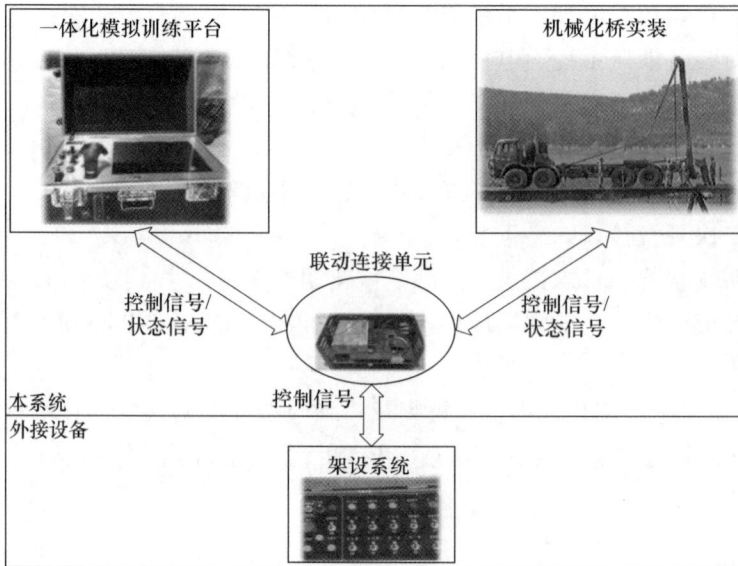

图 5-1　基于实装与模拟联动的维修训练系统硬件总体结构

5.1.3.2　系统软件总体设计

　　根据系统硬件设计及要实现的功能，按照模块化设计原则，对基于实装与模拟联动的重型机械化桥维修训练系统软件进行了总体结构设计。系统软件总体结构如图 5-2 所示，系统软件由原理展示软件、故障设置软件、故障诊断辅助指导软件、工作原理一体化模拟训练平台驱动软件和联动连接单元软件组成，其中故障设置模块、故障诊断辅助指导模块依托工作原理一体化模拟训练平台运行。按照设计要求，本系统能够实现重型机械化桥工作原理一体化展示、故障设置、故障诊断辅助指导及原理展示与实装动作联动等功能。

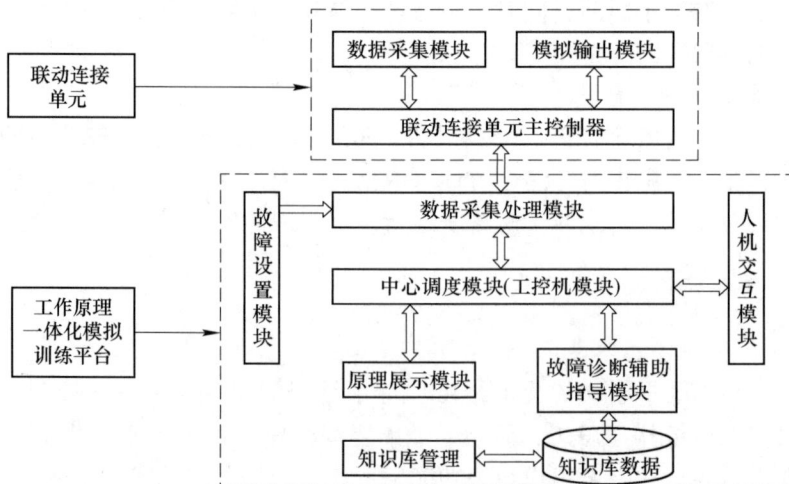

图 5-2　系统软件总体结构

工作原理一体化模拟训练平台软件是基于 Windows 系统，采用 LabWindows/CVI 语言进行开发的，主要包括中心调度模块、原理展示模块、数据采集处理模块、故障设置模块、故障诊断辅助指导模块及人机交互模块等。由软件总体设计要求，维修训练系统所实现的全部功能是在工控机的控制下完成的，在工控机软件设计中，中心调度模块是整个软件系统的核心模块，实现控制联动连接单元数据的上传、工控机数据指令的下达，实现各功能模块逻辑关联、调度及运行时序，其设计的好坏直接决定着整个系统运行的效率、原理展示的精度和数据传输的正确率，是系统软件功能实现的关键。

联动连接单元软件是采用 Keil C 语言进行设计的，设计完之后通过烧写器写入单片机内部，联动连接单元软件主要完成数据的采集与调理、与工控机进行通信，实现重型机械化桥与工作原理一体化模拟训练平台之间的信号隔离、放大、滤波等功能。联动连接单元采用模块化、系列化、标准化设计，因此可适应各种开关量信号的连接方式。

5.1.3.3 系统结构组成

本系统是基于该装备液压系统、电控系统与气动系统原理，采用单片机、嵌入式及高精度三维仿真等技术手段研发的，实现装备工作原理演示、故障虚拟再现、故障判断排除等功能的软硬件集成系统。系统总体功能包括采集实装控制盒发送的电控信号，并将信号传输路径通过原理图或三维方式展示出来，通过故障设置模块设置装备在使用过程中的典型故障，并通过故障再现模块逼真地进行展示，用户可以通过故障可视化与维修指导模块进行故障排查，为实装故障排除/检修提供训练手段。

根据装备使用对象分析、维修训练目的分析、维修训练内容分析、系统需求分析等，基于实装与模拟联动的装备维修训练系统主要由联动连接单元（与实装联动）、工作原理一体化模拟训练平台、故障设置模块（软件）和故障检测模块等组成，如图 5-3 所示。以上各组成均由软件和硬件组成，其中系统软件包含装备三维模型、故障数据库、硬件的运行驱动软件、可视化维修与指导模块，硬件包含一体化模拟训练平台、联动连接单元（与实装联动）、故障设置模块等。

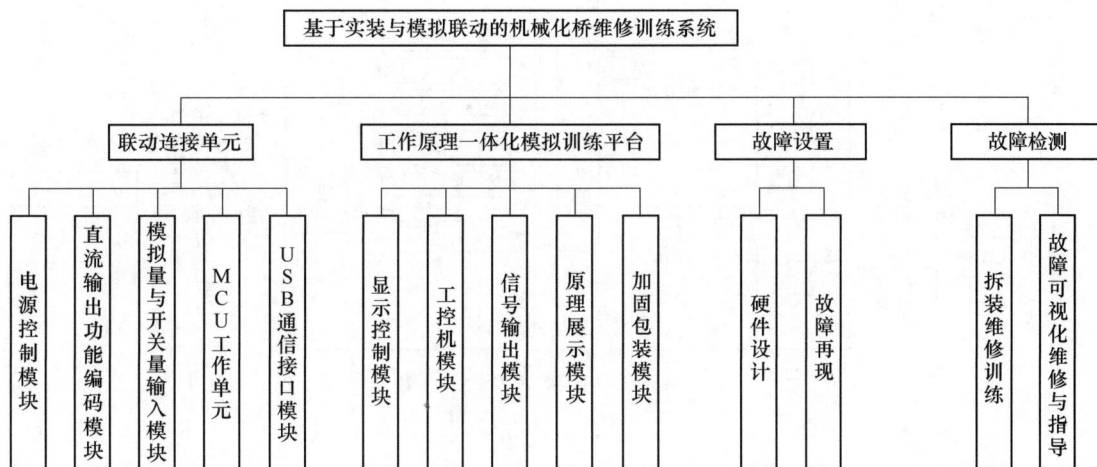

图 5-3　基于实装与模拟联动的装备维修训练系统结构组成

5.2 联动连接单元研制

结合该装备结构特点，研制工作原理一体化模拟训练平台与实装或模拟器联动的连接单元，使原理演示与实装/模拟器动作协调有序进行。利用装备自带移动操纵盒控制工作原理一体化模拟训练平台，演示完整的装备电液控制系统工作过程，而后操纵实装架设与撤收实际动作，加深受训者对装备工作原理的理解。

5.2.1 联动连接单元总体框架设计

根据系统总体设计、维修训练需求中关于工作原理一体化模拟训练平台与装备联动的需求，联动连接单元整体设计思路为：采取嵌入式数据采集的方式采集装备架设系统的控制信号，通过 MCU（Micro Control Unit，微处理器）系统，遵循统一的数据接口协议，对架设系统的所有控制类模拟信号（开关量信号、瞬时触发信号等）进行解析与编码，并按规定的通信协议传输给工作原理一体化模拟训练平台，控制工作原理一体化模拟训练平台内仿真实体（装备三维模型）的行为。同时，联动连接单元实时接收来自工作原理一体化模拟训练平台的实体状态信号数据，经 MCU 解析与编码后输出控制信号，控制装备移动操纵盒上各类灯光显示设备的亮灭。

根据以上设计思路，搭建的联动连接单元硬件整体框架如图 5-4 所示。由图 5-4 可知，联动连接单元主要由封装壳体、数据采集与控制模块、嵌入式航插、RS232 串口等组成，其中数据采集与控制模块是联动连接单元的核心部件，也是本部分设计的重点。

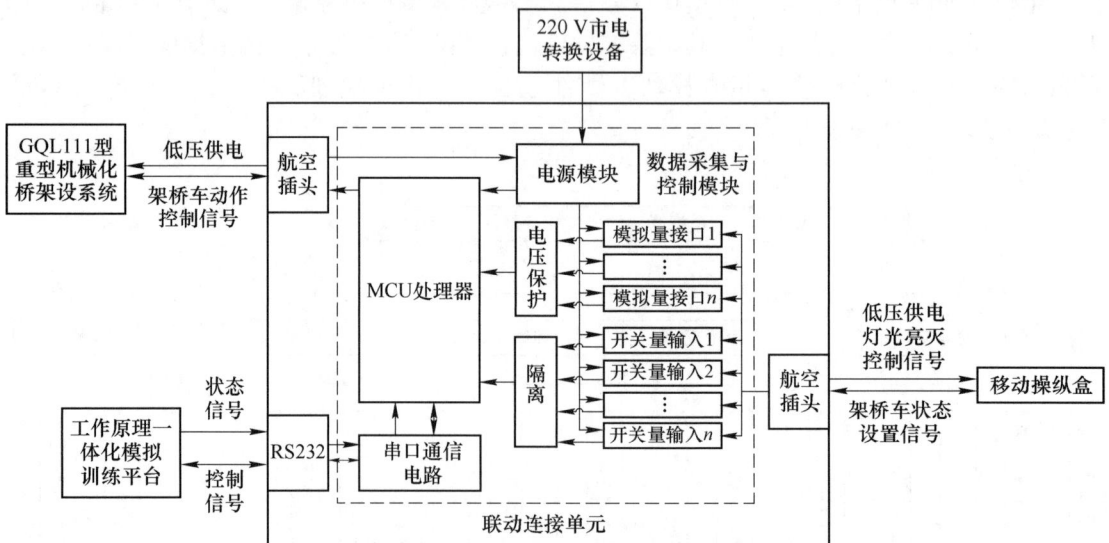

图 5-4 联动连接单元整体框架

5.2.2 联动连接单元硬件设计与实现

由上述可知，联动连接单元硬件设计主要是数据采集与控制模块的设计与实现，因此本部分内容针对数据采集与控制模块的设计展开论述。由图5-4可知，数据采集与控制模块主要由电源模块、MCU处理器及其外围电路、模拟量和开关量输入模块串口通信接口模块等部分组成。

5.2.2.1 电源模块设计

电源电路设计目的是联动连接单元提供电源，保证其正常工作。电源电路设计是否合理、稳定关系到联动连接单元能否稳定地采集处理数据。根据联动连接单元性能要求，为了达到将电源模块输出电压转换为各电路所需电压的目的，本系统对电源电路进行了重点设计。

A 设计思路

联动连接单元采用两种供电方式，一种为野外环境下由车载蓄电池供电，根据该装备电控原理分析可知，其供电方式由桥车尾部拉线盒取出，通过电缆线、航空插头与联动连接单元连接；另一种为室内环境下由220 V市电供电，配置专用适配器，将220 V交流电转换为+24 V直流电，通过适配器插头接入联动连接单元内。

在联动连接单元硬件中：STM32单片机及其外围电路、光耦需要+3.3 V电压，DC/DC电源模块、继电器驱动电路等需要+5 V电压。通过前述可知，联动连接单元供电电压为+24 V，因此需通过DC/DC电源模块先将其转换成+5 V电压，再通过LDO.模块将输出的+5 V电压转换为+3.3 V电压，以供所有元器件工作使用。

无论是车载蓄电池供电，还是适配器将220 V直流电转换为+24 V方式供电，输入联动连接电源的直流电压一般波动较大，不能满足电路对电源的需求，必须用滤波电路滤出交流量，得到平滑的直流电压。为了防止瞬间电流过大而烧毁印制电路板，在电源电路最前端需添加自恢复保险丝。

电容的作用是储存、释放电荷，可以起到隔直通交的作用。滤波电容能对直流信号开路，对交流信号阻抗较小，经过电容滤波后既可以保留直流分量又可以滤掉大部分的交流分量，减小电路的脉动效应，改善直流电压的质量。大电容用来滤除低频干扰，使输出稳定，小电容用来滤除高频干扰，使输出更加纯净。

B 芯片选择

（1）自恢复保险丝选择。联动连接单元中主要功耗元器件有：STM32F103芯片、串口通信芯片、DC/DC电源模块、光电隔离芯片、晶体管等。由于同系列芯片具有相近的功耗，因此选取较为常见系列的芯片，不仅便于采购，也便于计算数据采集与控制板的功耗。在本系统的设计中，串口通信芯片选用MAX3232E系列、DC/DC电源模块选用URB2405隔离电源模块和SPX3819线性稳压转换模块、光电隔离芯片选用EL3H4-G，通过查相关芯片技术手册确定各芯片功率：$P_{电源} = 6$ W，$P_{串口} = 571$ mW，$P_{光耦} = 500$ mW，$P_{继电器} = 450$ mW，$P_{晶体管} = 625$ mW。数据采集与控制板主要耗能元件的功率按式（5-1）计算：

$$P_{总} = 5 \times P_{运放} + 2 \times P_{电源} + P_{串口} + 7 \times P_{光耦} + 4 \times P_{继电器} + 6 \times P_{晶体管} \quad (5-1)$$

自恢复保险丝最大电流I_{max}通过式（5-2）计算：

$$I_{max} = P_{总} / 24 \text{ V} \quad (5-2)$$

通过以上计算，结合市场现有自恢复保险丝的具体参数，最终选择的自恢复保险丝主要技术指标为：输入电压+30 V，最大电流3 A。

（2）DC/DC 电源模块选型。依据自恢复保险丝选择中拟定的电源芯片系列，通过计算，最终选定 URB2405 隔离电源模块和 SPX3819 线性稳压转换模块作为本单元电源电路设计中的稳压及电源转化电源模块，其技术指标见表 5-1。

表 5-1　DC/DC 电源模块主要技术指标

型号	URB2405
工作温度	−40~85 ℃
储存温度	−65~150 ℃
超宽输入电压范围	4：1
输入电压	DC 24 V 标准值 DC 9~36 V 范围值
输出电压	+5 V
输出电流	0~1200 mA
最大容性负载	1000 μF
隔离电压	DC 1500 V
功率	6 W
空载功耗	0.12 W
满载效率	81%~83%
封装形式	YMD
输入功能	防反接功能、欠压保护功能
保护功能	过压保护、过流保护、短路保护
引脚方式	国际标准

C　电路设计

本单元分别设计隔离电源电路和线性稳压电源电路，如图 5-5 所示，自恢复保险丝 F10 设置在电源电路正极，在保险丝之后添加一个可变电阻 R10，阻值为 14D560 K，用于电路运行中的 EMS 测试；在 URB2405 模块和 SPX3819 模块的输入输出端分别添加两个储能滤波电容，通过两种不同等量级的电容实现分级滤波，消除低频和较高频的干扰信号；在 URB2405 模块输入输出端跨接两个 1nF/2 kV 的储能电容和 4.7mH 的电感元件用于保证输入电压的稳定；在+5 V、+3.3 V 电压输出端分别添加一个体积较小的 LED 灯 D10、D11，便于在数据采集与控制板的调试过程中观察其是否正常上电。电源电路设计完成，达到了为联动连接电源提供稳定电源的目的。

5.2.2.2　STM32F103 微控制器外围电路设计

在联动连接单元的设计中，考虑到装备工作现场复杂的干扰信号和恶劣的操作环境，单片机必须选取可靠性强、稳定性高的芯片。根据上节对基于实装与模拟联动的装备维修训练系统的功能需求分析，联动连接单元需与移动操纵盒连接，接收其各类开关指令；同时与该装备架设系统连接，并向其发送信号。根据装备构成及工作原理分析可知，移动操纵盒与架设系统的信号种类较少，但信号数量较多，因此要求联动连接单元信号通道数较多。通过以上分析，联动连接单元硬件电路的微控制器至少应具有以下几个方面的特征：（1）具有通信接口 UART 或具有可扩充 UART 的 I/O 口，用于联动连接单元软件与硬件

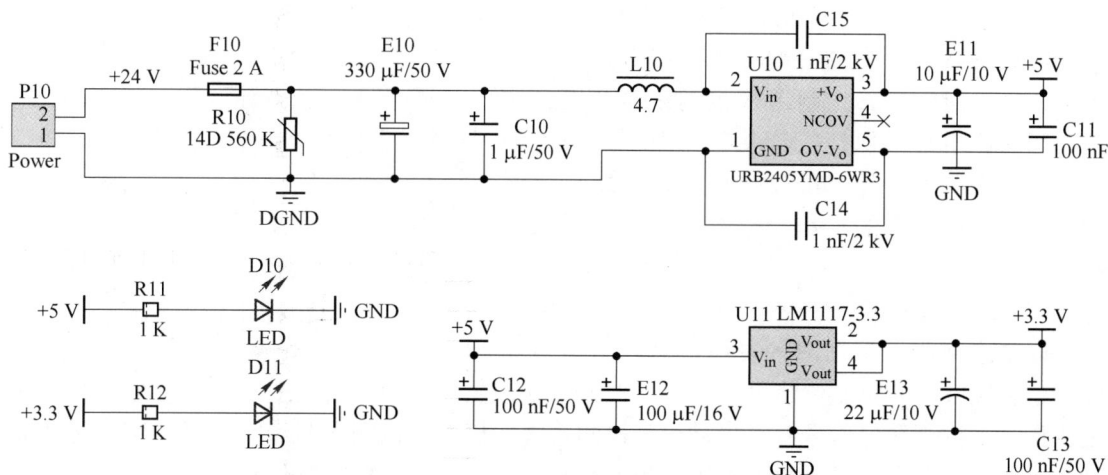

图 5-5 电源模块电路

的通信；（2）具有一定的处理速度，能够联动连接单元实现各种功能的要求；（3）具有足够多的 I/O 数量，满足联动连接单元电路中众多外围器件的接口需求。经多方面权衡，最终选择采用 STM32F1 系列这种开发难度适中且性价比合理的芯片完成数据采集与控制任务。

联动连接单元采用了 STMicroelectronics 公司开发的 STM32F103RCT6 单片机构成的处理器作为联动连接单元的核心器件，该单片机芯片配合信号调理电路、时钟振荡电路、串口信号传输电路和其他的外围连接件，完成信号的采集、控制、传输与处理等作用，能够满足联动连接单元的功能要求。

A 引脚配置

STM32F103RCT6 单片机是 STM32F1 系列中一个比较具有代表性的型号，该器件是基于 ARM Cortex-M3 的 32 位嵌入式微控制器。该单片机具有 64 个引脚，引脚具体分配为 I/O 端口 51 个、通信端口 6 个、电源端口 2 个（含接地）、复位端口 1 个、晶振引脚 2 个和程序下载端口 2 个。该单片机采用 LQFP64 封装形式，最高 72 MHz 工作频率，在存储器的 0 等待周期访问时可达 1.25 DMips/MHz（DhrystONe2.1）。该单片机在工业温度范围（−45~85 ℃）内均可使用 2.0~3.6 V 的电压工作，所有 I/O 口引脚一块映像到 16 个外部中断，几乎所有的端口都可以承受 5 V 的输入电压信号，并且都可以被配置为漏极开路、推挽输出方式和弱上拉，绝大部分引脚都是复用引脚，每个引脚都有可能用于不同的外设功能。

B 时钟电路设计

设计中为了提高可靠性，使用了 8 MHz 的石英晶体晶振，稳定性很好；XTAL1、XTAL2 分别与 STM32F103 单片机的 XTAL1、XTAL2 连接，时钟电路原理图如图 5-6 所示。在 XTAL1、XTAL2 两端跨接一个晶振、两个电容，构成一个稳定的时钟电路。电容 C20、C21 取值为 20 pF，这两个电容可以对振荡频率起微调作用；在晶振两端并联一个 1 MHz 电阻，提高了系统的稳定性。

C 复位电路设计

为了确保联动连接单元能够稳定可靠的工作，复位电路是必不可少的一部分。复位电路能够在上电或复位过程中，控制单片机的复位状态，这段时间内让单片机保持复位状态，而不是一上电或刚复位完毕就工作，可以防止单片机发送错误的指令、执行错误的操作，也可以提高电磁兼容性能。

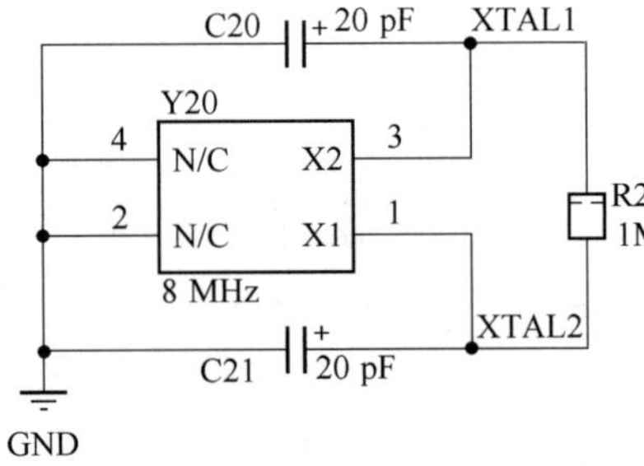

a 设计思路

图 5-6   系统时钟电路原理图

联动连接单元采用两种复位方式：上电后立即复位和接收工控机复位信号后复位。上电后立即复位是为了清空上一次关机时留下的数据，接收工控机复位信号后复位是由于检测系统主机实时检测需要清空缓存。为了确保联动连接单元在上电后或接收工控机的指令后复位，需对单片机的复位状态进行监控，必要时向单片机发送复位信号。

b 器件选择

根据设计思路，本模块设计的复位电路采用了外部复位引脚 NRST 复位，此种复位方式中，单片机的复位信号是从 NRST 引脚输入到芯片内部的，当系统处于正常工作状态时，且振荡器稳定后，如果 NRST 引脚上有一个低电平并维持 12 个时钟周期以上，则单片机就可以相应并复位。由于联动连接单元需要采集到状态信号后才能控制系统的正常运行，因此单片机是否复位对系统的影响较大，此时需要一款性价比高的监控器件对单片机的复位状态进行实时监控，且必要时向 STM32F103 单片机发送复位信号，经过反复比较，最终选择了 TCM809 芯片。

c 电路设计

本模块设计的复位电路如图 5-7 所示，TCM809 复位芯片，具有检测电压功能，处理器电压低于阈值 3.08 V 时，芯片会强制复位 STM32F103 单片机，防止单片机产生不可预知的操作。在电路中，采用一个外部下拉电阻和一个电容对复位芯片进行的去耦处理，以防止由于强噪声而引起的复位，保证了系统能够正常的复位。

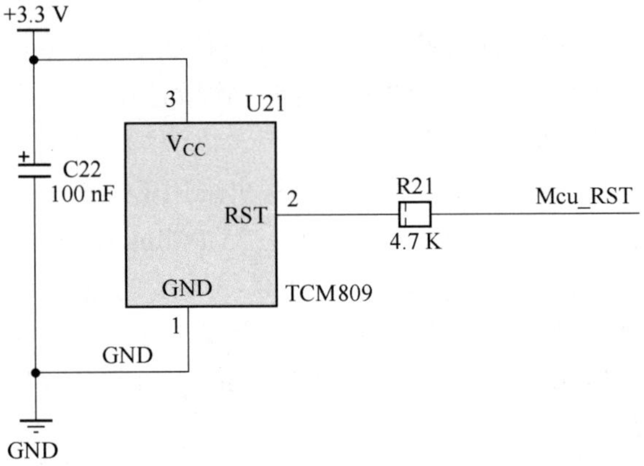

5.2.2.3   数据采集电路设计

根据联动连接单元总体设计思路，联动连接单元通过数据采集与控制模块

图 5-7   复位电路原理图

需采集移动操纵盒控制开关信号，并将采集到的开关信号送 STM32F103 单片机处理，经单片机处理后，将信号传输给工作原理一体化模拟训练平台的工控机，而后工控机输出指令给移动操纵盒进行显示。

A 设计思路

联动连接单元的数据采集既有信号的输入，又有信号的输出，且输入的信号大部分是移动操纵盒的开关信号，由于移动操纵盒的开关信号取自底盘车蓄电池，因此需在信号输入端设计隔离模块，提高信号的稳定性和抗干扰能力；由第4章工控机模块选择可知，工控机是大功率器件，而单片机的输出功率一般都比较小，因此为了使STM32F103单片机输出的信号能被工控机识别，在信号输出端需设计继电器。

B 芯片选择

a 光耦的选择

本模块设计的数据采集模块的一端是微控制器的控制电路，另一端是装备电源控制电路，为了采集数据的稳定可靠，需将两个电路隔离开来，光耦的主要作用是信号隔离，经过反复测试、研究，最终选择了EL3H4-G型光耦。

b 继电器芯片的选择

由设计思路可知，需在数据采集模块的输出端添加继电器，最终选择了超小型中功率HF46F-5型继电器，该继电器灵敏度高，具有5 A触点切换能力，宽度不超过7.2 mm，适合高密度安装。

c 信号输入电路设计

联动连接单元采集移动操纵盒开关信号，由于移动操纵盒有26路开关信号负责控制该装备的架设系统，因此需设计26路输入电路，26路信号均为开关信号，因此电路结构形式相同，如图5-8所示。在电路设计中采用EL3H4光耦进行隔离，同时，电路中使用了330R电阻和1 K的限流电阻，降低了功耗，保证了电路的可靠性。26路开关信号通过26芯接插件引入数据采集与控制模块，如图5-9所示。

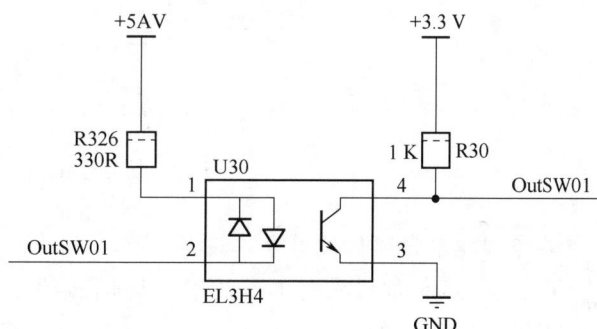

图 5-8 信号输入电路原理图

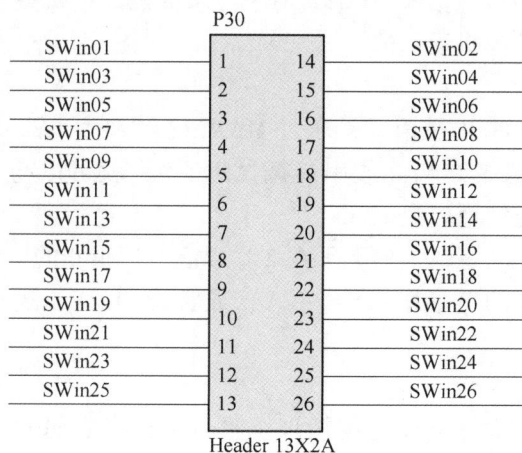

图 5-9 26芯输入端口

d　信号输出电路设计

由上述可知，26 路信号输入 STM32F103 单片机中，经单片机处理后输出，输出电路采用 HF46F-5 型继电器，如图 5-10 所示，在电路中，为了吸收继电器工作产生的反电动势，在继电器两端并联了二极管 1N4007。继电器的运行需要配置专门的驱动，因此选用了与继电器配套的 ULN2003 驱动芯片，该芯片为多路大电流继电器驱动芯片。

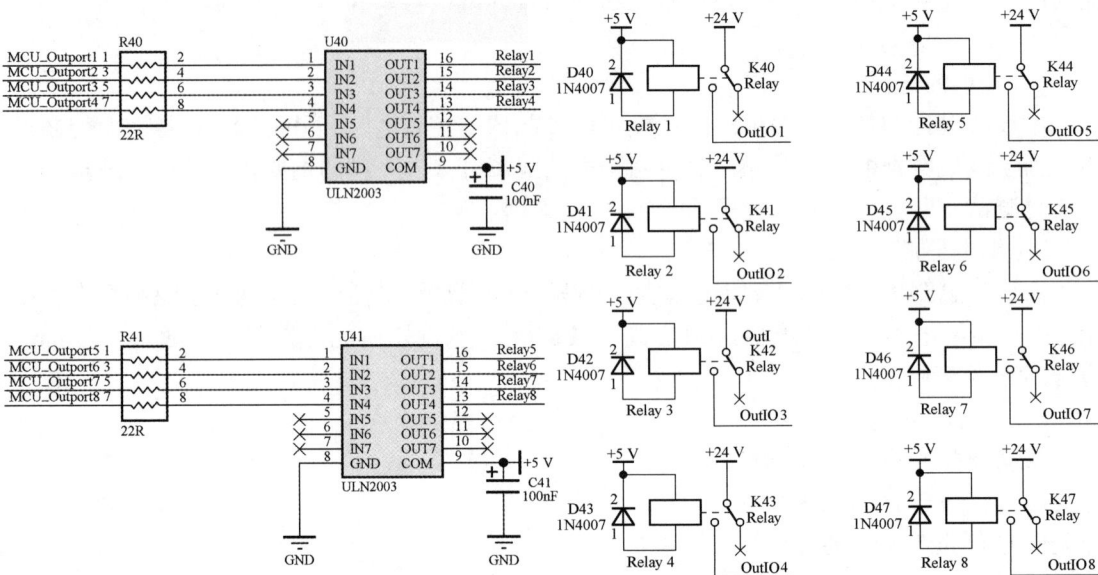

图 5-10　信号输出电路原理图

5.2.2.4　串行通信接口电路设计

STM32F103 单片机具有丰富的串行通信接口，包括两个 UART 串行通信接口、一个支持 SMBus/PMBus 的 I²C 接口和一个 SPI 接口。其中 UART 串行通信接口能同时对数据进行串行发送和接收，即它是全双工的串行通信接口，而且它既可以作 UART 使用，也可以作同步移位寄存器使用。应用 UART 串行通信接口可以实现 STM32F103 单片机系统之间点对点的单机通信、多机通信及 STM32F103 与系统机的单机或多机通信。本系统的设计采用单片机与工控机的单机通信。

A　设计思路

单片机的 I/O 口是 TTL 电平信号，通过 MAX232 转换为 RS232 电平后才能与工控机连接。在工控机上打开超级终端（或串口调试助手），就可以与 STM32F103 进行通信。RS232 为全双工通信，通信距离为 15 m。

TTL 电平在 0~5 V，其逻辑 1 的电平在 2 V 以上，逻辑 0 的电平在 0.8 V 以下。

RS232 电平：逻辑 1 的电平在 -25 ~ -3 V，通常为 -12 V；逻辑 0 的电平在 3 ~ 25 V，通常为 12 V。

B　电路设计

联动连接单元与工作原理一体化模拟训练平台工控机之间通过 RS232 串口协议进行通信，在联动连接单元通信接口电路设计中主要采用 MAX3232 芯片，将 STM32F103 单片机中的 UART 串行通信转换成标准 RS232 接口电路，使用 4 个电容按芯片应用电路连接即可。其原理图如图 5-11 所示。

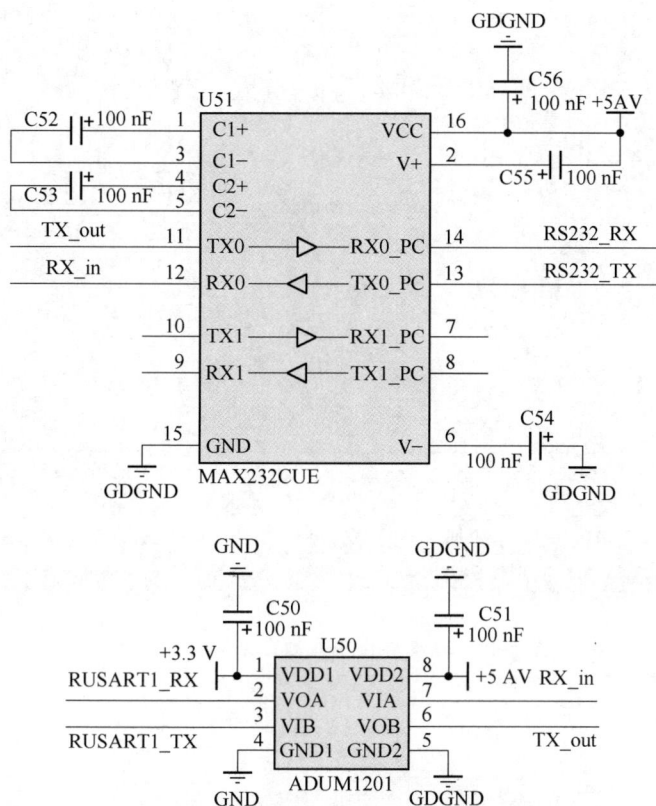

图 5-11　串行通信接口电路

5.2.2.5　联动连接单元硬件实现

在 Altium Designer winter09 平台上通过绘制联动连接单元硬件原理图制作了联动连接单元印制电路板（数据采集与控制板），通过对电子市场的调研采购了联动连接单元所需的芯片及元器件，最后在印制电路板上焊接元器件完成了系统硬件的实现。经过反复调试，系统硬件满足要求，适配器印制电路板实物图如图 5-12 所示。

通过印制电路板的设计及通信航空插头、220 V 市电转换设备等的选型调试，最终完成了联动连接单元硬件的设计，如图 5-13 所示。联动连接单元通过 RS232 串行总线与工作原理一体化模拟训练平台机进行数据交互，其功能是建立被测装备与工控机的电气连接通道，使其输入、输出信号标准化，并完成信号隔离、放大、变换等。

5.2.3　联动连接单元软件开发

根据系统联动连接单元硬件要实现的功能，联动连接单元软件设计任务主要包括：初始化模块软件设计、开关扫描模块软件设计、信号采集模块软件设计、串行通信模块软件设计。联动连接单元软件的总体结构框图如图 5-14 所示。

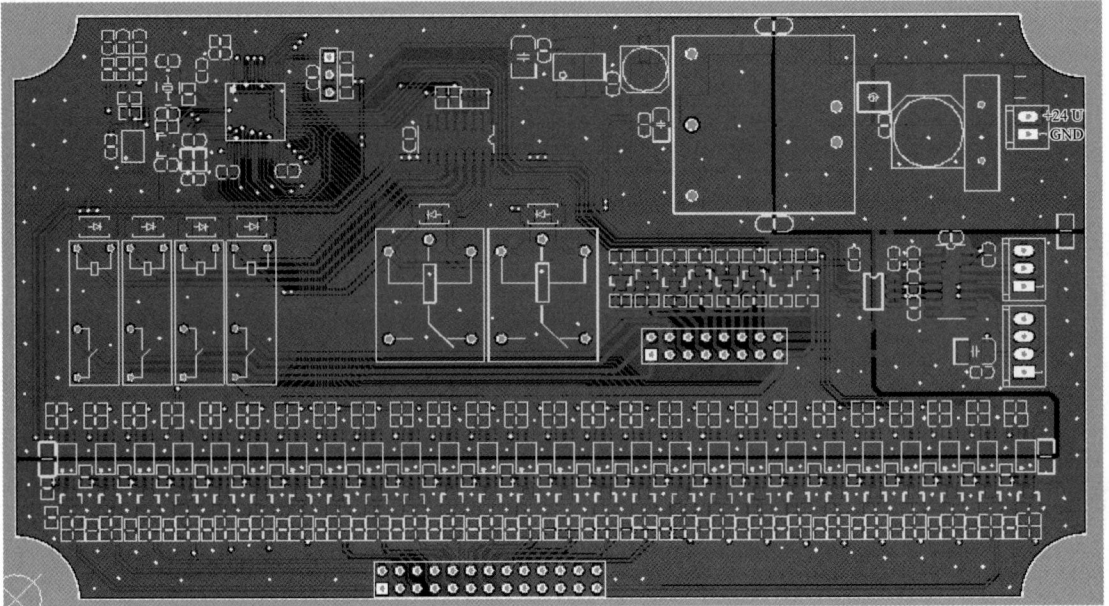

图 5-12　联动连接单元数据采集与控制板

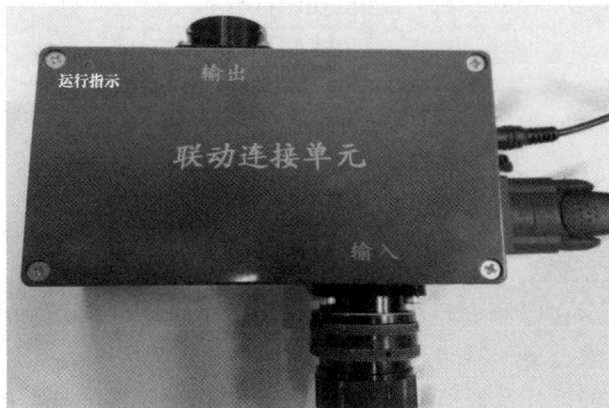

图 5-13　联动连接单元硬件

5.2.3.1　联动连接单元初始化模块

联动连接单元初始化模块主要进行单片机的初始化、串口初始化及各类端口的初始化等。其中单片机的初始化主要包括看门狗初始化（开启还是禁止，如果开启则喂狗周期为多少）、时钟系统的初始化（确定系统的工作时钟源及频率）、I/O引脚输入输出方式初始化（输入：模拟还是数字。输出：推挽还是开漏）、数字外设的配置和交叉开关设置。联动连接单元初始化模块流程图如图5-15所示。

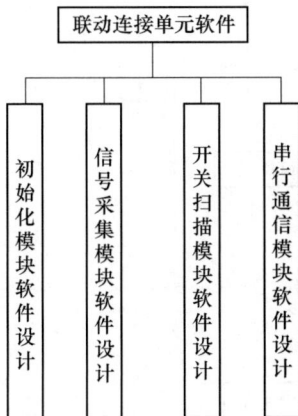

图 5-14 联动连接单元软件总体结构框图

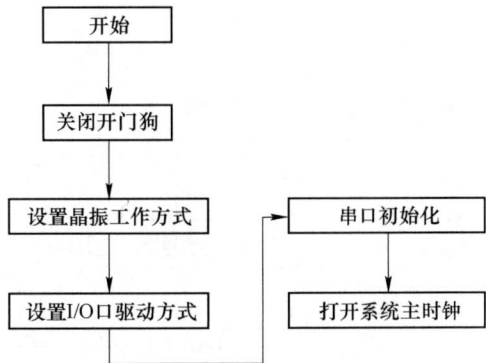

图 5-15 联动连接单元初始化模块流程图

5.2.3.2 开关信号扫描模块

由于移动操纵盒上的三位开关本身是机械开关，在触点断开或闭合时，会有电压抖动现象，即一个电压信号通过机械触点的闭合、断开过程的波形图。消除抖动可以采用硬件和软件两种方式。本节采用软件方式，其基本原理是当检测出有键闭合时，先执行一个延时子程序产生一段时间的延时（通常为 10 ms），待接通时的前沿抖动消除后再判断是否有键按下。本系统设计的开关信号扫描程序流程图如图 5-16 所示。

5.2.3.3 信号采集模块软件设计

此模块的软件设计主要是实现联动连接单元对移动操纵盒开关信号的采集。在本系统设计中，对移动操纵盒开关信号的采集采

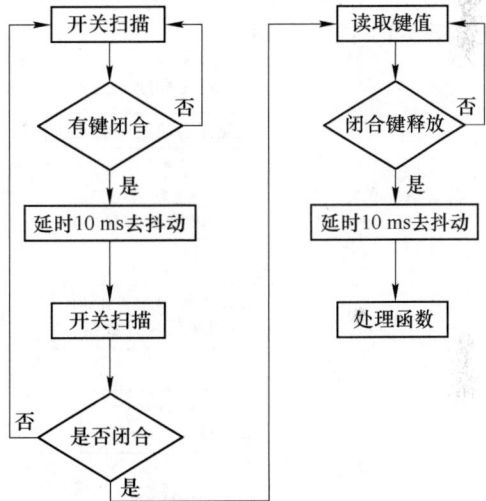

图 5-16 开关信号扫描程序流程图

用有源检测，即由连接联动单元的电源模块为移动操纵盒提供所需的电压，然后将信号反馈给单片机，单片机对接收到的开关信号进行分析处理。联动连接单元对移动操纵盒的采集是由三位开关的按键"1"和"2"控制的，因此本模块的软件设计应配合有开关扫描软件设计，其流程如图 5-17 所示。

5.2.3.4 串行通信模块软件设计

串行通信模块的功能是将联动连接单元采集到的数据按协议发送至工作原理一体化模拟训练平台，数据采集时单片机将采集到的数据存储在内部 256 字节的数据存储器 RAM 中，发送时一次发送 8 位。通信模块所采用的是异步通信方式，可以规定传输的一个数据是 10 位，其中最低位为启动位（逻辑 0 低电平），最高位为停止位（逻辑 1 高电平），中间 8 位是数据位。使用 8 MHz 的内部振荡器 1667 次分频得到 4800 bps 的波特率。通过设置 UART 的控制寄存器 SCON0（50H）采用 UART0 的工作方式 1 进行通信。通过设置定

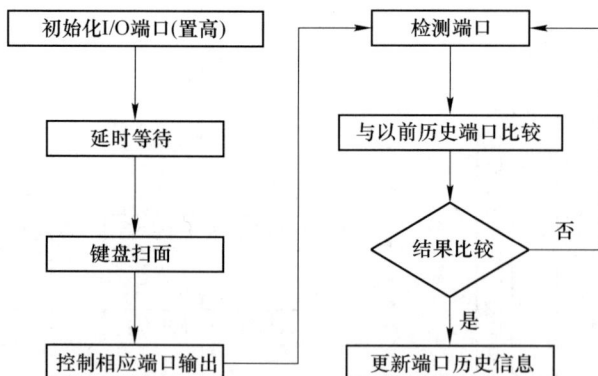

图 5-17 开关信号检测程序流程图

时/计数器的工作方式寄存器 TMOD（20H），采用定时器 T1 在自动重装载方式（方式 2）工作时产生波特率。本系统设计的串口通信采用中断方式进行接收和发送数据，其流程分别如图 5-18 和图 5-19 所示。

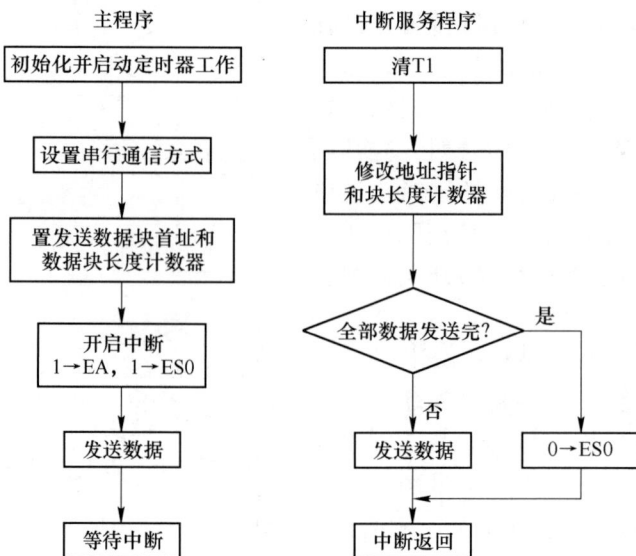

图 5-18 串行通信中断方式发送流程图

在串行通信中，对收发双方数据传输的速率有一定的约定。本系统的软件设计采用 STM32F103 单片机的工作方式 1 进行通信，而方式 1 的波特率是可变的。方式 1 的波特率的计算公式为：

$$方式 1 的波特率 = \frac{2^{\text{SMOD0}} \times (\text{T1 溢出率})}{32} \tag{5-3}$$

本设计采用定时器 T1 的工作方式 2 作为 UART0 的波特率发生器。设计数初值为 X，则每过 "256−X" 个计数周期，定时器 T1 就会产生一次溢出，则溢出周期（溢出率为溢出周期的倒数）可用式（5-4）表示。

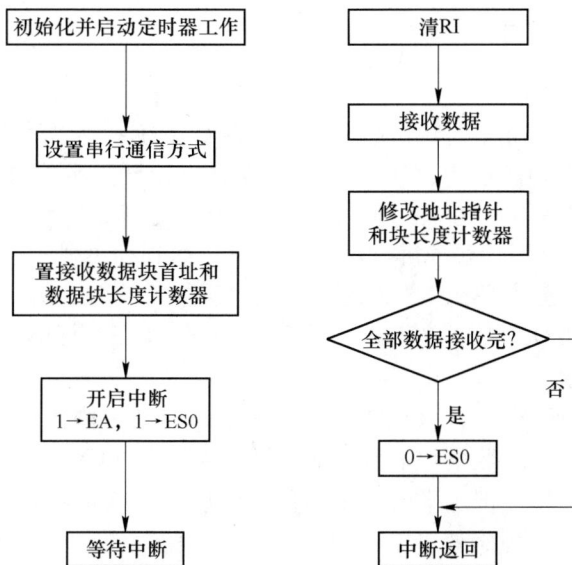

图 5-19 串行通信中断方式接收流程图

$$溢出周期 = \frac{256 - X}{SYSCLK \times 12^{TIM-1}} \tag{5-4}$$

式中，SYSCLK 为系统振荡器频率。

由式（5-3）和式（5-4）可推导出定时器 T1 在工作方式 2 时的初值为：

$$X = 256 - \frac{2^{SMOD0} \times SYSCLK \times 12}{32 \times 波特率} \tag{5-5}$$

在本系统软件设计中，已知波特率为 9600 Bd，SYSCLK = 8 MHz，SMOD0 = 1，TIM = 0，由此可根据式（5-3）计算出定时器 T1 的初值为 $X \approx 245$。

5.2.3.5 联动连接单元软件实现

通过 Keil C 语言完成了连接联动单元软件的开发，在硬件基础上实现了对移动操纵盒电源信号的采集，并将检测结果与工作原理一体化模拟训练平台进行交互，联动连接软件通过下载器烧写到单片机中。以下以开关量信号采集软件部分为例描述其实现形式。

（1）开关量输入检测。

1）工控机指令：$ DIT <CRLF>；

2）联动连接单元响应：向控制器开关量输入口输入 0xAA 和 0x55 的开关量，然后检测 ID = 11 h 的数据并进行比较，相同则正常；

3）联动连接单元返回信号：$ CAN0OK<CRLF>为正常，$ CAN0NO<CRLF>为异常。

（2）开关量输出检测。

1）工控机指令：$ DOT<CRLF>；

2）联动连接单元响应：模拟操纵盒解锁依次发高电平输出，检测控制器输出电平及阀电流 A08～A14 和 AN4。正常返回 $ DOxOK<CRLF>，其中 x 为输出口编号；

3）联动连接单元返回信号：$ DOxOK<CRLF>为输出口 x 正常，$ DOxNO<CRLF>为输出口 x 异常（x = 0～7）。

5.2.4　联动连接单元通信协议设计

5.2.4.1　数据传输设计

基于实装与模拟联动的重型机械化桥维修训练系统在数据传输过程中，首先由以 STM32F103 为核心的联动连接单元采集移动操纵盒三位开关数据并进行分析，通过串行总线（RS232）传输到工控机主板，供 CPU 进行分析与判断等后续处理；其次工控机通过 USB 总线及 VGA 口分别与触摸屏和液晶屏连接，达到程序显示的要求。根据前述数据采集需求分析，联动连接单元需要的数据采集端口及输出端口数为 26×2 个，而 STM32F103 单片机的 I/O 口数多达 56 个，因此系统选用了一个 STM32F103 用于数据采集与输出，可以满足需求。

联动连接单元运行过程中，STM32F103 接收工作原理一体化模拟训练平台传输指令。此时，STM32F103 的信号接收端接收移动操纵盒数据，经单片机处理后经串口发送端 Tx 上传至工作原理一体化模拟训练平台的工控机，而后工控机通过串口输出控制信号反馈给 STM32F103 单片机，以此控制架设系统的运行，数据传输如图 5-20 所示。

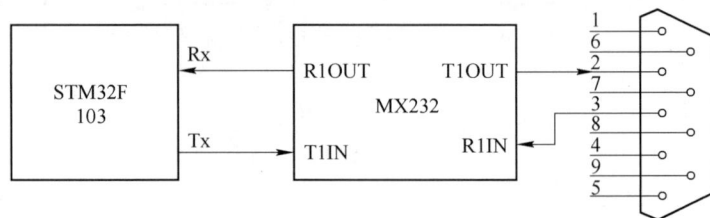

图 5-20　信号串口传输示意图

5.2.4.2　数据输出格式

根据联动连接单元串行通信接口软硬件设计，通信接口采用标准 RS232 串口，波特率为 9600，数据输出频率为 50 ms，设定字节长度为定长 7 个，其数据格式见表 5-2。

表 5-2　串口通信数据输出格式

数 据 格 式						
第 0 字节	第 1 字节	第 2 字节	第 3 字节	第 4 字节	第 5 字节	第 6 字节
A3	FF	FF	FF	FF	BCC	0D
帧头	数据 0	数据 1	数据 2	数据 3	校验位	帧尾

5.2.4.3　数据输入格式

数据输入是指联动连接单元采集移动操纵盒开关信号，均为开关量信号，即根据高电平判定为"1"，低电平判定为"0"来进行传输的信号，因此该类信号的传输设定其字节长度为定长 3 个，其数据格式见表 5-3。

表 5-3　开关量信号数据输入格式

数 据 格 式		
第 0 字节	第 1 字节	第 2 字节
0A	XX	0D
帧头	功能指令代号	帧尾

单片机信号的采集是按字节传输的，一个开关量信号只需要占据一个字节中的一位即可，根据前述可知，联动连接单元采集移动操纵盒的信号通道数为 26 路，因此，移动操纵盒的信号输入联动连接单元需要 26 位，而一个字节由 8 位组成，因此需对 26 路信号接口按照一定的协议进行分配，本单元制定的信号输入协议见表 5-4。

表 5-4 联动连接单元数据输入接口协议

开关量数据									
第 20 个字节	7 bit	6 bit	5 bit	4 bit	3 bit	2 bit	1 bit	0 bit	Value
初始值	1	1	1	1	1	1	1	1	0xFF
开启电源	1	1	1	1	1	0	1	1	0xFB
对应关系	左支腿伸出 0	左支腿缩回 0	桥跨调整向左 0	桥跨调整向右 0	桥跨提放提起 0	桥跨提放放下 0	油门大 0	油门小 0	
开关量数据									
第 21 个字节	7 bit	6 bit	5 bit	4 bit	3 bit	2 bit	1 bit	0 bit	Value
初始值	1	1	1	1	1	1	1	1	0xFF
对应关系	绞盘放松 0	绞盘收拢 0	桥跨锁钩锁紧 0	桥跨锁钩放松 0	右支腿伸出 0	右支腿缩回 0	桥跨展开 0	桥跨收拢 0	
开关量数据									
第 22 个字节	7 bit	6 bit	5 bit	4 bit	3 bit	2 bit	1 bit	0 bit	Value
初始值	1	1	1	1	1	1	1	1	0xFF
无 效									
开关量数据									
第 23 个字节	7 bit	6 bit	5 bit	4 bit	3 bit	2 bit	1 bit	0 bit	Value
初始值	1	1	1	1	1	1	1	1	0xFF
对应关系	自动 0	解锁 0	通信 0	支腿电源/架桥电源 0	左调平 0	右调平 0	升降架顶起 0	升降架收回 0	
开关量数据									
第 24 个字节	7 bit	6 bit	5 bit	4 bit	3 bit	2 bit	1 bit	0 bit	Value
初始值	0	0	0	0	0	1	1	1	0xFF
对应关系						供油桥车 0	供油桥脚 0	1	

5.3 工作原理一体化模拟训练平台研制与实现

工作原理一体化模拟训练平台是本系统的核心部件，根据维修训练需求，该平台的功能主要有以下几个方面：

（1）能够静态展示装备二维液压、电控、气动系统工作原理；

（2）能够动态展现装备三维液压、电控、气动系统工作原理；

（3）能够动态与静态结合展示装备液压、电控、气动系统一体化工作原理；

（4）为故障设置、故障诊断辅助指导、故障虚拟再现等模块软件运行提供硬件平台；

（5）能够为联动连接单元运行提供驱动软件，并能够接收联动连接单元传输的电控信号，实现装备工作原理展示与实装/模拟器动作的协调有序进行。

按照模块化设计原则，结合其实现功能，工作原理一体化模拟训练平台主要由工控机模块、显示控制模块、电源模块、数据采集模块、原理展示模块等组成，如图 5-21 所示。

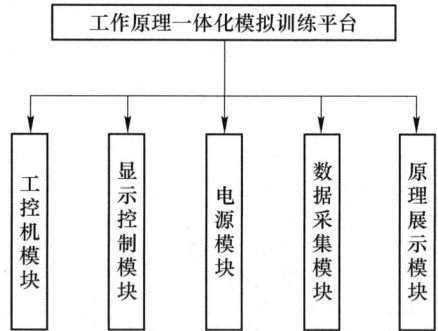

图 5-21　工作原理一体化模拟训练平台功能组成

5.3.1　工控机模块选择

根据系统总体设计要求及工作原理一体化模拟训练平台功能要求，为了提高本系统运行的稳定性、运行速度、控制精准性、适用范围等，工作原理一体化模拟训练平台选用工控机为工作原理一体化展示、故障设置模块、故障辅助诊断指导等软件运行提供硬件平台。

5.3.1.1　工控机主板选型

主板是计算机最基本的也是最重要的部件之一，主要分为商用主板和工业主板两种。主板一般为矩形电路板，上面安装了组成计算机的主要电路系统，一般有 BIOS 芯片、I/O 控制芯片、键盘和面板控制开关接口、指示灯插接件、扩充插槽、主板及插卡的直流电源供电接插件等元件。主板的选择通常考虑以下几个方面。

（1）尺寸规格。商业主板目前主要采用 ATX 架构，但是工业主板为了适应多种应用环境，采用了多种尺寸规格的主板，包括 ATX、Micro-ATX、LPX、POS 等各种规格。

（2）扩展槽的支持。对于商业级主板，往往只能提供 4 根到最多 5 根的 PCI 插槽，其中受制于 PCI 规范，同时只能使用 4 根，而且基本对于 PCI 4 的话，驱动能力有相当大的衰减。而工业级主板，由于其设计用料的工业性，其对 PCI 插槽的支持可以轻而易举地实现对 5 根 PCI 的支持，同时不会造成 PCI 驱动能力的衰减。同时可以支持对高带宽的 PCI-E 设备。带有 ISA 插槽，可以实现对工业 ISA 低速采集卡、数据卡的良好支持。嵌入 GPIO 总线，可以实现 GPI、GPO 功能。

（3）使用环境。工业级主板常在恶劣环境下工作（工作时间长、气候恶劣、潮湿、振动、多尘、辐射、高温等），而这些环境下商业主板无法胜任，当今商业主板大部分运行在安定的环境下。

（4）生命周期。商业主板市场更新换代的速度相当之快，所以一般的商业级主板只有半年到一年的生命周期。而在工业市场，由于 Intel 、VIA、SIS 都和工业主板供应商是长期的战略伙伴关系，所以一般工业级主板可以有长达 5 年的生命周期。

（5）耗材寿命。商业级主板由于追求产品的时效性，以及本身产品的市场定位，对元器件选择要求上一般只需满足系统运行要求和 2~3 年的使用寿命即可。工业级主板选料会选用经过长时间、高要求验证元器件，用以保证产品在恶劣条件下的高可靠性要求。比如一些在服务器及高端商业主板才出现的固态电容、封闭电感等。

（6）可靠性。由于普通商业级主板的市场定位，其产品一般只会做电子产品需要的 CCC 认证、长城认证、民用级的电磁兼容认证等。工业级主板由于其针对的是工业市场，所以出于可靠度的需求，在每一款主板上市前都会做 CE、EMC、FCC、CCC、振动、落下等工业级要求测试认证。

（7）保护功能。工业级主板通过特殊设计，遇到死机等异常情况，可以实现看门狗自动重新启动功能、防浪涌冲击的功能，全力保证系统在恶劣环境的高稳定性要求。而商业主板未提供该项功能。

（8）工作温度。普通的商用主板基本只能使用在 5~38 ℃的外环境之中，是相当娇气的。工业级主板可以在 0~60 ℃稳定地工作，甚至某些工业主板采用宽温设计，温度范围可达−20~70 ℃。

综上所述，工业级主板从规格尺寸、设计、用料、生产、制造、市场规模都是针对工业市场而生，保证工业系统的正常、高可靠性。经过笔者团队反复试验、调研决定，工作原理一体化模拟训练平台采用了 ZA-SK1050 工业主板，如图 5-22 所示。该主板支持 Intel 六代/七代 Core i7/Core i5/Core i3 处理器，具有集成度高，稳定性强，可以更换处理器、集成高性能 CPU 的优点。

图 5-22 ZA-SK1050 工业主板

5.3.1.2　操作系统选型

根据工控机主板选型，本主板能运行 Windows 7、Windows 8、Windows 10 和 Linux 系统，兼顾目前常用计算机系统运行稳定性、兼容性等特点，本系统工控机初步选用 Windows 10 操作系统，且根据我军保密系统安装要求及发展趋势，本系统工控机可降级安装 Windows 7 操作系统。Windows 10 操作系统是目前在个人计算机领域普及度很高的操作系统，其具有以下特点。

（1）人机操作性优异。Windows 10 操作系统界面友好，窗口制作优美，操作动作易学，多代系统之间有良好的传承，计算机资源管理效率较高，效果较好。平台采用 Windows 10 操作系统，能够更好地发挥平台软硬件的性能，具有良好的人机操作性。

（2）支持的应用软件较多。Windows 10 操作系统作为优秀的操作系统，由开发操作系统的微软公司控制接口和设计，公开标准，因此，有大量公司在该操作系统上开发应用软件。平台采用 Windows 10 操作系统，有大量门类全、功能完善的应用软件供选择使用，大大提高了平台功能的拓展性，为后续平台功能继续开发奠定了基础。

（3）对硬件的支持良好。硬件的良好适应性是 Windows 10 操作系统的一个重要特点。Windows 10 操作系统支持多种硬件平台，系统宽泛、自由的开发环境，使得更多的硬件公司选择与 Windows 10 操作系统相匹配，也促使 Windows 10 操作系统不断完善和改进。同时，硬件技术的提升，也为操作系统功能拓展提供了支撑，如该操作系统支持多种硬件的热插拔，提高了平台的使用性能。

5.3.1.3　处理器选型

中央处理器（CPU）是电子计算机的主要设备之一，计算机中的核心配件，其功能主要是解释计算机指令及处理计算机软件中的数据。CPU 是计算机中负责读取指令，对指令译码并执行指令的核心部件。中央处理器主要由控制器和运算器组成，其中还包括高速缓冲存储器及实现它们之间联系的数据、控制的总线。电子计算机三大核心部件就是 CPU、内部存储器、输入/输出设备。中央处理器的功效主要为处理指令、执行操作、控制时间、处理数据。

在计算机体系结构中，CPU 是对计算机的所有硬件资源（如存储器、输入输出单元）进行控制调配、执行通用运算的核心硬件单元。CPU 是计算机的运算和控制核心，计算机系统中所有软件层的操作，最终都将通过指令集映射为 CPU 的操作。

工作原理一体化模拟训练平台采用酷睿 i5-6500 处理器，如图 5-23 所示，属于 Intel 第六代微处理器架构，并采用 14 nm 制程，并采用了最新的 LGA1151 处理器插槽。i5-6500 处理器原生四核心四线程，处理器默认主频达 3.2 GHz，采用 Intel 睿频加速 2.0 技术，超频后可达 3.6 GHz。其三级高速缓存容量高达 6 MB，内存控制器支持双通道 DDR4（总线 2133 MHz）内存；核显方面 i5-6500 处理器同样内建 HD530 核芯显卡，但频率要稍低一些。虽然集成了高性能核显，但是在 14 nm 的工艺制作条件下，其热设计功耗仅为 65 W。相对其

图 5-23　处理器示意图

他型号的处理器，性价比较高。

5.3.1.4 显卡选型

显卡（video card, graphics card）全称显示接口卡，又称显示适配器，是计算机最基本配置、最重要的配件之一。显卡作为计算机主机里的一个重要组成部分，是计算机进行数模信号转换的设备，承担输出显示图形的任务。显卡接在计算机主板上，它将计算机的数字信号转换成模拟信号让显示器显示出来，同时显卡还有图像处理功能，可协助 CPU 工作，从而提高整体的运行速度。民用和军用显卡图形芯片供应商主要包括 AMD（超微半导体）和 Nvidia（英伟达）两家。

工作原理一体化模拟训练平台的显卡采用英伟达 GeForce GTX 1050Ti，集成在 SK1050 主板中。GTX 1050Ti 使用的是全新的 GP107 核心，采用的是最新的 Pascal 架构，首次搭载了 14 nm FinFET 制造工艺。GTX 1050Ti 的采用的是 768 个流处理器，搭配 64 个纹理单元和 32 个光栅单元。GTX 1050Ti 是一款中高性能的图形处理器，具有低功耗、高性能的特点，完全满足系统原理展示和故障设定与故障检测的使用要求。

5.3.1.5 内存选型

主板内存选择金士顿 8 G DDR4 内存条，如图 5-24 所示，该内存条为当前最新款的内存，相对老款的 DDR3 内存，有以下几点优势。

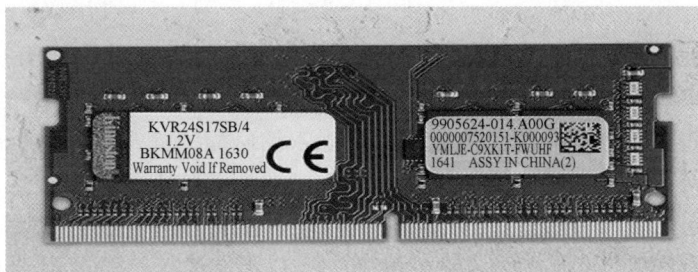

图 5-24 内存条示意图

（1）更高的起始频率。DDR3 内存的起始频率仅有 800 MHz，最高频率可达 2133 MHz，而 DDR4 内存的起始频率有 2133 MHz，最高频率可达 3000 MHz。而且 DDR4 内存的每个针脚都可以提供 2 Gbit/s 的带宽，因此 DDR4-3200 的宽带可达 51.2 GB/s，相比 DDR3-1866 的带宽提升了 70%。

（2）更大的存储容量。DDR4 最大单条容量为 128 GB，而市面上可以买到的 DDR3 却只有 16 GB 和 32 GB 两种，更大的容量意味着 DDR4 可以给更多的应用提供支持。

（3）更小的发热功耗。通常情况下，DDR3 内存的工作电压为 1.5 V，耗电较多，而且内存条容易发热降频，影响性能。而 DDR4 内存的工作电压多为 1.2 V，甚至更低，功耗的下降带来的是更少的用电量和更小的发热，提升了内存条的稳定性，基本不会出现发热引起的降频现象。

总体来说，DDR4 出色的功耗和更加强劲稳定的性能给多任务处理和运行大型软件提供了坚实的硬件基础。

5.3.1.6 硬盘选型

根据基于实装与模拟联动的重型机械化桥维修训练系统总体设计方案，一体化工作原理模拟训练平台不仅要存储信息量、数据量较大的重型机械化桥三维模型，重型机械化桥液压系统、电控系统、气动系统及一体化工作原理三维、二维模型，还要存储重型机械化桥常见故障现象三维模型，常见故障诊断程序三维、二维模型等；不仅要满足目前存储需要，还要预留较大空间，以便以后更新使用，因此，本系统存储数据量极大，需选择性能较好的硬盘。根据存储原理的不同，硬盘通常分为机械硬盘和固态硬盘，硬盘选择需遵循以下原则。

（1）读写速度。固态硬盘不用磁头，采用闪存作为存储介质，寻道时间几乎为 0，最常见的 7200 r 机械硬盘的寻道时间一般为 12~14 ms，而固态硬盘可以轻易达到 0.1 ms 甚至更低。固态硬盘的读取速度普遍可以达到 400 MB/s，在开机和数据的载入中，速度得到了有效的提升，大幅度地提高了电脑的运行能力。固态硬盘的读写速度是普通机械硬盘的 3~5 倍，写入速度也可以达到 130 MB/s，在写入大数据时，更加高效的存储能力大大缩短了办公时间。

（2）防震抗摔。传统硬盘都是磁碟型的，数据储存在磁碟扇区里。而固态硬盘是使用闪存颗粒（即 mp3、U 盘等存储介质）制作而成，所以 SSD 固态硬盘内部不存在任何机械部件，这样即使在高速移动甚至伴随翻转倾斜的情况下也不会影响到正常使用，而且在发生碰撞和震荡时能够将数据丢失的可能性降到最小。相较传统硬盘，固态硬盘占有绝对优势。

（3）功耗和噪声。固态硬盘没有机械马达和风扇，工作时噪声值为 0 dB。基于闪存的固态硬盘在工作状态下能耗和发热量较低（但高端或大容量产品能耗会较高）。内部不存在任何机械活动部件，不会发生机械故障，也不怕碰撞、冲击、振动。由于固态硬盘采用无机械部件的闪存芯片，所以具有发热量小、散热快等特点。

（4）工作温度。典型的硬盘驱动器只能在 5~55 ℃范围内工作，而大多数固态硬盘可在 -10~70 ℃工作。固态硬盘比同容量机械硬盘体积小、质量轻。固态硬盘的接口规范和定义、功能及使用方法上与普通硬盘相同，在产品外形和尺寸上也与普通硬盘一致。其芯片的工作温度范围很宽（-40~85 ℃）。

（5）便携性。固态硬盘在质量方面更轻，与常规 1.8 英寸（45.72 mm）硬盘相比，质量轻 20~30 g。

通过以上分析，本系统工作原理一体化模拟训练平台选用固态硬盘作为存储介质，经过对目前几家知名硬盘品牌的比较，最终选择金士顿 128 G 固态硬盘，如图 5-25 所示，

图 5-25　固态硬盘示意图

其读写速度峰值高达 500 MB/s，极大地提高了软件启动速度和运行速度。

5.3.2　显示控制模块选择

　　工作原理一体化模拟训练平台既有二维数字模型的显示，也有三维数字模型的显示；既有静态原理图的展示，也有动态实装原理的展示；既有二维与三维的同时展示，又有动态与静态的同时展示。为了确保一体化工作原理、故障诊断辅助指导、故障设置、故障再现等软件的有效显示，项目组经反复试验，改变以往单纯的液晶屏显示方式，采用液晶屏与触摸屏贴合的方式，既可达到显示的效果，又可实现便捷的人机交互。

5.3.2.1　液晶屏的选型

　　在受训者利用该系统进行维修内容训练时，必须考虑到光线等其他干扰因素，以保证一体化工作原理、故障设置、故障诊断辅助指导等软件的有效显示，因此选用了两块 AUO 液晶屏，两块液晶屏尺寸分别为 21.5 寸（716.67 mm）和 17.3 寸（576.67 mm），其主要技术参数见表 5-5 和表 5-6。

表 5-5　21.5 寸液晶屏技术参数

型号	T215HVN01.1	供电类型	+3.3 V 直流电源
垂直可视角度	125°	物理尺寸	495.6 mm×292.2 mm×10.6 mm
水平可视角度	150°	有效面积	476.64 mm×268.11 mm
对比度	1000：1	平均亮度	250 cd/m²
点距	0.248 mm	分辨率	1920×1080
接口类型	USB	响应时间	18 ms
屏幕比例	普屏 4：3	适用温度	−20~60 ℃

表 5-6　17.3 寸液晶屏技术参数

型号	G173HW01	供电类型	+3.3 V 直流电源
垂直可视角度	125°	物理尺寸	403 mm×240 mm×12.5 mm
水平可视角度	150°	有效面积	381.888 mm×214.812 mm
对比度	600：1	平均亮度	400 cd/m²
点距	0.1989 mm	分辨率	1920×1080
接口类型	USB	响应时间	18 ms
屏幕比例	普屏 4：3	适用温度	−20~70 ℃

5.3.2.2　触摸屏的选型

　　电容式触摸屏技术是利用人体的电流感应进行工作的。电容式触摸屏是一块四层复合玻璃屏，玻璃屏的内表面和夹层各涂有一层 ITO，最外层是一薄层硅土玻璃保护层，夹层 ITO 涂层作为工作面，4 个角上引出 4 个电极，内层 ITO 为屏蔽层以保证良好的工作环境。当手指触摸在金属层上时，由于人体电场，用户和触摸屏表面形成一个耦合电容，对于高频电流来说，电容是直接导体，于是手指从接触点吸走一个很小的电流。这个电流分别从触摸屏的四角上的电极中流出，并且流经这 4 个电极的电流与手指到四角的距离成正比，控制器通过对这 4 个电流比例的精确计算，得出触摸点的位置。

工作原理一体化模拟训练平台使用环境比较恶劣，干扰源也比较多，在战场环境下使用时必须考虑其操作的便捷性，同时兼顾设备硬件整体空间布局。项目组经反复研究比较，选用了与液晶屏相同规格的两块电容式触摸屏，该触摸屏具有耐污、耐腐性强、操作方便等特点，较好地解决了维修训练平台野战条件的现场使用问题。触摸屏的主要性能参数见表5-7。

表 5-7   电容式触摸屏技术参数

整体结构	G + G	操作温度	−20~70 ℃
表面硬度	3 H	储存温度	−30~80 ℃
响应速度	≤3 ms	玻璃雾度值	≤3%
触摸精度	<2.5 mm	输入方式	手指/电容触摸笔
移动误差	<10%	输出形式	感应式耦合电容输出
解析度	25 像素/分钟	触摸类型	10 点触控
扫描频率	200 Hz	端子类型	A 型 USB
供电方式	USB 取电	电源电压	（1±5%）5 V
透光率	亮面材料大于 83%	玻璃厚度	0.5 mm
	雾面材料大于 78%		
敲击寿命	100 万次	操作压力	0.098~0.98 N
笔画寿命	10 万次	线性精度	<1.5%
抗光性	全角度抗强光	玻璃种类	防爆玻璃

5.3.2.3   显示控制模块硬件实现

为了实现有效的显示和人机交互，液晶屏和触摸屏要贴合在一起形成触控式显示器，贴合后的显示器效果如图5-26所示。

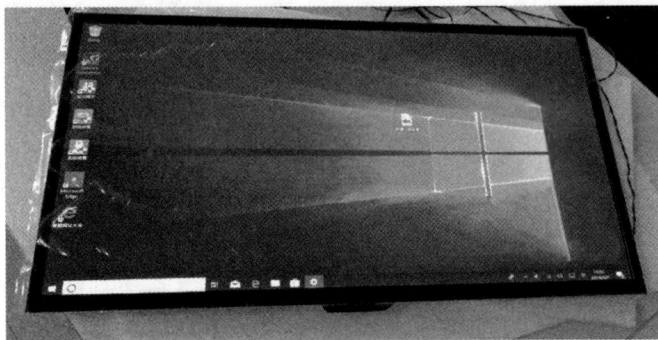

图 5-26   贴合后的显示器

5.3.3   电源模块选择

工作原理一体化模拟训练平台的电源模块为工控机、显示控制模块等的正常运行提供电源。由于数据精度高、外部干扰强，选择电源模块型号的主要要求是稳定可靠，在稳定可靠的基础上选择宽压输入范围的电源模块可以提高主机的适应性，在战时条件下就可以利用+24 V车载蓄电池为主机提供电源。

5.3.3.1 电源模块选型

工作原理一体化模拟训练平台的电源必须能够与装备车载电源兼容，且具有足够强的抗干扰能力，才能保证其正常工作。因此，在设计工作原理一体化模拟训练平台电源电路时，我们提供了两组供电方案：（1）在修理所或其他有工业电源的场所，推荐使用外接220 V 交流电源；（2）在野外或战场抢修等条件下，可以使用工作原理一体化模拟训练平台主机自身的蓄电池或车载蓄电池为主机提供电源。此处以第二种供电方式介绍电源模块实现方式。

工作原理一体化模拟训练平台采用磷酸铁锂电池（容量为 24 V/20 AH，技术指标见表 5-8）为整个系统提供电源保障，磷酸铁锂电池是一种全新的、安全性极好的便捷式蓄电池，该电池具有以下特点：

（1）循环寿命长，内阻小，比能量高；

（2）软包装，叠片式，贫液态，安全性好；

（3）防爆炸，不漏液，不发烫，耐高温；

（4）配置 BMS 电池管理系统，具有过充、过放、过流、短路等保护功能；

（5）自放电率小，无记忆；

（6）免维护，使用温度范围广，可靠性高，绿色环保无污染。

表 5-8 24 V/20 AH 磷酸铁锂电池技术指标

品牌	无锡星动科技
型号	LiFePO$_4$ Battery 24 V
荷电状态	免维护蓄电池
标称容量	20 AH
标称电压	24 V
充电截止电压	29.2 V
标准充电电流	15 A
充电时间	标准充电：5.0 h
	快速充电：3.0 h
放电截止电压	24 V
工作温度	充电：0~45 ℃
	放电：−20~55 ℃
储存温度	−20~45 ℃
储存湿度	<85%
循环寿命	≥20000 次

在工作原理一体化模拟训练平台中，工控机模块所需供电电压为+19 V，液晶屏所需供电电压为+3.3 V 和+12 V，触摸屏所需供电电压为+5 V，因此系统锂电池需通过电源模块输出+19 V、+12 V、+5 V、+3.3 V 直流电为工作原理一体化模拟训练平台提供电源。此外，该电源可以直接代替装备底盘车蓄电池，为上装架设系统提供+24 V 电压，用于排除电源系统故障或者在战时紧急情况下代替底盘车电源控制架设作业。磷酸铁锂电池配备

专门 POWERSTAR 充电器，该充电器具有以下特点：（1）工作效率高，自动风扇控制，充电结束，停止风扇，发热量低，整机效率高，从而大大降低故障率；（2）采用进口单片电路、集成电路与进口大功率场效应管等上等电子元件，性能稳定可靠，智能恒流恒压（CC/CV）充电控制方法，使电池既能充满，又不过充，能最大限度延长电池寿命。

5.3.3.2 电源模块实现

根据前述对工控机的选型可知，工控机主板上集成了 3 个 USB 2.0 和 2 个 USB 3.0，该 USB 接口均能输出+12 V、+5 V、+3.3 V 电压，因此工作原理一体化模拟训练平台的电源模块只需输出+19 V 电压供工控机工作使用即可，为此该电源模块选用了 25 A 的 DC-DC 24 V转 19 V 直流电源降压转换器，如图 5-27 所示，其技术指标见表 5-9。该转换器工作效率高，内置式自动控制风扇，发热量低，整机效率高，从而大大降低故障率。

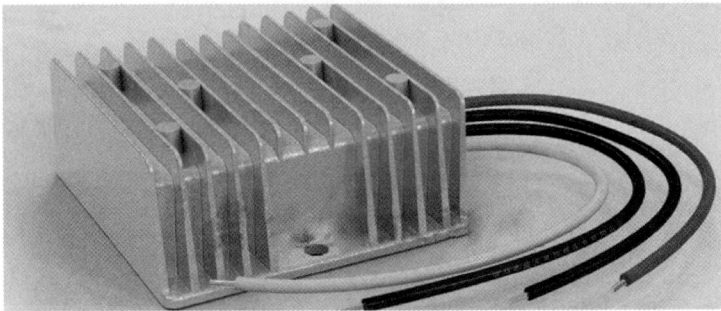

图 5-27　电源模块实物图

表 5-9　直流电源降压稳压器技术参数

序号	指标	指标值
1	型号	BP 24 V 转 19 V 25 A
2	输入电压	DC 24 V（22~40）
3	输出电压	DC 19 V±0.25 V
4	输入保险丝	15 A×2
5	输出电压	+24 V
6	工作温度	−10~65 ℃
7	冷却方式	自然冷却
8	外形尺寸	210 mm×110 mm×77 mm

通过设置的电源开关按钮，启动电源模块；工作原理一体化模拟训练平台自带锂电池输出的+24 V 直流电通过 25 A 的 DC-DC 24 V 转 19 V 直流电源降压转换器转换为+19 V 直流电，为工控机稳定工作提供电源，工控机工作后输出+12 V、+5 V、+3.3 V 直流电为液晶屏、触摸屏、数据采集与处理模块供电。

5.3.4 数据采集模块设计与实现

5.3.4.1 STM32 单片机及其外围电路设计

工作原理一体化模拟训练平台采用 7 个开关作为模拟故障设置开关，分别为"开关"

"故障""确定""退出""启动""备用1""备用2"，该类信号均为开关信号；同时采用6个外接接口控制工控机的运行与控制功能的实现，分别为"电源充电接口""网络端口"和4个通用USB端口。通过以上分析可知，数据采集模块需要采集与传输的数据通道数较少，但考虑到装备工作现场复杂的干扰信号和恶劣的操作环境，单片机必须选取可靠性强、稳定性高的芯片，根据系统总体设计需求，兼顾系统联动连接单元设计与实现，工作原理一体化模拟训练平台数据采集模块采用STM32单片机对各信号进行数据采集和传输。

在数据采集模块中，STM32器件作为数据传输模块的核心，主要负责工作原理一体化模拟训练平台各种控制信号的采集与传输功能。考虑到重型机械化桥工作现场的复杂的干扰信号和恶劣的操作环境，STM32器件必须选用可靠性强、稳定度高的芯片。根据系统总体设计要求，数据采集模块拟选用STMicroelectronics公司生产的STM32F0系列的STM32F030K6T6芯片实现数据采集与传输任务，该芯片为LQFP封装形式，其引脚配置如图5-28所示。

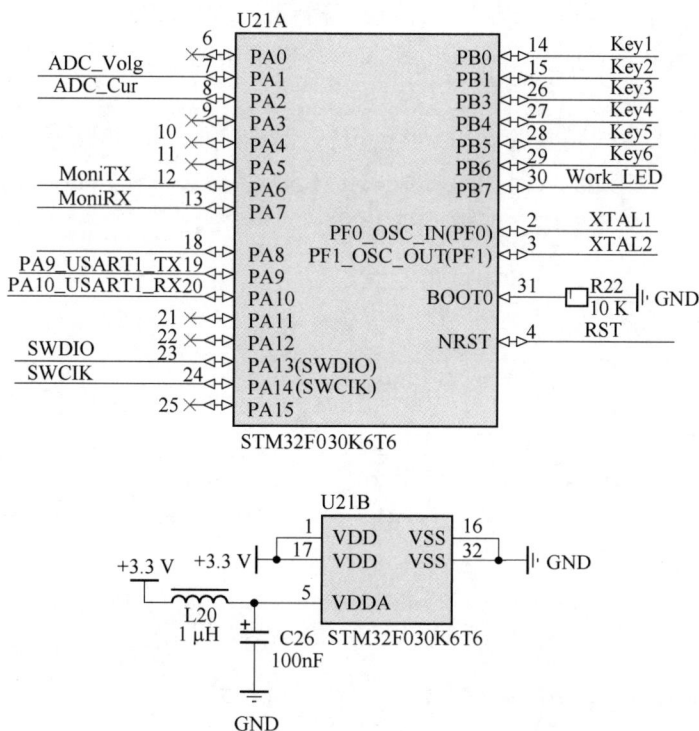

图 5-28   STM32F030K6T6 芯片引脚配置

该单片机的系统时钟电路原理图如图5-29所示。

5.3.4.2　USB转串口电路设计

根据系统总体设计可知，联动连接单元与工控机之间需进行控制信号的传输，为了提高系统的稳定性，本系统联动连接单元的设计同样采用STM32系列单片机，通过工控机的选型可知，工控机主板预留了5个USB接口与外围部件进行数据的通信，但未有串口通信接口，因此为了实现联动连接单元与工控机之间信息的传输，数据采集模块需对联动连接单元的信号进行转接后上传工控机。

STM32F030 单片机具有丰富的串行通信接口，包括两个 UART 串行通信接口、一个支持 SMBus/PMBus 的 I²C 接口和一个 SPI 接口。其中 UART 串行通信接口能同时对数据进行串行发送和接收，即它是全双工的串行通信接口，而且它既可以作 UART 使用，也可以作同步移位寄存器使用。应用 UART 串行通信接口可以实现 STM32F103 单片机系统之间点对点的单机通信、多机通信及 STM32F103 与系统机的单机或多机通信。

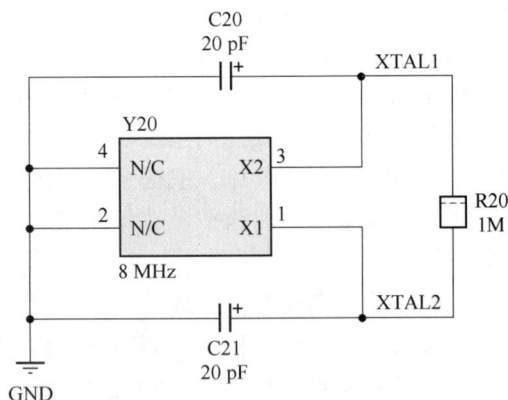

图 5-29　系统时钟电路原理图

FT232RL 为接口转换芯片，可以实现 USB 到串行 UART 接口的转换，也可以转换到同步、异步 Bit-Bang 接口模式。

联动连接单元与工控机进行信息的传输，需经过 STM32F030 单片机进行转接，因此需要设计 USB 输出电路、USB 转串口电路和单片机输出电路。

A　USB 通信电路设计

工控机与数据采集模块通过 USB 进行，其电路设计如图 5-30 所示。在 USB 输出端串联 22 Ω 电阻，以增加阻抗匹配。同时加入了 ESD 保护芯片 USBLC6，其主要用来吸收 USB 热插拔时产生的高压静电，保护 USB 设备。

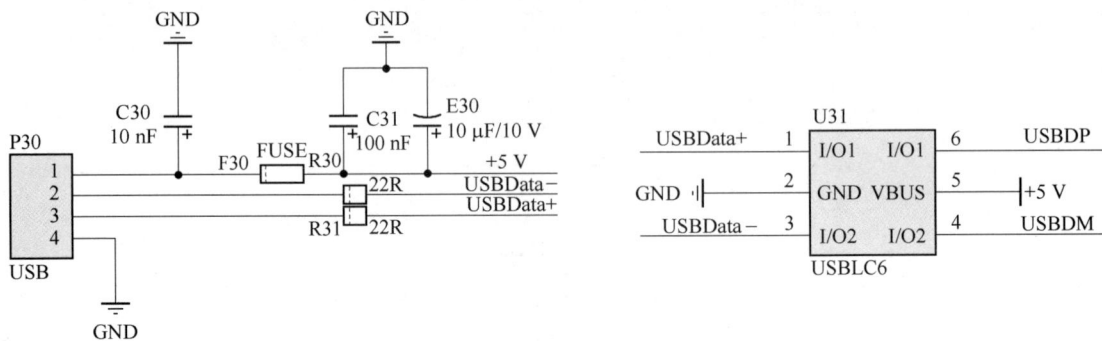

图 5-30　USB 通信电路设计图

B　USB 转串口电路设计

经 USB 接口输出的信号需经过转换后才能被 STM32F030 单片机识别，本部分设计的电路如图 5-31 所示，此处采用了 FT232RL 转换芯片。在电路中信号传输路径上串联 22 Ω 电阻，用来保护处理器 I/O 口，同时添加了 2 个 LED，用来测试数据通信功能。

C　传输电路设计

工控机与联动连接单元信号的传输为双向传输，且均需经 STM32F030 单片机处理作为信号的转接，亦即联动连接单元与 STM32F030 单片机之间为双向传输，且为异步传输，因此需设计两条数据总线之间的通信电路，如图 5-32 所示。此处采用了单比特同向总线收发器 SN74LVC1T45 芯片，该芯片的 A 端口跟踪 VCCA，B 端口追踪 VCCB。由于工控机

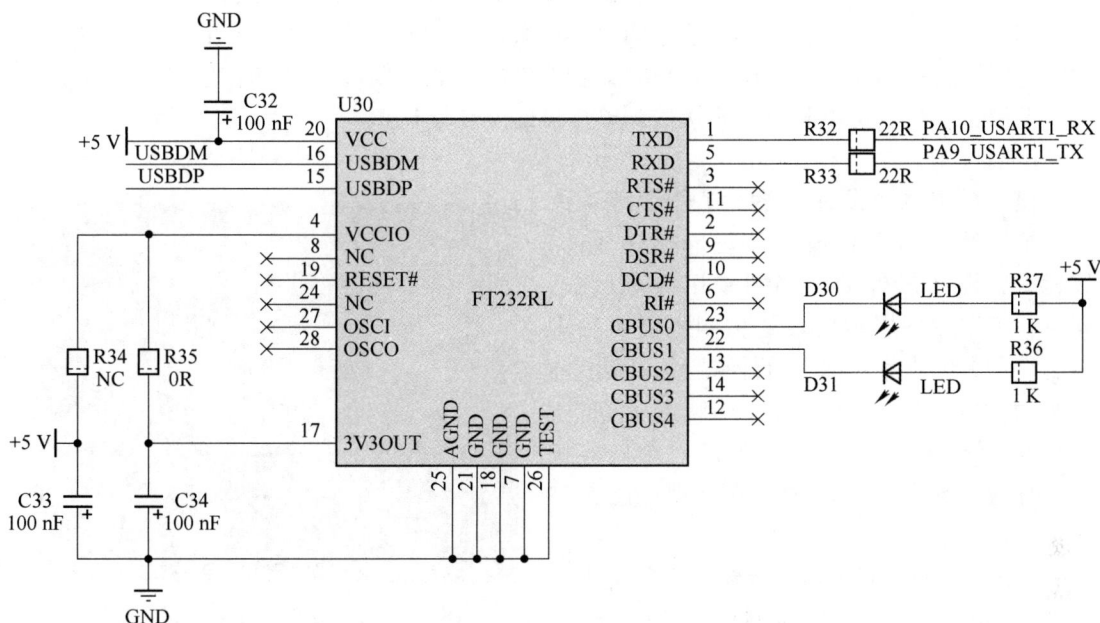

图 5-31 USB 转串口电路设计原理图

输出电压为+5 V，单片机输出电压为+3.3 V，若 A 端口追踪到 VCCA 端口输入+5 V 电压，说明工控机向联动连接单元发送指令，此时数据由 A 端口输出；若 B 端口追踪到 VCCB 端口输入+3.3 V 电压，说明联动连接单元向工控机发送数据，此时数据由 B 端口输出。以保证通过+5 V 和+3.3 V 的输入电平激活 A 端口输出或 B 端口输出。SN74LVC1T45 芯片见表 5-10。

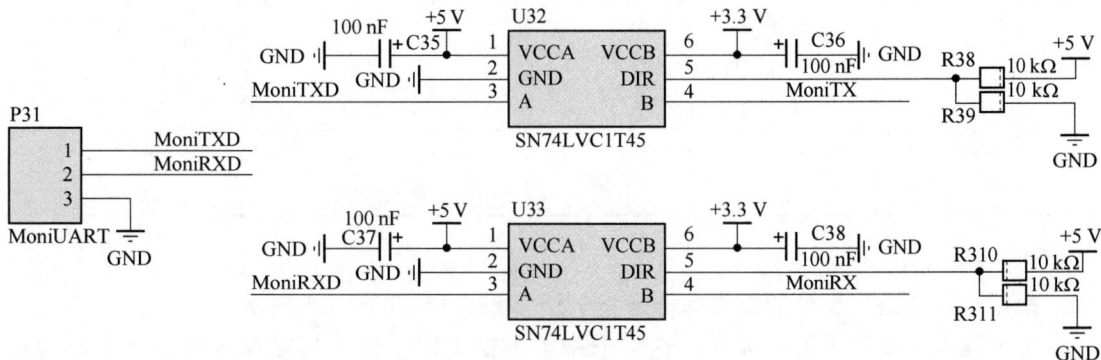

图 5-32 单片机传输电路设计原理图

5.3.4.3 按键数据采集电路

在工作原理一体化模拟训练平台的设计要求下，通过设置按键控制原理展示软件的运行、停止与启动，也通过按键实现维修训练系统的故障设置功能。

A 设计思路

为了实现工作原理一体化模拟训练平台的有效控制，本系统设置了 6 个按键，分别实现运行、停止、复位、启动、备用 1 和备用 2 功能。按键可以采用中断的方法识别，也可以采用查询的方法来识别。按键信号均为开关量信号，根据电源电路设计可知，分配给按键的电压均为+5 V 电压，与 STM32F030K6T6 单片机 I/O 端口可识别电压值吻合，因此可将按键信号经过上拉电阻将其直接接到单片机的 I/O 端口上。

B　按键选择

根据系统总体设计方案，工作原理一体化模拟训练平台上集成故障设置模块软件，故障设置模块软件的控制拟采用按键形式，同时，工作原理展示模块的控制也需要按键控制。考虑到本系统使用的便捷性、稳定性及实用性等，同时兼顾系统外观的美观性，本系统按键均采用 HKS22F 型工业级标准按钮，分为自锁和复位两种，其外观如图 5-33 所示。

HKS22F 型工业级标准按钮由于其美观的外观、坚固的外形、良好的性能而被广泛地应用于微控制器设计电路中，其技术指标见表 5-10。

图 5-33　HKS22F 型工业级标准按钮

表 5-10　HKS22F 型工业级标准按钮技术参数

产品型号	HKS22F-11L/Book	安装尺寸	22 mm
动作形式	复位/自锁	温度范围	−25~80 ℃
触电组合	1 开 1 闭	操作压力	3~5 N
接线方式	焊线/插片端子/连接插座	外壳材质	不锈钢
额定容量	220 V/3 A；12 V/5 A；24 V/3 A	按键材质	PC
发光形式	汉字/符号/图案	内动触点	银合金
灯珠颜色	红/黄/蓝/绿/白	基座材质	尼龙 PA66
LED 灯电压	5 V/12 V/24 V/220 V	螺帽材质	铜镀镍
防爆等级	IK08	机械寿命	100 万次
防护等级	IP65	电气寿命	10 万次

C　电路设计

根据设计思路，设计的按键数据采集电路如图 5-34 和图 5-35 所示。

为了提高按键按下的可靠性，这里采用了上拉电阻，包装按键没有按下电平是稳定的，使用 100 nF 电容吸收按键按下的噪声。

5.3.4.4　数据采集模块硬件实现

在 Altium Designer winter09 平台上通过绘制数据采集模块硬件原理图制作了数据采集模块印制电路板，通过对电子市场的调研采购了数据采集模块所需的芯片及元器件，最后在印制电路板上焊接元器件完成了数据采集模块硬件的实现。经过反复调试，数据采集模块硬件满足工作原理一体化模拟训练平台要求，数据采集模块印制电路板实物图如图 5-36 所示。

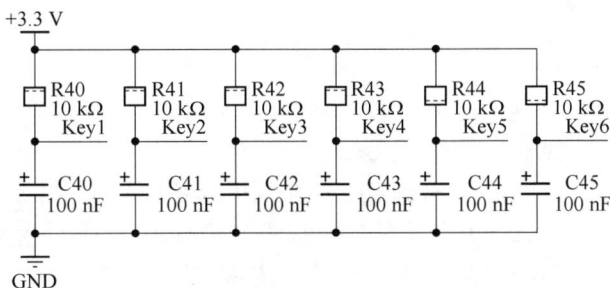

图 5-34 控制按键滤波电路设计原理

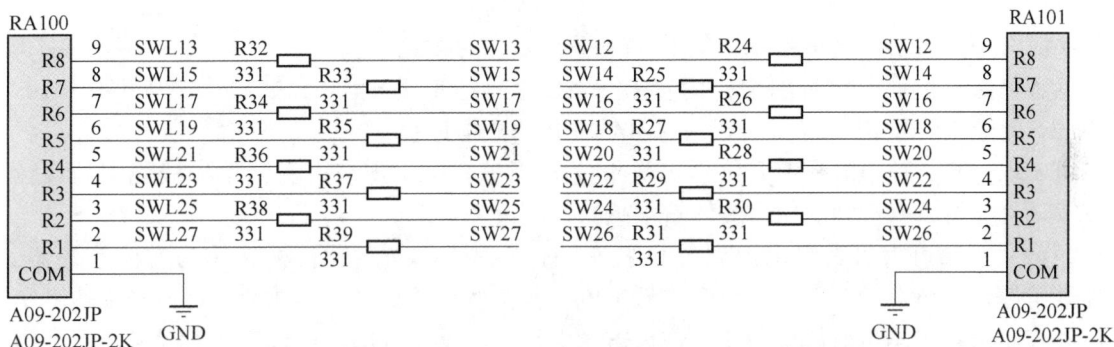

图 5-35 故障按键电路

图 5-36 数据采集模块印制电路板实物图

5.3.4.5 数据采集模块软件设计与实现

信号采集模块功能设计是根据按键输入来模拟故障灯功能的,通过串口信号输出,传递给工控机。系统电源电压采集上传,确认按键,退出,B1、B2 按键,故障按键。软件设计流程图如图 5-37 所示。

5.3.5　原理展示模块设计与实现

5.3.5.1　软件开发平台

本小节中的原理展示模块、故障诊断辅助指导模块、故障设置模块和故障再现模块均采用 Unity 引擎设计与开发，Unity 是一款用于在多个平台创建三维交互式仿真系统的引擎。该引擎可为武器系统仿真系统建设提供三维环境仿真、武器装备仿真、弹道仿真和毁伤仿真等基础支撑。Unity 平台具有以下优势。

（1）Unity 集成了五大子引擎。渲染引擎，内置 OpenGL 和 DirectX 渲染引擎，可对三维态势和战场环境进行实时渲染和显示；网络引擎，能够实现平台采集的数据的远程存储和读取。声音引擎，内置 OpenAL 库，可实现战场音效效果；物理引擎，内置 NVIDIA 的 PhysX 物理引擎可实现仿真过程中的弹道和毁伤等效果。AI 引擎，可实现红军和蓝军作战规则的编辑及驱动，支持基于规则的仿真实体自主感知、决策和行动。

图 5-37　软件设计流程图

（2）引擎可为仿真应用提供公共服务。平台提供的仿真运行框架作为实体管理器，加载组件化的仿真模型，根据想定文件生成仿真实体，维护仿真实体池，提供查询仿真实体和存储仿真实体当前数据功能；作为仿真引擎，设置仿真周期，调度仿真模型运行，传输模型内部和外部应用的数据交互信息，提供暂停、继续、退出等运行控制功能；平台还可为仿真模型运行控制提供公共服务功能，如时钟服务、地形服务、通信服务、毁伤判定服务等。

（3）引擎可定义完整的仿真数据体系。引擎可定义目标、武器装备等实体分类及各自的数据结构；设计地理环境、气候环境等作战环境数据结构；确定各类实体之间及实体与环境之间的交互效应数据结构；建立由作战实体数据、作战环境数据、作战想定数据、仿真过程数据、仿真结果数据和分析评估数据等构成仿真数据体系。

（4）引擎具有完整的仿真应用功能体系。引擎可实现对作战环境、作战力量和作战行动等作战想定内容进行规划、设计功能；采用多智能体建模与仿真技术，构建了作战实体及其行为的三维高精度行为仿真；可实现战术训练和作战实验的导调控制功能，支持全过程的数据采集、态势回放和分析评估。引擎还具备可视化的模型管理工具。

5.3.5.2　模型资源构建

仿真模型资源是原理展示模块的核心组成部分，为整个系统运行提供仿真模型资源支撑。系统采用三维建模的方式，将装备底盘车、桥跨、桥脚及可活动部件进行三维高精度建模，采用三维渲染引擎能够直观地将其三维进行等比例呈现。该装备三维高精度模型包括三维可视化模型和与之对应的数据仿真模型。综合运用三维建模软件、贴图绘制软件构建三维模型，制作过程按照可视化模型数据获取、高模制作、低模制作、贴图、功能模型制作的技术流程来实现，如图 5-38 所示。

（1）数据获取。通过实地拍摄、测量等方法获取装备物理几何尺寸、外观视觉效果等相关数据；通过实际拆装、测量、扫描等方法获取装备上装各部件物理几何尺寸、外观

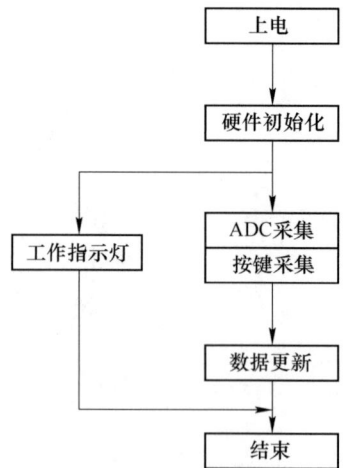

视觉效果、内部零件组成、装配关系效果、位置关系效果、运动关系
效果等相关数据，为三维可视化模型建立奠定基础。

（2）高模制作。高模是指点线面数量较多、细节更丰富的数字模
型，分辨率通常为 1902×1080 dpi。装备高模的制作不仅能很好地表现
出实装各部组件的内外部结构，更能表现出各实装部组件的细节部分。
在此次三维模型制作中，高模为低模制作服务，通过烘焙法线贴图，
制作高逼真度仿真的重型机械化桥三维模型。

（3）低模制作。低模是通过三维软件对高模进行减面而构建的低
面数的多边形模型，分辨率通常为 800×600 dpi。通过低模的制作，本
系统制作的三维模型能很好地概括出重型机械化桥实装的结构，应用
贴图来达到或接近于高模平滑细腻程度的效果。

（4）贴图。贴图包括贴图烘焙、漫反射贴图、法线贴图、高光贴
图、环境阻塞贴图、UV 贴图等。

```
┌──────────┐
│ 数据获取 │
└────┬─────┘
     ↓
┌──────────┐
│ 高模制作 │
└────┬─────┘
     ↓
┌──────────┐
│ 低模制作 │
└────┬─────┘
     ↓
┌──────────┐
│   贴图   │
└────┬─────┘
     ↓
┌────────────┐
│ 功能模型制作 │
└────────────┘
```

图 5-38　三维可视化
模型制作流程

（5）功能模型制作。在按照高模、低模、贴图的步骤，制作出与装备物理外观一致
的 LOD1 3D 模型的基础上，制作 LOD2～LOD7 和其他功能层中的 3D 模型。

根据以上制作步骤，依据装备的实际性能参数指标，构建出该装备的三维数字模型，
如图 5-39 所示。

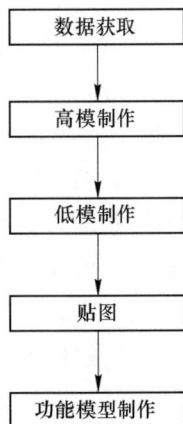

图 5-39　高逼真度仿真的装备三维模型

5.3.5.3　软件模块设计

原理展示模块主要展示装备的液压系统工作原理、电控系统工作原理、气动系统工作
原理和一体化工作原理，其中一体化工作原理是指按照装备"电控气""电控液""液控
机械"的控制方式，结合各系统工作的先后顺序，形成"机电液"一体化的原理，便于
受训者更好地理解和掌握装备的工作原理，为后续的故障诊断奠定基础。

重型机械化桥维修训练的最终目的是让受训者掌握装备的修理方法和程序，在条件允
许的情况下开展装备规范化维修。通过广泛的调研与座谈，课题组收集了 50 余种装备常
见的故障，通过对故障进行深入的分析发现，装备故障的产生大都与工作原理密切相关，
由此，笔者团队经过反复讨论提出若要掌握装备故障诊断、装备修理技术，必须先掌握装
备的结构与原理，而且新一代陆军军事训练大纲明确规定重型机械化桥使用、维修保障人

员必须掌握该装备的结构与工作原理。

目前，不管院校教学还是训练机构培训，对重型机械化桥工作原理的教学训练大都停留在二维静态原理图的方式上，该方式不能与实装有效结合，存在着"液压原理与电控原理分离""静态原理与动态原理分离""二维原理与三维原理分离"等弊端，不能形成一体化的系统原理、控制原理。加之，重型机械化桥维修训练人员大都学历较低，对液压和电控基础知识大都较为薄弱。综合以上两点，重型机械化桥维修训练人员对装备原理的理解困难较大。笔者团队经过多次实验，反复比较，充分吸取目前先进教学手段的经验，最终决定通过三维建模方法，以二维静态原理、二维动态原理和三维动态原理相结合的方式，采用数据采集、传输、控制的形式，设计原理展示模块，以实现二维与三维原理的联动，使受训者从基础底层掌握重型机械化桥的工作原理。

A　原理展示方式设计

为使受训者能够掌握重型机械化桥工作原理，原理展示模块采用分类展示和一体化原理展示两种方式。

a　分类展示

分类展示是指对装备工作原理按照液压原理、电控原理和气动原理进行分类展示，该方式主要以分屏、切页的方式进行展示，展示的内容主要包括装备液压及气动系统原理图、装备电控系统原理图、装备实装液压系统回路三维原理、装备实装三维电控系统电控三维原理、装备三维实装气动系统气路原理等。

（1）液压系统分类展示。液压系统分类展示主要依据装备液压及气动系统原理图（见图5-40）和装备液压回路实装走向（见图5-41），结合实际操作动作，以此展示主钢索绞盘供油回路、桥车供油回路、稳定支腿液压缸工作回路（左支腿放下、左支腿收回、右支腿放下、右支腿收回）、顶推液压缸工作回路（顶起、收回）、锁紧液压缸工作回路（放开、收回）、展桥液压缸工作回路（展开、撤收）、桥跨调整液压缸工作回路（向右、向左）、提升液压缸工作回路（提起、放下）、翘脚绞盘工作回路（正转、反转）、桥脚横向液压缸工作回路（伸出、缩回）、桥脚柱液压缸工作回路（伸出、缩回）等工作原理。

（2）电控系统分类展示。电控系统分类展示主要依据装备电控系统原理图、装备电控系统电路实际布线情况和电控系统实际电流流向，结合装备实际操作动作，以此展示执行机构运动电控原理、限位保护与报警电控原理、滤油堵塞报警电控原理、稳定支腿自动调平电控原理等原理，其中执行机构运动电控原理是与联动原理直接相关的原理，主要包括桥跨提放电控原理（大、小）、供油电控原理（桥车、桥脚）、桥跨调整电控原理（向左、向右）、左支腿电控原理（提起、放下）、右支腿电控原理（提起、放下）、桥跨伸展电控原理（展开、缩回）、主钢索绞盘收放电控原理（放出、收回）、升降架顶推电控原理（顶起、收回）、桥跨锁钩电控原理（放松、收紧）。

（3）气动系统分类展示。

气动系统分类展示主要依据装备液压及气动系统原理图（见图5-40）和装备气路实装走向，结合实际操作动作，以此展示主钢索绞盘的控制（正转、反转）、油门大小的控制（油门小、油门大）。

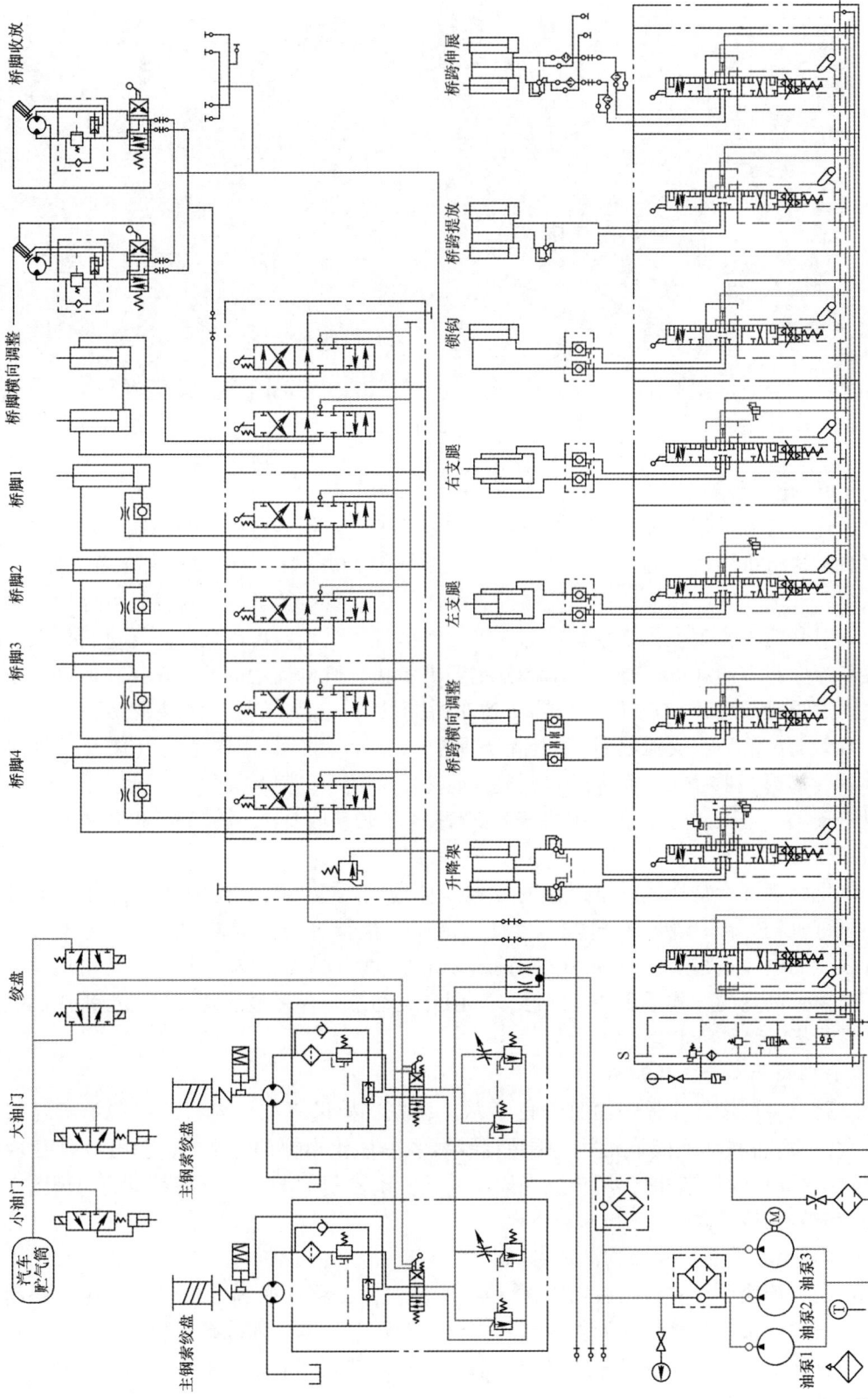

图5-40 液压系统二维原理图

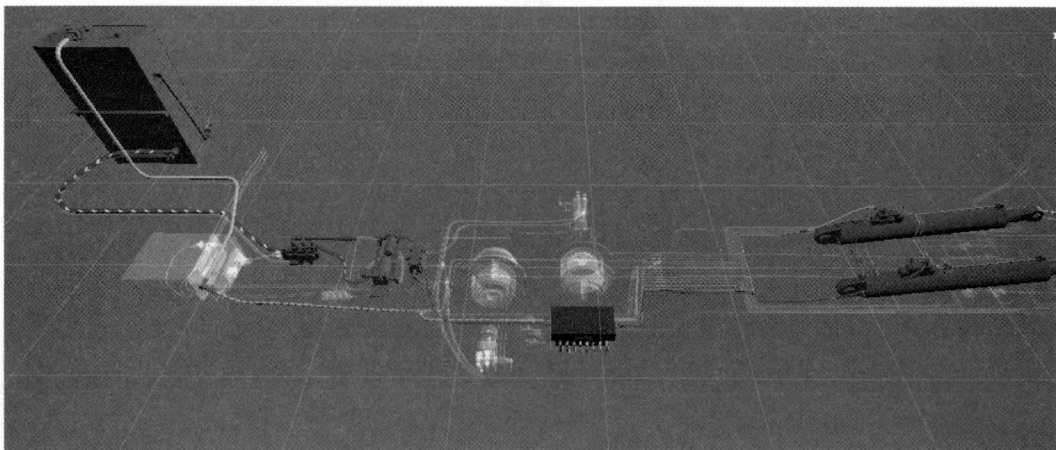

图 5-41　三维原理设计

　　b　一体化原理展示

　　一体化原理展示是指按照装备执行机构控制原理，依据装备机电液控制机理，以一定的顺序展示执行机构运动的工作原理。采用三维建模的方式，将重型机械化桥液压系统、电控系统、气动系统及相关部件、元器件、液压元件、管线等进行三维高精度建模，采用三维渲染引擎能够直观地将三维装备部件等比例呈现，受训者可以通过按钮进行放大、缩小、旋转等操作方便地进行查看。本部分主要展示执行机构运动的一体化工作原理，主要包括主钢索绞盘正反转（正转、反转）、桥车桥脚供油、稳定支腿（左支腿放下、左支腿收回、右支腿放下、右支腿收回）、升降架顶推（顶起、收回）、锁紧钩（放开、收回）、桥跨伸展（展开、收拢）、桥跨横向调整（向右、向左）、桥跨提放（提起、放下）、桥脚绞盘正反转（正转、反转）、桥脚横向调整（展开、收拢）、桥脚柱伸缩（伸出、缩回）等工作原理。

　　一体化原理展示是通过三维建模的方式立体地展示重型机械化桥的"液压→电控→液压→执行机构"或"液压→电控→气动→液压→执行机构"的控制路径，系统接收到移动操纵盒的电控信号后，根据系统内置的传输原理，在界面上动态标识出传输线路，采用线条加粗、高亮的方式显示传输线路，采用开关动态开合来显示开关状态，采用高亮的方式来显示指示灯作业状态。

　　B　原理展示典型工作流程

　　原理展示模块设计流程图如图 5-42 所示，首先将架设系统接入联动连接单元（嵌入式接口盒），再将联动连接单元另一端数据线接入一体化模拟训练平台，打开一体化模拟训练平台中的原理展示功能，用户操作架设系统发出控制信号，即可在对应的原理图中查看到控制信号的传输路径。

　　C　原理展示典型数据流向

　　原理展示模块设计的数据流向如图 5-43 所示，操作移动操纵盒，信号发送至联动连接单元。联动连接单元接收并处理信号后，分别发送至一体化训练平台和实装。一体化训练平台接收到信号后，调取相关回路的三维动画和二维原理动画。实装接收到信号后，执行相应机械动作。

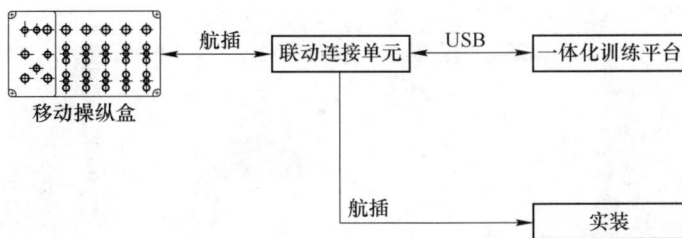

图 5-42 原理展示模块设计流程图

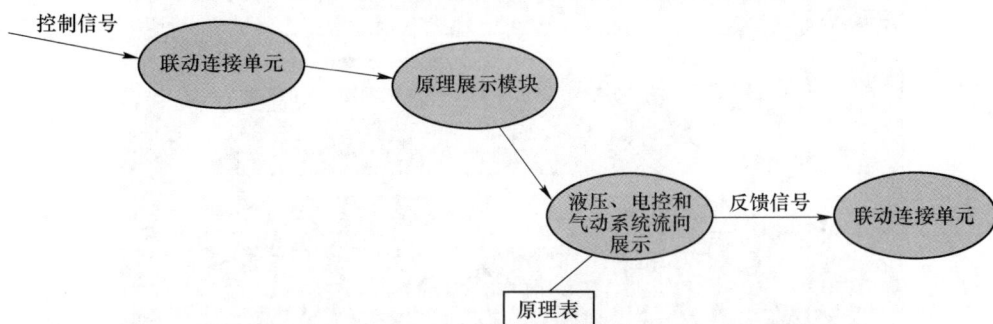

图 5-43 数据流向图

动作执行到位后，一体化学习平台反馈完成信号至联动连接单元，联动连接单元接收并处理数据后，将信号发送至移动操纵盒，移动操纵盒亮灯或蜂鸣。

5.3.6 工作原理一体化模拟训练平台实现

5.3.6.1 工作原理一体化模拟训练平台硬件实现

通过对工控机、液晶屏及触摸屏、电源模块的选型与调试，实现工作原理一体化模拟训练平台硬件的设计，工控机在启动后运行 Windows 10 系统，通过 RS232 串行总线将显示数据传输至液晶屏进行数据显示，通过 USB 总线与触摸屏进行数据交互。

在硬件选型与调试后，按照基于实装与模拟联动重型机械化桥维修训练系统总体设计要求，对工作原理一体化模拟训练平台进行封装，经笔者团队反复研究决定，采用标准航空箱对其进行加固包装，如图 5-44 所示。航空箱的边框为黑色加厚铝合金边框+9 mm 多层木板，外置铝合金拉杆，4 个中号万向轮，蝴蝶锁，金属板，防撞角，橡胶腿；航空箱内部是 5 mm 厚度 EVA 泡沫板，作为缓冲；使用铝型材作支持骨架，5 mm 电木板作为面板，固定。

5.3.6.2 工作原理一体化模拟训练平台软件设计与实现

由系统软件总体结构设计，工作原理一体化模拟训练平台软件由系统中心调度模块（工控机模块）、原理展示模块、数据采集模块、人机交互模块、故障设置模块、故障诊断辅助指导模块等组成模块化结构体系，故障设置数量、诊断辅助指导及知识数据库可根据具体需求进行补充、增添相应的元素，完善控制计算机软件的诊断、维修和指导性能，该软件具有层次清晰、移植性好、开放性强的特点。

图 5-44　工作原理一体化模拟训练平台

依据系统软硬件总体设计及使用要求，所开发的工作原理一体化模拟训练平台软件应具有人机交互、原理展示、故障设置选择、故障诊断辅助指导、故障再现展示及数据采集等功能。

（1）人机交互功能：用于选择训练内容，查看重型机械化桥二维动态原理、三维动态原理，选择故障类型，浏览故障现象，辅助指导故障诊断程序和方法等。

（2）原理展示功能：用于展示重型机械化桥整体结构、静态二维液压与气动系统原理、静态二维电控系统原理、动态三维液压与气动系统工作原理、动态三维电控系统工作原理、动态机电液气一体化工作原理。

（3）故障设置选择功能：能够依托重型机械化桥工作原理设置电控系统故障、液压系统故障和一体化工作原理故障，受训者能够进行故障设置选择。

（4）故障诊断辅助指导功能：即可视化维修指导功能，能够根据选择的故障设置，对该故障诊断的程序、方法和注意事项按照规范的程序进行指导。

（5）故障再现展示功能：根据选择的故障设置类型，能通过按钮跳转至故障再现模块，能够演示该故障出现时装备的实际现象。

（6）数据采集功能：根据受训者的实际需求，采集重型机械化桥架设与撤收的各个控制信号，同时驱动上述各模块功能实现。

按照前面确定的软件结构，用 Labwindows/CVI 程序语言开发环境编制了工作原理一体化模拟训练平台软件。软件运行后的界面分为四类：入口界面、原理一体化展示界面、故障设置界面、虚拟故障再现界面和故障可视化维修指导界面。

（1）入口界面。

启动工作原理一体化模拟训练平台软件，便进入软件入口界面，入口界面如图 5-45 所示。

入口界面由 5 个控件组成，分别为"原理一体化展示""故障设置""虚拟故障再现""故障可视化维修与指导"和"退出"，4 个按键控件通过鼠标左键点击进入下一层，"退出"空间通过左键点击退出程序。

图 5-45 程序入口界面

（2）原理一体化展示界面。

原理一体化展示界面按统一格式设计，如图 5-46 所示，该界面分三个大区：原理选择区、原理操作区和原理展示区。其中原理选择区主要由 5 个控件组成，分别为液压系统、电控系统、气动系统、一体化工作原理及返回主界面等按钮；原理操作区采用下拉菜单形式，对重型机械化桥各系统电路、回路等控制不同方向的工作原理进行选择；原理展示区在界面上动态标识出所选择的传输线路，采用线条加粗、高亮的方式显示传输线路。

图 5-46 原理一体化展示界面

（3）故障设置界面。

故障设置界面如图 5-47 所示，该界面主要分为三个区：状态显示区、故障选择区和转接区，其中状态显示区主要显示当前界面及返回主界面按钮，故障选择区主要用于选择故障类型和实际故障，转接区主要用于跳转至故障再现界面，以观看故障现象。

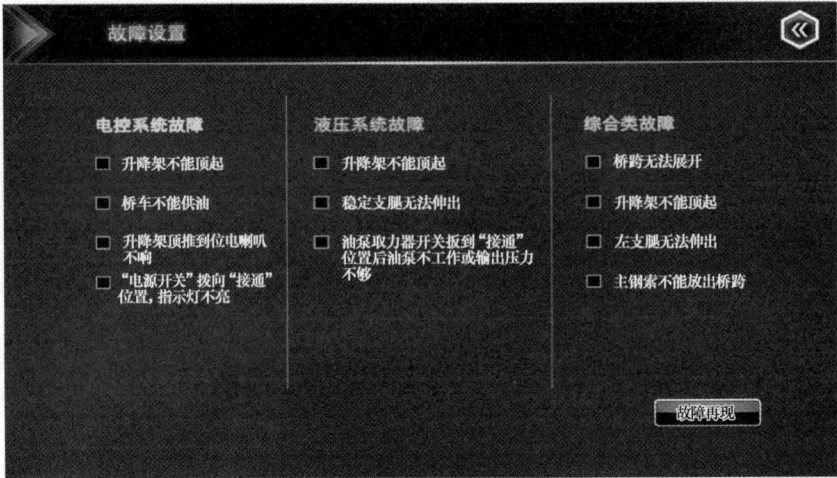

图 5-47　故障设置界面

（4）虚拟故障再现界面。

故障设置界面如图 5-48 所示，与图 5-47 主要功能相似。

图 5-48　虚拟故障再现界面

（5）故障可视化维修指导界面。

故障可视化维修指导界面如图 5-49 所示，其中状态显示区主要显示当前界面及返回主界面按钮，故障选择区主要用于选择故障类型和实际故障，转接区主要用于跳转至故障诊断辅助指导的下一界面，对故障诊断的程序按照规范的程序进行指导。

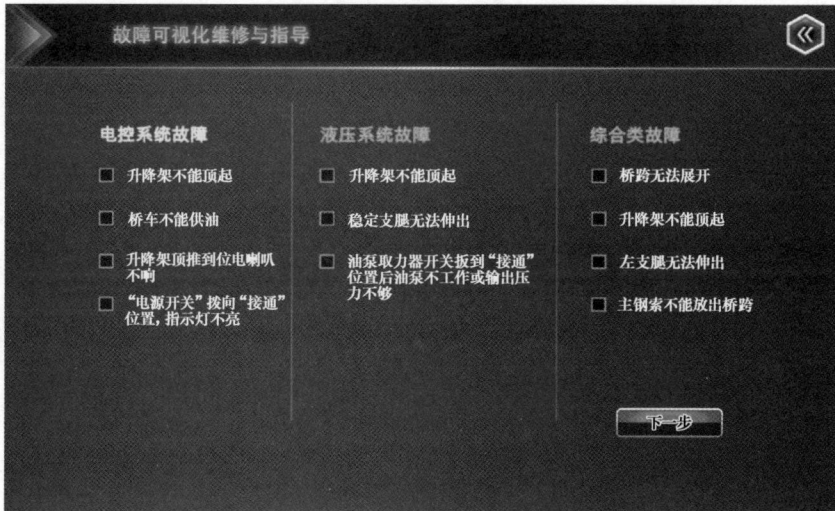

图 5-49 故障可视化维修指导界面

5.4 故障检测模块开发与实现

故障检测模块是基于实装与模拟联动的重型机械化桥维修训练系统的核心部分，该部分功能能否实现关系到系统故障诊断功能的实现。通过对装备整体结构及工作原理的分析，装备出现故障大部分是由液压系统引起的，而液压系统几乎不能实现对故障的检测，然而受训者又必须掌握对装备液压系统故障诊断的程序和方法。为此，笔者团队通过多次赴部队调研、吸取专家意见及组织召开研究方案论证会等方式，最终决定对该部分内容的展现采取三维建模的方式，主要实现装备故障可视化故障诊断辅助指导、可视化维修与指导等功能，即指导维修人员按照规范的程序和标准对重型机械化桥进行故障诊断、检测和修理。

通过对装备各类故障进行深入的分析，吸取目前先进的故障诊断方法，笔者团队创造性地提出了"基于影响度分析的重型机械化桥故障诊断方法"，通过对该方法的运用，采用三维建模的方式展现故障诊断程序，较好地实现了预期的功能。

5.4.1 故障诊断辅助指导程序设计

故障诊断辅助指导程序的设计首先需要选择合理的故障诊断的方法，而后制定故障诊断的步骤，以指导维修人员根据重型机械化桥出现的故障现象进行分析，并对可能的故障点进行检查和检测，以判断实装具体故障部位。笔者团队通过研究比较故障诊断方法发现，目前常用的故障诊断方法大都比较烦琐、工作量较大，尤其是对装备的液压系统进行故障诊断时，拆卸的工作量非常大，以至于二次故障的发生。由此，笔者团队经过多次赴部队实际修理装备，总结出了一套快速诊断装备故障的方法——影响度分析法，通过多年教学训练及装备实修，该方法已趋向于成熟，并形成了故障诊断程序。

5.4.1.1 影响度分析法

影响度分析是根据液压系统原理图，结合重型机械化桥现场作业情况，从故障现象出发，按照液压元件对液压系统的影响程度进行分析，进而快速定位故障区域，然后通过设定检修顺序，有选择、有重点、有顺序地检查故障元件的方法。具体步骤如下：

步骤 1：分元件。分元件是指对怀疑的故障元件进行分类。根据工程装备故障现象，确定与故障相关的液压回路及回路上所包含的所有液压元件，然后对元件按其对系统的影响程度进行分类，分为共性元件和个性元件。

步骤 2：找参考。找参考是指寻找参考回路。根据液压系统原理图，判明故障装备液压系统包含的全部液压回路，并对回路的结构特点进行分析，寻找参考回路。同时注意选取的参考回路应与故障回路具有同一个供油回路，且参考回路至少选择 3 个。

步骤 3：看动作。看动作是指亲自操作装备，使参考回路控制的执行机构动作，观察其动作是否正常。

步骤 4：作判断。作判断是指结合故障现象，根据步骤 3 执行机构动作情况，依据小概率故障不发生的原则，确定故障元件存在于共性元件部分还是个性元件部分，于是便确定了故障区域。

步骤 5：定顺序。定顺序是指对确定区域内的液压元件制定检修的顺序。通常需依据液压系统故障特征信息、元件使用时间、元件维修信息等指定检修顺序，制定检修顺序的原则有：从最容易产生故障的液压元件开始检修，从最容易检修的液压元件开始检修。

5.4.1.2 影响度分析法的运用

以"升降架不能顶起"故障为例介绍影响度分析法的具体应用。装备（其液压系统原理如图 5-40 所示）在架设过程中，升降架不能顶起，经初步判断该故障为液压系统故障，故障出现时未报警，根据装备维修日志该装备未曾对液压系统修理过，且液压油性能良好。

采用影响度分析法对该机械化桥液压系统进行故障诊断如下：

步骤 1：借助图纸，明确回路。由图 5-40 确定与"升降架不能顶起"现象相关的回路是供油回路和升降架顶推液压缸工作回路，回路上有液压油箱、液压泵、滤油器、多路换向阀、平衡阀、液压油缸、截止阀、回油滤油器等元件。

步骤 2：图装结合，实装查找。对照图纸，实装查找与故障现象相关的各液压元件在装备的具体位置及液压油管的布置情况。

步骤 3：元件分析，缩小范围。采用影响度分析法，对步骤 1 中确定的液压元件进行分析。

（1）分元件。回路中液压油箱、液压油泵、滤油器、多路换向阀连接块、截止阀、回油滤油器属于共性元件，多路换向阀升降架换向联、平衡阀、液压油缸属于个性元件。

（2）找参考。液压系统中其他各回路与升降架顶推液压缸工作回路具有同一个供油回路，因此其他各回路均可作为参考回路。这里选择左支腿油缸回路、右支腿油缸回路和桥跨提放油缸回路作为参考回路。

（3）看动作。通过机械化桥操纵装置或多路换向阀手柄操作参考回路的相关控制部位，使左支腿、右支腿、桥跨提升装置产生动作，而后观察其动作情况。

（4）作判断。经观察，发现机械化桥左支腿、右支腿和桥跨提升装置动作都正常，说明故障元件在个性元件范围内，即在多路换向阀升降架换向联、平衡阀、液压油缸内。

（5）定顺序。根据实装查看各液压元件的安装位置、连接关系等，发现平衡阀最容易拆卸，故先检修平衡阀；考虑到升降架顶推液压缸体积较大、重量较大等因素，故最后检修液压缸。因此，制定的检修顺序为：平衡阀→多路换向阀升降架换向联→升降架顶推液压缸。

经过检修，可能的故障点有：平衡阀主阀芯卡死、多路换向阀换向联阀芯卡死、液压缸磨损导致内泄等。

步骤4：启动装备，验证故障。对故障元件进行修理或更换，修复之后重新启动装备，验证故障现象是否消失。经实践，该机械化桥液压系统故障现象消失。

步骤5：总结经验，完善日志。故障排除之后，及时总结维修经验，并做好维修日志的记录。

5.4.1.3 基于影响度分析的故障诊断程序设计

通过工程装备液压系统的组成可知，任何工程装备液压系统主要由液压油和液压元件组成，因此液压系统出现故障归根结底是液压油或者液压元件故障。上述的影响度分析法是对液压元件进行分析。而液压油是液压系统的源头，据有关资料表明，由液压油引起的液压系统故障占75%以上，因此当确定重型机械化桥故障是由液压系统引起时，首先需检查液压油数量和质量是否满足系统需要，在确定液压油良好的情况下再采用影响度分析法分析液压元件的原因。

对液压系统液压油数量的检查主要通过液压油箱上的液位计，观察液位是否位于油箱的1/2~3/4处，若液压油低于液压油箱的1/2，则需要添加液压油；同时检查各个油管的连接处是否存在漏油现象。对液压油质量的检查主要通过"一看、二闻、三摸"的方式进行，其中"一看"是指看液压油的颜色，是否存在乳白的絮状物、黑色的沥青状物质等；"二闻"是指闻液压油的气温是否发生变化，通常情况下，液压油变质后呈酸性；"三摸"是指用手摸液压油，观察液压油内是否存在较大的颗粒杂质。

依据以上思路，以"升降架不能顶起"故障为例，制定了液压系统故障诊断程序，如图 5-50 所示。根据该思路，采用影响度分析法和分段查找法相结合的方式，制定了电控系统和综合故障诊断程序，如图 5-51 所示。

5.4.2 可视化故障诊断与指导软件设计与实现

根据工作原理一体化模拟训练平台软件设计，在一体化训练平台上依托其界面设计，通过软件调度模块进入故障可视化维修与指导软件界面，如图 5-49 所示，在该界面通过复选框控件选择故障类型下的故障现象，点击"下一步"进入故障诊断指导程序。

5.4.2.1 可视化故障诊断与指导处理流程

在可视化故障维修与指导界面通过选择具体故障，根据系统提示按步骤、注意事项选用工具设备等，受训者在装备实装上开展按步排查故障点，直至找出故障点并排除故障，本模块设计的可视化故障诊断辅助指导软件程序如图 5-52 所示。在该程序设计时，考虑装备故障现象出现时，可能的故障点较多，因此在每一个可能的故障点都设置了判断选择，并在每一个故障点给出判断的方法和程序，通过"是"与"否"的选择决定程序的走向，是转接至下一程序还是在该程序循环。

5.4.2.2 可视化故障诊断与指导软件实现

运用影响度分析法，根据设计的可视化故障诊断辅助指导程序，利用 Unity3D 引擎对可视化故障诊断辅助指导软件进行设计与开发。依托工作原理一体化模拟训练平台硬件，

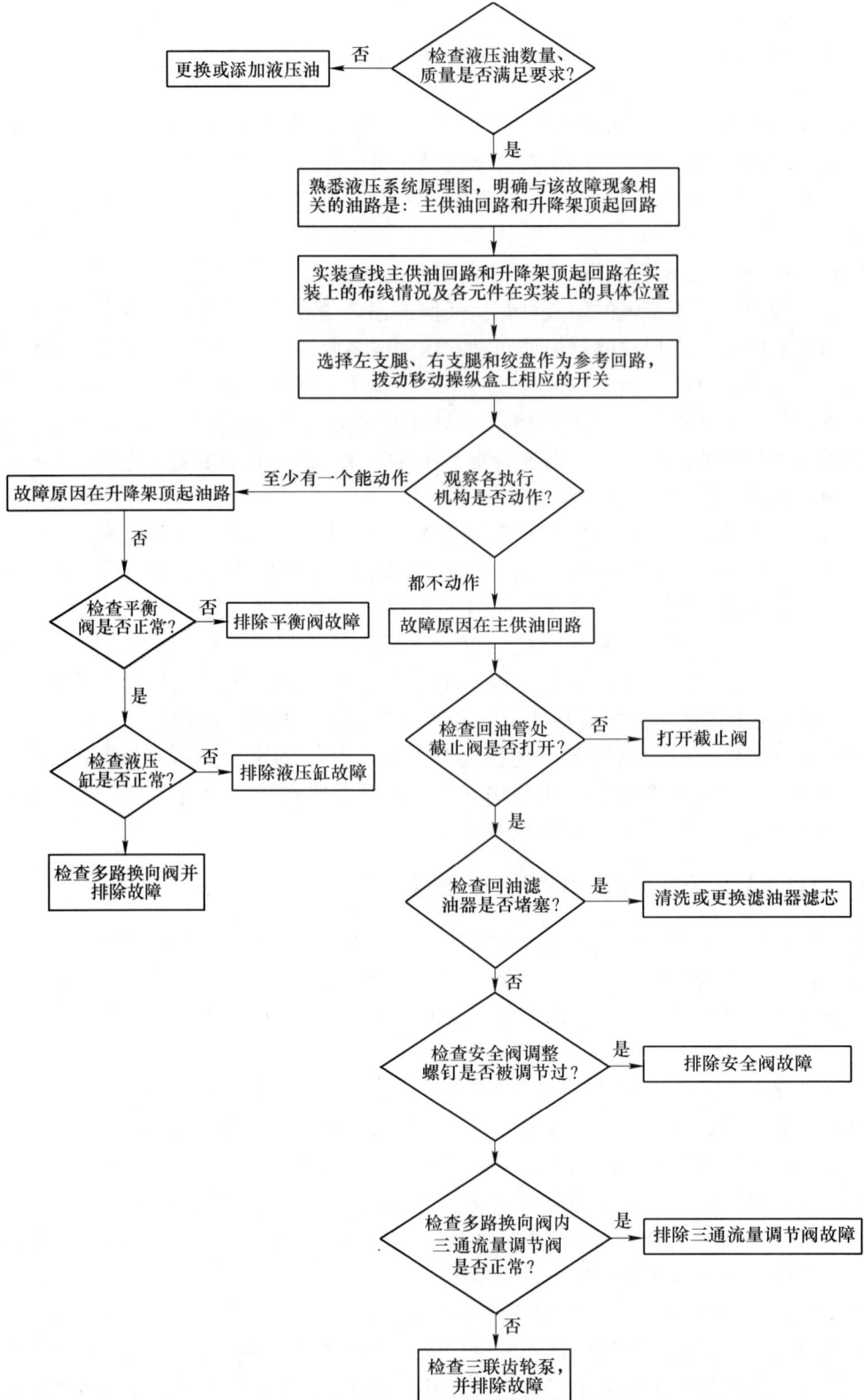

图 5-50 基于影响度分析的液压系统故障诊断程序

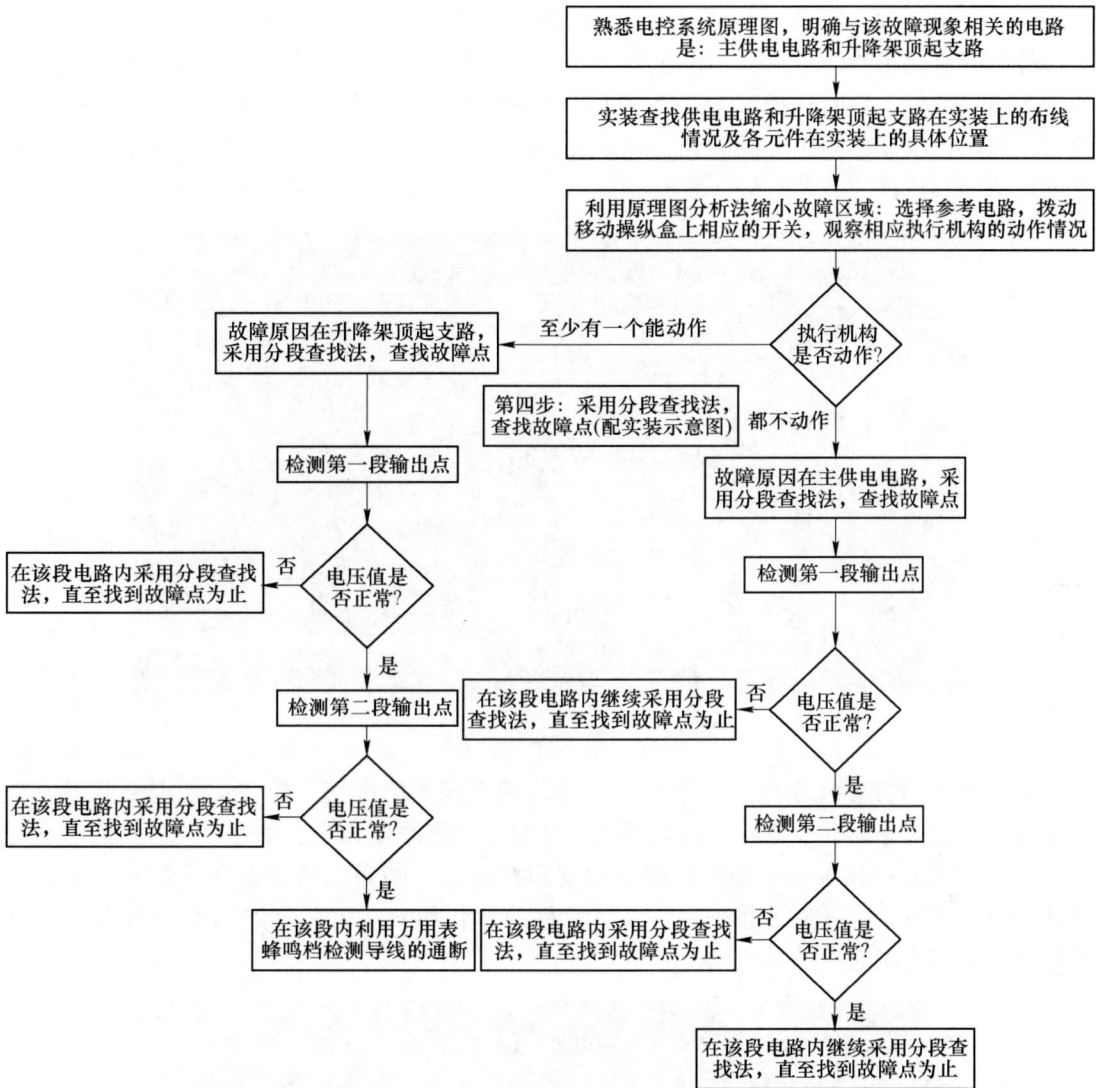

图 5-51 基于影响度分析的电控系统和综合故障诊断程序

通过对故障诊断辅助指导软件界面的设计最终实现了可视化维修与指导的功能。此处以"升降架不能顶起"电控系统故障的维修指导为例描述软件的实现形式。

首先进入故障可视化维修与指导界面，选择电控系统故障下的"升降架不能顶起"故障现象，点击下一步即进入具体故障的诊断辅助指导界面，整个故障诊断辅助指导软件采用相同的界面设计，如图 5-53 所示。该界面主要分为状态显示区、故障诊断程序区和判断选择区三个区。其中状态区主要显示当前的故障现象和返回主界面

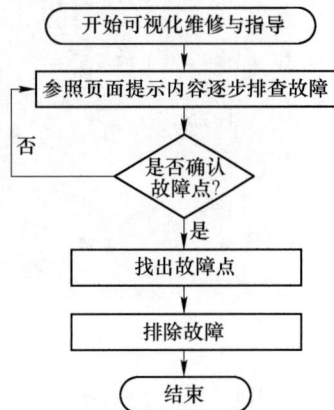

图 5-52 可视化故障诊断辅助指导软件程序

按钮；故障诊断程序区采用大屏和小屏分别显示的方式，其中大屏主要显示操作步骤、诊断指导内容和提示检测方法，小屏主要显示与故障现象相关的工作原理，辅助使用人员从原理上查找故障；判断选择区主要由 3 个选择按钮组成，分别为跳转至上一步、下一步和返回，以保证故障诊断程序的顺利完成。此处按照故障诊断辅助指导程序，重点介绍故障诊断区的内容设计。

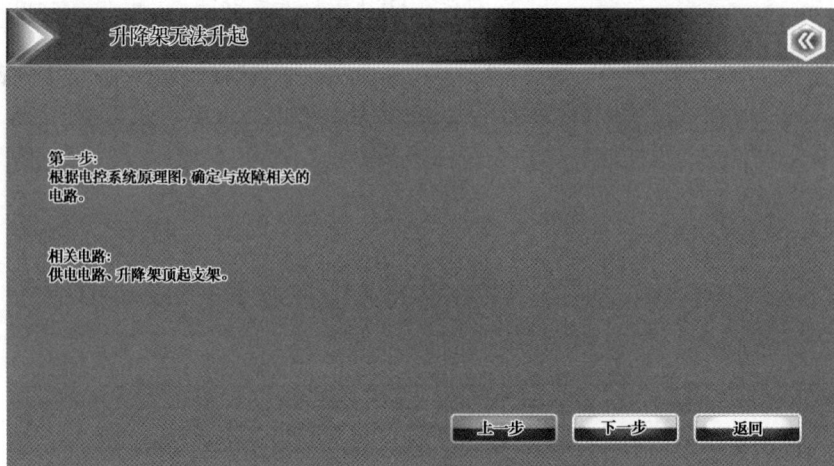

图 5-53 确定相关电路

（1）熟悉电控系统原理图，明确与该故障现象相关的电路。即主供电电路和升降架顶起支路；此时小屏显示电控系统原理图，并对该电路原理加亮、动态显示。

（2）实装查找供电电路和升降架顶起支路在实装上的布线情况及各元件在实装上的具体位置。此时，大屏显示相关元件及各元件的形状和安装位置，如图 5-54 所示，小屏显示两个电路在实装上的布线情况。

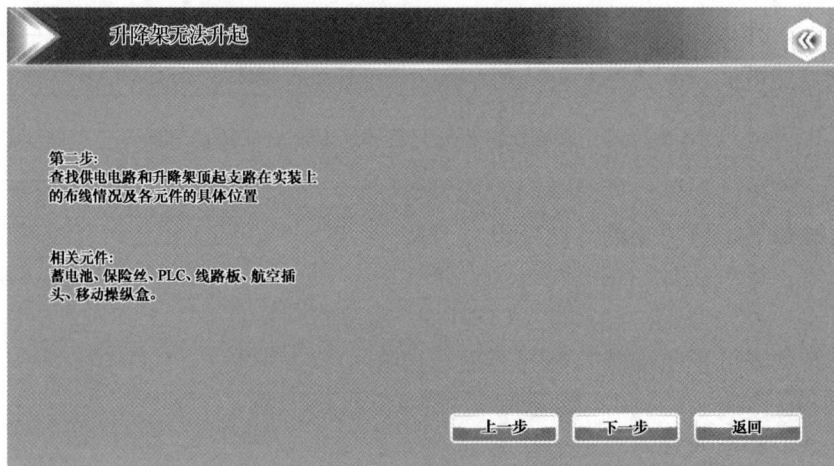

图 5-54 查找实装位置

（3）利用原理图分析法缩小故障区域。如图 5-55 所示，选择参考电路，拨动移动操纵盒上相应的开关，观察相应执行机构的动作情况。如果执行机构"都不动作"，则继续步骤（4）排查；如果执行机构"至少有一个动作"，则跳到步骤（6）排查。

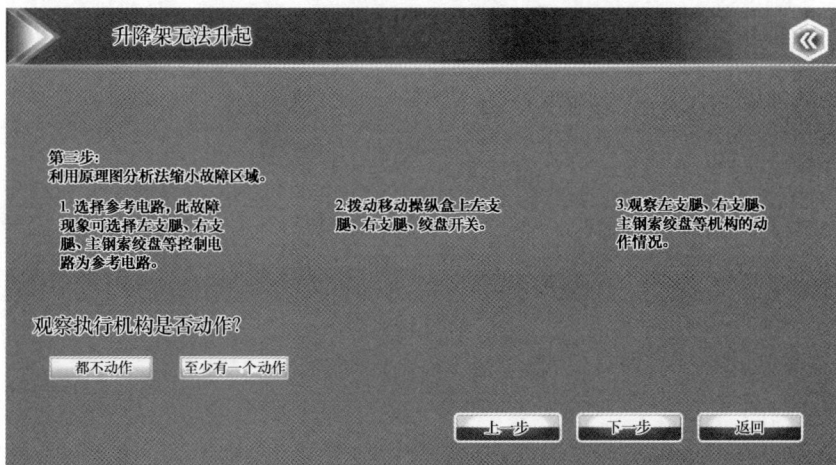

图 5-55 缩小故障区域

（4）执行机构"都不动作"。通过步骤（3）的判断，若选择该步骤，则说明故障原因在主供电电路，如图 5-56 所示。此时采用分段查找法，查找故障点，如图 5-57 所示。检测第一段输出点，观察电压值是否正常，如图 5-58 所示。如不正常，则在该段电路内继续采用分段查找法，直到找到故障点为止；如正常，则继续检测下一段输出点。执行该步骤时对每一选择都给出相应的结论，如图 5-59 所示，并最终根据检测判断结果给出可能的故障点，如图 5-60 所示，以方便维修人员进行维修。

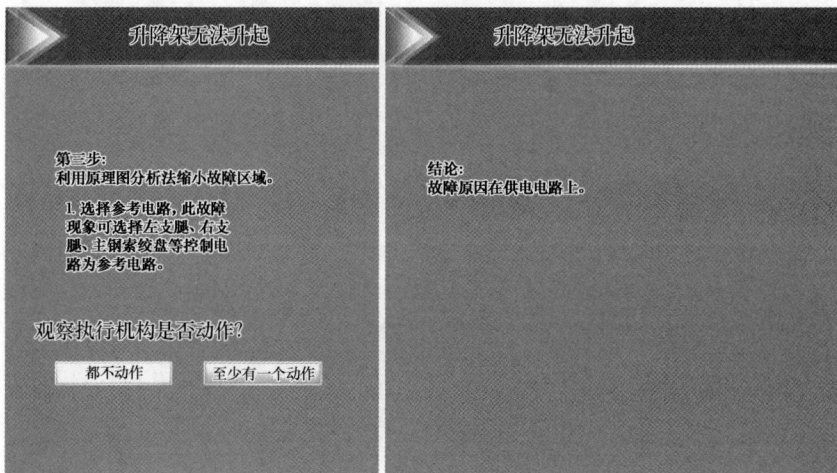

图 5-56 主供电电路故障

（5）检测第二段输出点，观察电压值是否正常。

对第二段与第三段的检测程序设计与第一段检测程序相同，不再论述。

（6）执行机构"至少有一个动作"。通过步骤（3）的判断，若选择该步骤，则说明故障原因在升降架顶起支路，如图 5-61 所示。此时采用分段查找法，查找故障点。同样，此处对升降架顶起支路的分段检测给出了分段建议，如图 5-62 所示。检测第一段输出点，第四步：
采用分段查找法，将供电电路分为三段，查找故障点。

第一段为从蓄电池至移动操纵盒电源开关（蓄电池-电源总开关-保险丝-12芯航空插头-线路板-应急操作面板内外控制选择开关-线路板-41芯航空插头-拉线盒-移动操纵盒保险丝-移动操纵盒电源开关）。

第四步：
采用分段查找法，将供电电路分为三段，查找故障点。

第二段为从移动操纵盒电源开关至PLC输出L8引脚（移动操纵盒电源开关-拉线盒-41芯航空插头-线路板-PLC输出L8引脚）。

第四步：
采用分段查找法，将供电电路分为三段，查找故障点。

第三段为从PLC输出L8引脚至移动操纵盒S9开关接线柱（PLC输出L8引脚线路板-41芯航空插头-拉线盒-移动操纵盒架桥/支腿电源选择开关-升降架开关）。

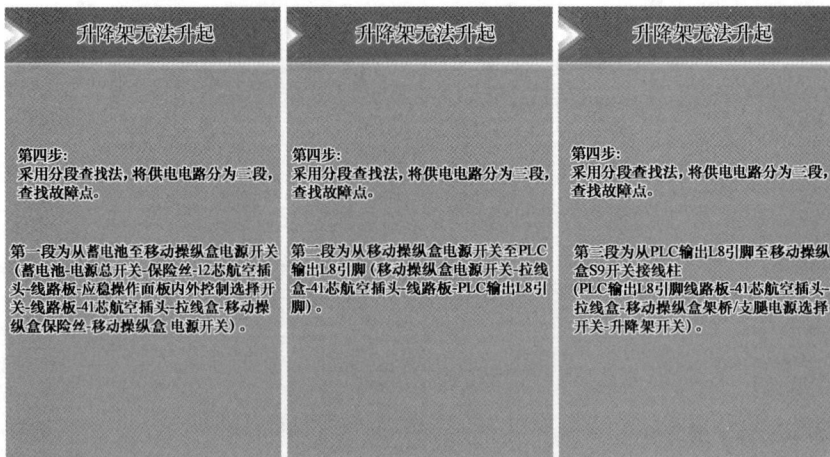

图 5-57　主供电电路分段

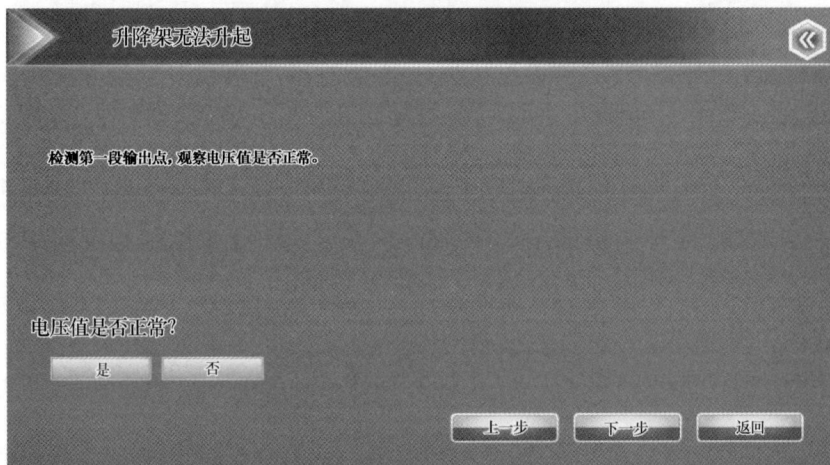

检测第一段输出点，观察电压值是否正常。

电压值是否正常？

是　　　否

上一步　　下一步　　返回

图 5-58　主供电电路-第一段电压值判断

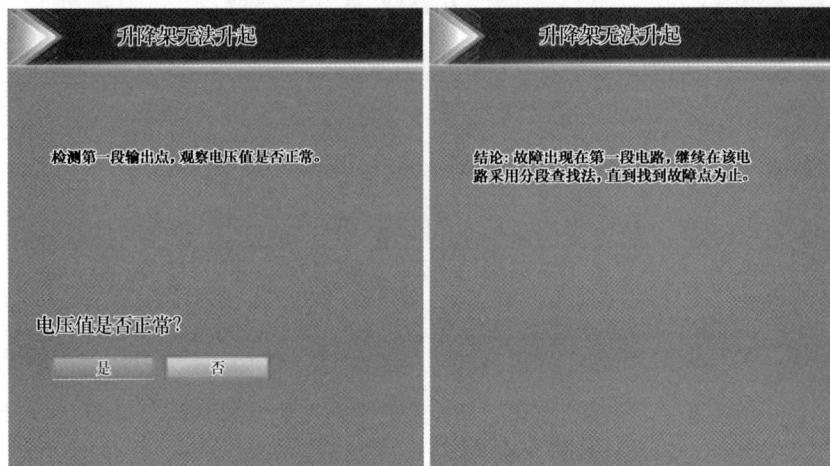

检测第一段输出点，观察电压值是否正常。

电压值是否正常？

是　　　否

结论：故障出现在第一段电路，继续在该电路采用分段查找法，直到找到故障点为止。

图 5-59　主供电电路-确定第一段电路故障

图 5-60　主供电电路-第一段电路故障点

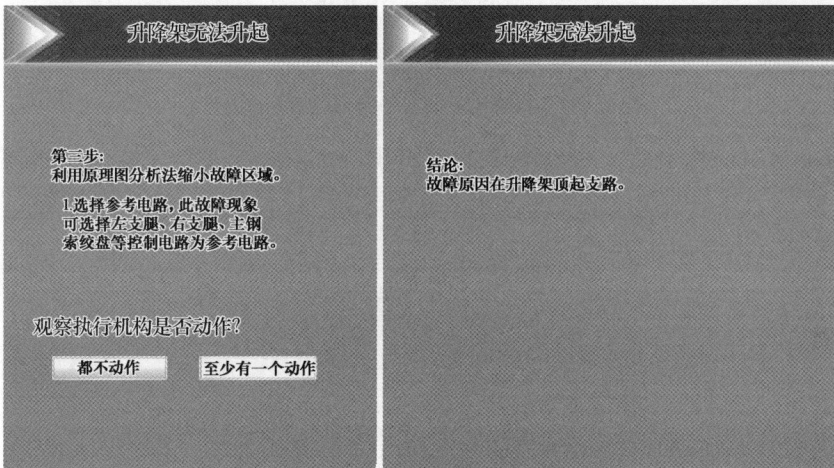

图 5-61　升降架顶起支路电路故障

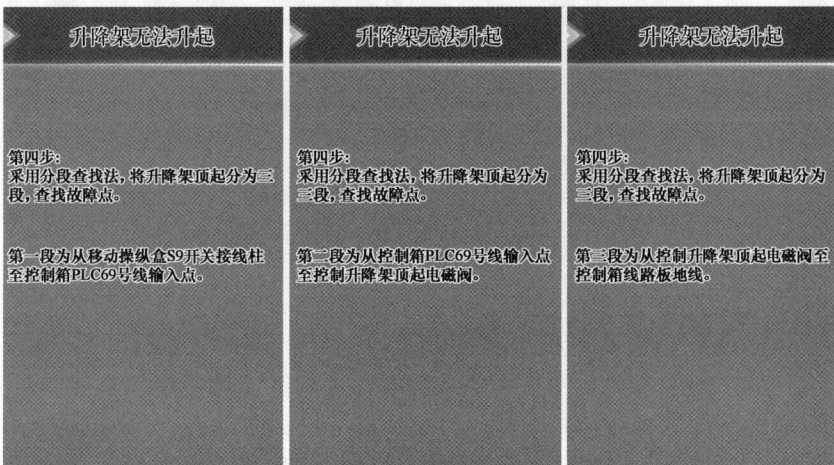

图 5-62　升降架顶起支路电路-分段

观察电压值是否正常，如不正常，则在该段电路内采用分段查找法，直到找到故障点为止，如图 5-63 所示；如正常，则继续检测下一段输出点。最终通过分段查找法的运用，系统提供了可能的故障点，并提供了修理的建议，如图 5-64 所示。

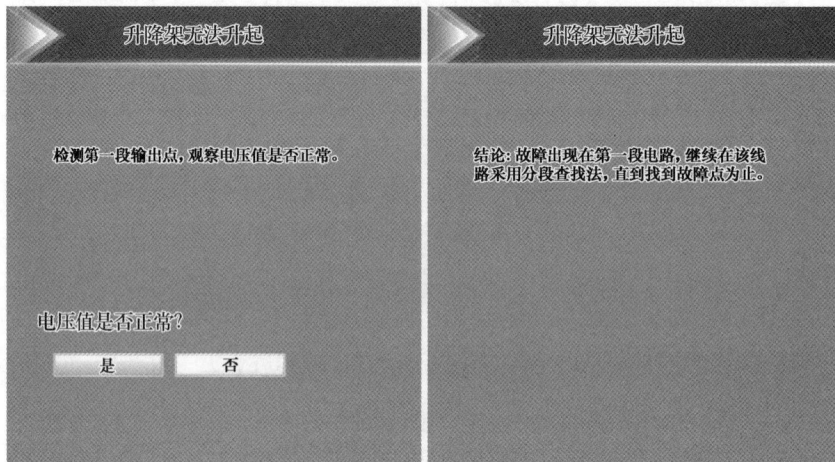

图 5-63　升降架顶起支路电路-判断及结论

（7）检测第二段输出点，观察电压值是否正常。如不正常，则在该段电路内采用分段查找法，直到找到故障点为止；如正常，则在第三段内利用万用表蜂鸣档检测导线的通断，直至找到故障点为止，如图 5-64~图 5-69 所示。

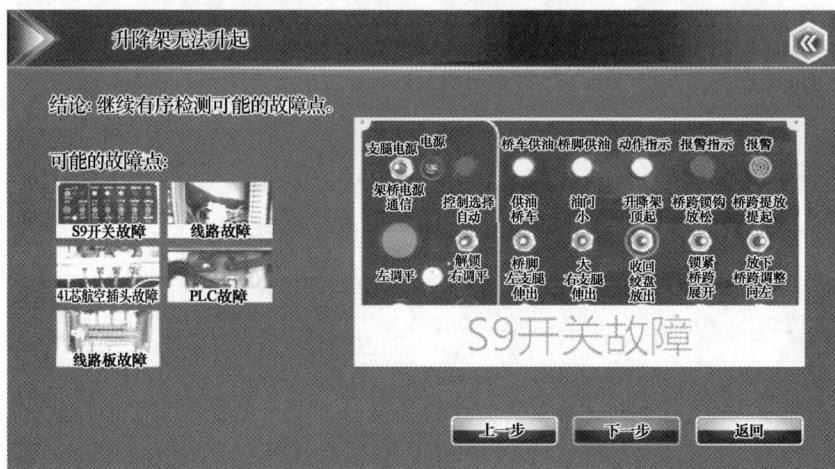

图 5-64　升降架顶起支路电路-第一段电路故障点

5.4.3　可视化维修指导软件设计与实现

系统采用三维建模的方式，针对装备重点部件进行结构化建模，直观介绍部件的构造和原理，动态展示部件拆卸和组装步骤，该模块嵌入在故障可视化维修与指导模块内。通过该模块的训练，受训者可以对装备重点部件进行拆卸和组装修理训练，掌握重点部件的结构和原理，以便于在故障排除过程中快速找到故障点。

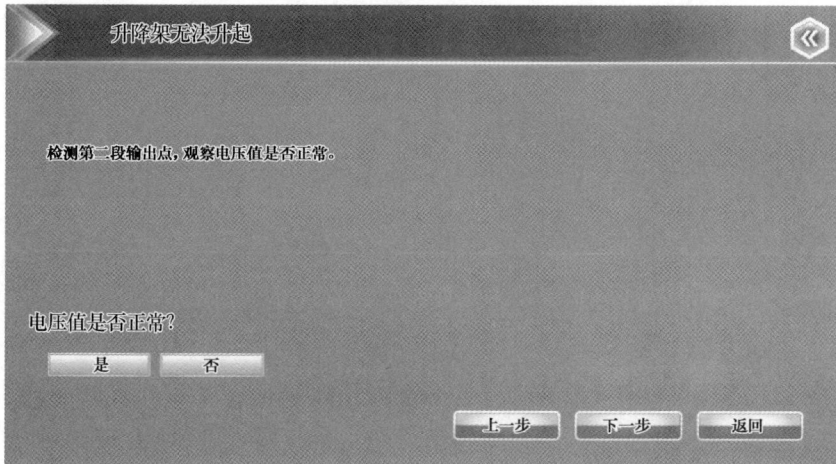

图 5-65　升降架顶起支路电路-第二段电路电压值判断

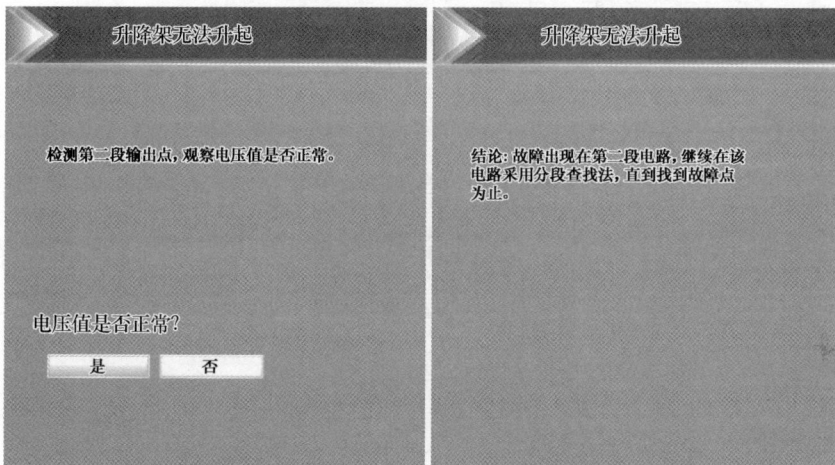

图 5-66　升降架顶起支路电路-确定第二段电路故障

图 5-67　升降架顶起支路电路-第二段电路故障点

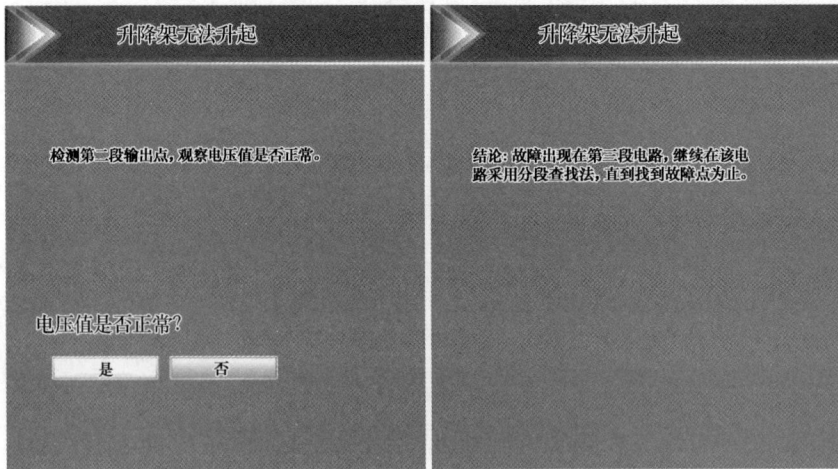

图 5-68 升降架顶起支路电路-确定第三段电路故障

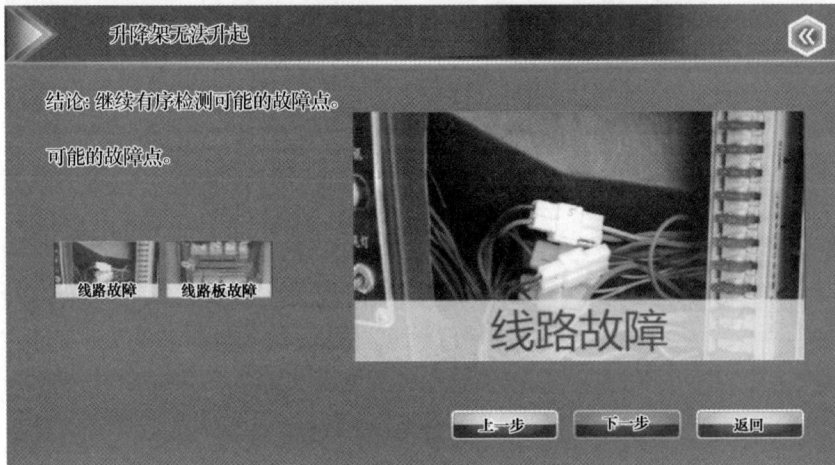

图 5-69 升降架顶起支路电路-第三段电路故障点

5.4.3.1 部组件拆装训练程序设计

在故障可视化维修与指导模块内，进入故障维修过程中后，涉及检查部件是否正常步骤时，可进行部件拆装训练。本系统设计的拆装训练流程如图 5-70 所示，点击"拆装"按钮，系统进入拆装界面，选择想要拆解的部件，点击拆解的部件，若拆解的顺序正确，则播放该部件拆解的动画，表明拆解正确，若拆解顺序不正确，则系统给出"步骤错误"的提示。在拆解或组装过程中可以从右侧的菜单栏中对元件进行不同的操作，如上旋、下旋等。

5.4.3.2 可视化维修与指导软件实现

此处以"升降架无法顶起"液压系统故障中检修双向液压锁为例进行说明，如图 5-71 所示，点击"拆装"按钮后，页面跳

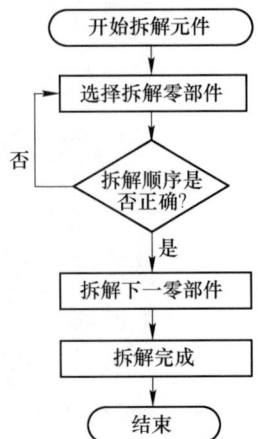

图 5-70 拆解流程图

转至双向液压锁拆装界面。在拆装界面，使用人员可根据规范的拆装步骤提示进行拆装修理训练，如图 5-72 所示，该界面的主体区域为拆装显示区，该区域为使用人员进行拆装训练的主要观察和操作区；在显示区的右上角设置有旋转控件，以便于使用人员多角度、全方位地观察训练内容；在显示区的左下角为放大、缩小滑动条，以便于使用人员根据训练内容的大小、零件数量等选择合适的显示大小；显示区的右下角为"下一步""关闭"操作提示，其中，下一步为按照规范的拆装步骤进行，"关闭"为返回故障诊断辅助指导界面。其规范的拆装步骤如下所述。

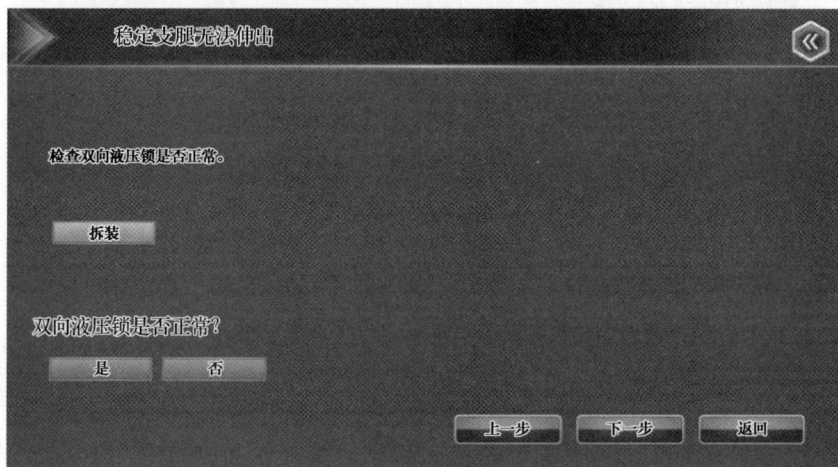

图 5-71 双向液压锁拆装

图 5-72 检查双向液压锁外观

（1）拆下双向液压锁连接管路，检查外观是否正常，如图 5-73 所示。

（2）用扳手拆下双向液压锁两侧螺堵，如图 5-74 所示。

（3）取出双向液压锁中单向阀的弹簧、阀芯，如图 5-75 和图 5-76 所示。

（4）取出双向液压锁中密封圈及两侧阀套，如图 5-77 所示。

（5）取出双向液压锁活塞，并清洗检查零部件，如图 5-78 和图 5-79 所示。

（6）双向液压锁的安装，按照与拆解相反的顺序进行。

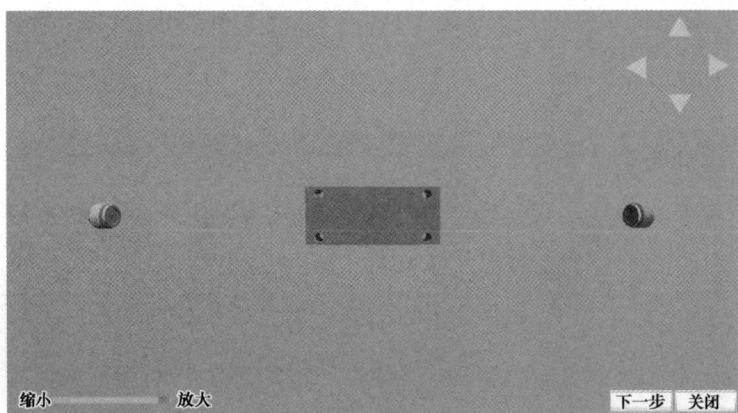

图 5-73 拆下双向液压锁螺堵

图 5-74 拆下单向阀弹簧

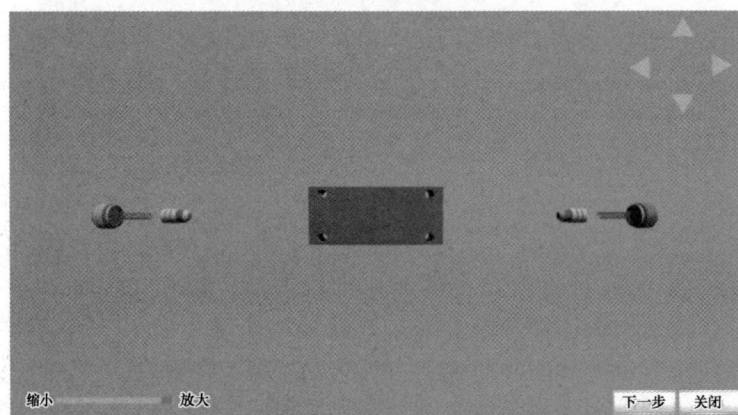

图 5-75 拆下单向阀阀芯

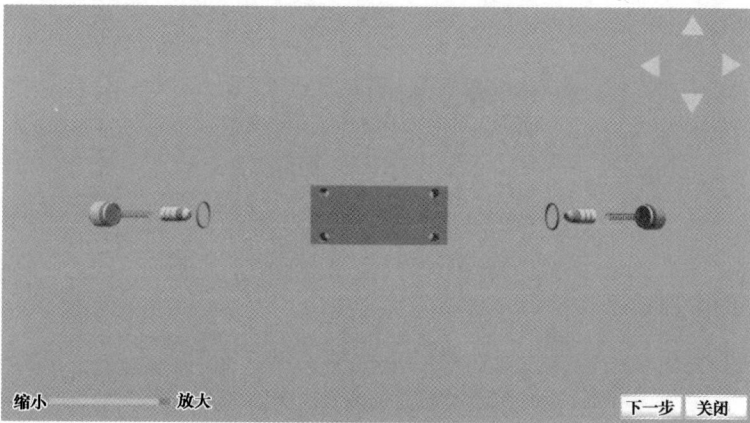

图 5-76 拆下双向液压锁密封圈

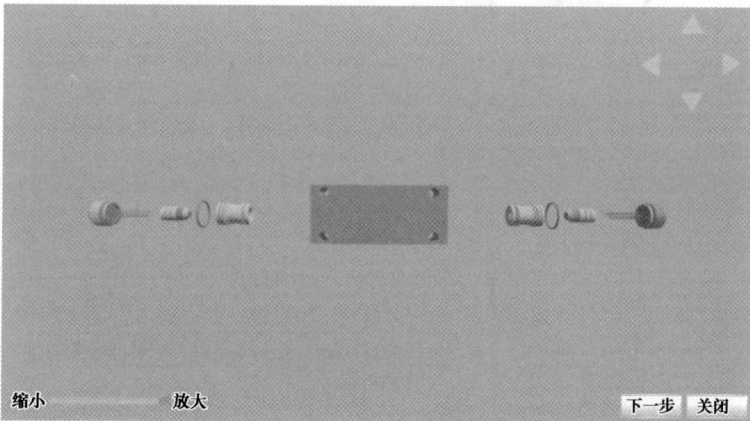

图 5-77 拆下双向液压锁阀套

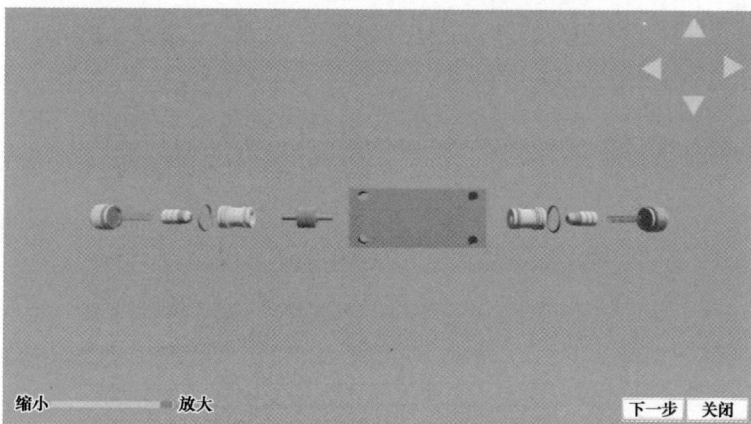

图 5-78 拆下双向液压锁活塞

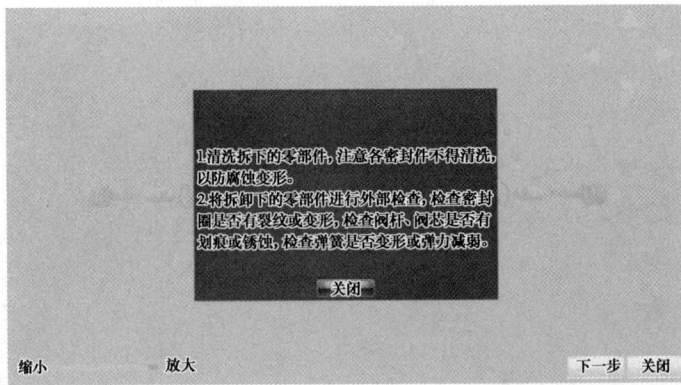

图 5-79 检查清洗双向液压锁零部件

6 步履式挖掘机液压系统模拟训练平台设计

6.1 概　述

6.1.1 模拟训练平台特点

步履式挖掘机液压系统模拟训练平台采用"通用演示终端+专用模拟操控平台+专用训练软件"的研制方案，综合运用实体建模、系统规划、虚拟现实、人机交互等技术，实现了其液压回路工作过程的三维动态演示、操作使用、故障排除等教学训练功能，开发"三维液压系统动态原理图"，实现了基于虚拟现实技术的流体系统原理示教方法，充分满足了该型装备保障训练及院校相关专业教学需求，为使用单位提供了一种先进的装备虚拟保障训练手段。系统结构合理、功能全面、操作简便、运行稳定，是组织挖掘机保障训练、迅速形成装备保障能力的现代化训练设备。

6.1.2 用途与适用范围

步履式挖掘机液压系统模拟训练平台的用途与适用范围如下。

（1）该平台可供初次接触步履式挖掘机的人员学习其性能、结构与工作原理。

（2）可供使用分队操作手进行操作使用、维护保养内容训练。

（3）可供修理分队技术人员进行结构组成、工作原理、维护保养和故障排除等维修训练。

（4）可供院校及使用单位组织工程装备保障人员专业技能培训与考核。

6.2　模拟训练平台功能分析与设计方法

6.2.1　系统功能分析

为提高步履式挖掘机的维修训练保障能力，满足其使用与维修保障需求，模拟训练平台的开发主要围绕以下内容进行。

6.2.1.1　整机结构组成交互式学习

由于步履式挖掘机机电液结构复杂，通过实车进行学习很难掌握山地挖整车结构组成，因此本系统设计结构组成交互模块，主要用于受训人员掌握步履式挖掘机整车机械结构、液压系统、电气系统的组成及各部件的功能和特点，为后期进行步履式挖掘机工作原理学习、操作训练及部件保养提供理论基础。同时为加强受训人员对整机结构知识的掌握，使其进行系统化学习，在该模块下设计装备简介、液压系统介绍、电气系统介绍、理论知识考核。

A　装备简介

"装备简介"包括：主要用途、技术特点、主要技术性能。其中，"主要用途"介绍山地作业挖掘机的作业用途与作业环境等；"技术特点"模块介绍山地作业挖掘机的坡道作业、铰接式底盘与伸缩式斗杆的技术特点；"主要技术性能"介绍山地作业挖掘机的外形尺寸、底盘调节范围、整机重量与重心参数、作业参数及性能参数，通过上述学习使受训人员掌握步履式挖掘机的相关知识。

B　液压系统介绍

"液压系统介绍"详细分析了液压系统中双联泵、多路换向阀、回转阀组、控制阀组、切换阀、液压绞盘、液压油管等液压件的实车位置和功能特点，通过本模块的学习，使受训人员能够熟练掌握步履式挖掘机的液压系统组成及其对应的功能特点，为液压回路的学习奠定基础。

C　电气系统介绍

"电气系统介绍"详细分析了电气系统中中央电器盒、PLC 控制器、蓄电池、电控手柄等电气元件的主要功能与特征参数，通过本模块的学习，使受训人员能够熟练掌握步履式挖掘机电气系统的结构组成及其对应的功能特点，为电路的学习奠定基础。

D　理论知识考核

"理论知识考核"提供了涵盖山地挖装备简介、液压、电气及其他系统等多方面内容的判断题，可用于考核受训人员对山地挖液压与电气系统结构组成内容的了解与掌握情况。

6.2.1.2　系统工作原理交互式学习

步履式挖掘机实装液压系统拥有数十条工作回路，并且管路交错复杂，通过实装学习步履式挖掘机的工作原理效率低下，并且不正确操作容易对实装造成损害。因此本系统设计了工作原理交互模块，通过外接操控设备与虚拟环境中步履式挖掘机样机交互来模拟实装液压系统回路和电气系统回路的工作过程，使受训人员沉浸在虚拟环境中进行该装备的液压与电气系统的工作回路学习，可以大大提高受训人员的学习效率。同时为使受训人员进行系统化学习，按照控制方式的不同将其分为液控方式、电控方式及电控液方式三种回路，并可以选择通过交互控制或者自动浏览的方式进行学习。

A　液压控制

针对步履式挖掘机的动臂液压缸回路、回转马达回路、伸缩臂液压缸回路、铲斗液压缸回路、斗杆液压缸回路、快换装置液压缸回路、冷却回路等 7 种基本液压回路，结合步履式挖掘机作业、回转等操作动作，使受训人员学习掌握步履式挖掘机作业部分工作原理。

B　电气控制

针对步履式挖掘机电源电路、检测电路、辅助电路，使受训人员掌握步履式挖掘机电气部分工作原理。

C　电控液

针对步履式挖掘机左支腿升降油缸回路、低速行走回路、右支腿升降油缸回路、左前腿升降油缸回路、右前腿升降油缸回路、高速行走回路、前腿摆动油缸回路、后腿升降油缸回路、差速回路、后腿摆动油缸回路、后轮转向油缸回路、解除制动油缸回路、液压绞盘回路,结合步履式挖掘机行驶、转向等动作,使受训人员学习掌握步履式挖掘机步行腿先导控制部分的工作原理。

6.2.1.3 整机维护保养交互式学习

装备的维护保养影响着其寿命的长短,如果新学员没有掌握正确的维护保养方法,对装备进行错误的保养操作,不仅对装备造成损害而且大大增加了日常维护成本。因此系统包含维护保养模块,基于步履式挖掘机维护保养大纲构建山地挖维护保养虚拟场景,通过与虚拟场景的交互使受训人员掌握步履式挖掘机日常保养知识及正确的保养技能。

为便于受训人员对每个保养阶段进行系统化学习,该模块下设试运转保养、每班保养、一级保养、二级保养、三级保养、换季保养 6 个保养模块,每个保养模块下设详细的保养内容。

6.2.1.4 整车驾驶操作交互式训练

传统的步履式挖掘机驾驶操作往往是直接进行实装操作,而新学员如果对于实装操作不熟悉不仅会对实装造成损害,而且产生大量的柴油消耗,大大增加了部队的训练成本。因此本系统设计了操作使用模块,培养受训人员掌握步履式挖掘机的正确驾驶操作规程。为便于受训人员对每个作业科目进行学习,下设启动、行走、作业、熄火四个操作科目,每个操作科目设有具体操作步骤。

6.2.2 系统设计方法

系统主要针对步履式挖掘整机进行教学、培训过程中出现的问题及弊端,结合其实车机电液结构复杂、全液压驱动等特点提出的。系统开发主要涉及表 6-1 所示的 6 项内容,开发过程主要采用虚拟现实技术、计算机图像处理技术、人机交互技术、C#面向对象编程、单片机技术等多项现代高端技术,具体如下。

表 6-1 设 计 内 容

序号	名 称	作 用
1	三维模型构建	模拟实车作为演示对象
2	系统数据库设计	软件功能正常运行的支撑
3	步履式挖掘机动作仿真	实现基本运动
4	工作回路动态仿真	模拟步履式挖掘机系统工作原理
5	软件界面平台搭建	人机交互平台
6	模拟操控台硬件研制	模拟实车进行步履式挖掘机的操纵

三维模型构建:步履式挖掘机三维模型主要采用 3ds Max 进行构建,结合一些类似于 Photoshop 的绘图软件进行贴图绘制。

系统数据库设计:本节主要采用 SQLite 完成步履式挖掘机虚拟训练系统数据库的设计,并与 Unity3D 建立连接,为后续软件功能开发建立基础。

步履式挖掘机动作仿真:步履式挖掘机作业的实现主要依靠 3ds Max 中对三维模型中对模型轴心调整,在 Unity3D 中利用 Hiearchy 面板进行步履式挖掘机结构父子层级绑定实现作业机构与行走机构的联动,利用可配置关节进行机械结构间的关节配置,基于运动学原理利用恒力矩方法、移位方法、旋转方法等添加驱动力实现步履式挖掘机动作仿真。

工作回路动态仿真：工作回路动态仿真主要在 Unity3D 中进行，导入步履式挖掘机三维模型，利用内部着色器及渲染组件对模型进行变色处理，并实施摄像机跟随，通过访问数据库模拟实装工作效果。

软件界面平台搭建：系统软件界面的搭建主要依靠 Unity3D 中的 NGUI 插件完成，制作界面按钮及三维视景演示窗口，利用 Tween 制作界面切换动画。

模拟操控台硬件研制：模拟操控台硬件研制主要依靠嵌入式技术，由数据采集模块采集面板操纵部件的开关量及模拟量，经处理器处理后通过 RS232 串口与视景计算机软件系统进行通信。

6.3　组成与架构设计

6.3.1　系统组成

模拟训练平台由硬件和软件两部分组成，硬件由步履式挖掘机模拟操控台和视景计算机及液晶显示屏等组成，软件即步履式挖掘机虚拟训练系统软件，包括结构组成模块、工作原理模块、操作使用模块、维护保养模块。步履式挖掘机虚拟训练系统软件基于 Unity3D 引擎开发，发布程序安装于计算机主机，采用液晶显示屏进行演示；模拟操控台采用嵌入式技术进行开发，操纵部件全部模拟实车进行研制；模拟操控台与视景计算机间通信实现人机交互。

6.3.2　平台架构设计

按模块管理将系统分成 4 层，分别是数据层、驱动层、表现层、交互层，如图 6-1 所示。

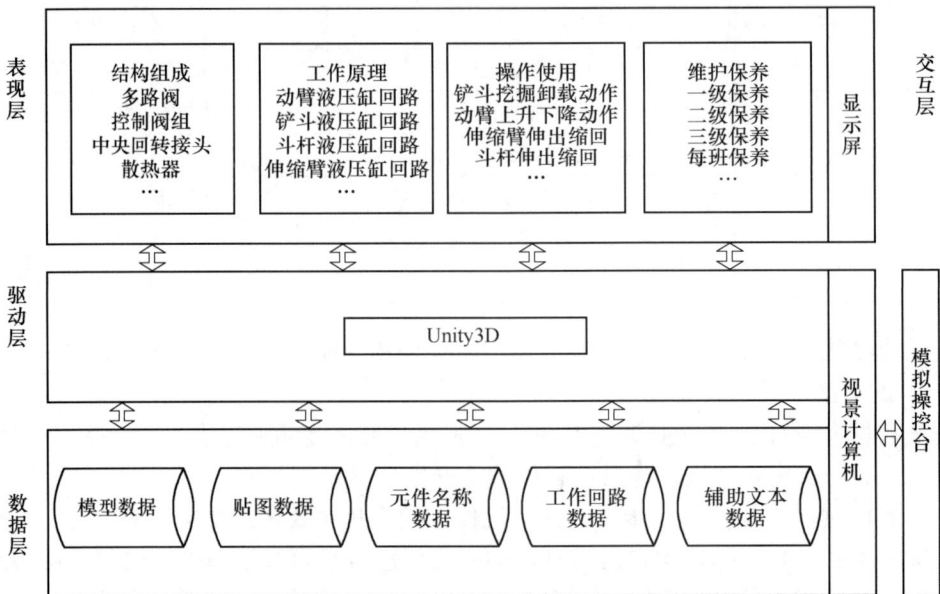

图 6-1　模拟训练平台总体架构

数据层是开发系统的基础资源，包括模型数据、贴图数据、元件名称数据、工作回路数据和辅助文本数据等。所有数据按照功能分类供驱动层使用。

驱动层是系统开发的核心，是连接数据库与表现层的桥梁，主要指 Unity3D 平台，数据库中的数据经 Unity3D 平台调用，通过脚本编写和内部组件完成结构组成模块、工作原理模块、操作使用模块及维护保养模块的开发，并将结果发送至表现层中，具有过渡的作用。驱动层对数据层的调用同样也会反作用于数据层，比如操作模型动作的信息数据又存储至数据层中。

表现层将驱动层发来的结果反馈给用户，是供用户接收信息的主要部分，交互层发送的消息经驱动层处理后发送给表现层，对交互层进行反馈。

交互层是实现人机交互重要的组成部分，所有用户的操作信息通过交互层采集后经驱动层处理，发送至表现层展现给用户。

6.4　步履式挖掘机三维模型构建

6.4.1　三维建模原则

步履式挖掘机三维模型是该系统软件开发过程中的重要组成部分，三维模型需要导入 Unity3D 中进行虚拟场景的开发，因此会影响系统软件运行效果，因此本节步履式挖掘机三维建模应遵循以下原则：

（1）三维模型应该以实车尺寸为标准进行构建。

（2）三维模型的构建应包含实车所有重要的机械结构及液压元件。

（3）三维建模过程尽量减少模型构建面的数量，过多的构建面会降低计算机的运算速度。

（4）三维建模采用多边形进行模型处理时要尽量减少模型中不必要的操作点，避免由于多余的点间生成多余的面，影响模型的美观。

（5）三维建模过程中，能合并的模型尽量合并，以降低软件开发中三维模型所占用的资源空间。

6.4.2　零部件三维建模

6.4.2.1　车体建模

步履式挖掘机车体的构建采用二维形体建模方法为主，多边形建模方法为辅的方式。在构建车体模型时具体步骤如下。

（1）根据对步履式挖掘机前期的资料收集及测量的尺寸，将拍摄的车体照片导入 AutoCAD，根据车体的外观及实际尺寸绘制出车体平面视图。

（2）将已经绘制好的 CAD 图形导入 3ds Max，利用 3ds Max 修改器中的车削、挤压等工具构建车体的粗模，图 6-2 所示为修改器界面。

（3）将粗模转化为可编辑多边形，利用可编辑多边形中的点、线、面编辑器对模型进行修整，调整其与实车车体形状相近为止，图 6-3 所示为可编辑多边形界面。

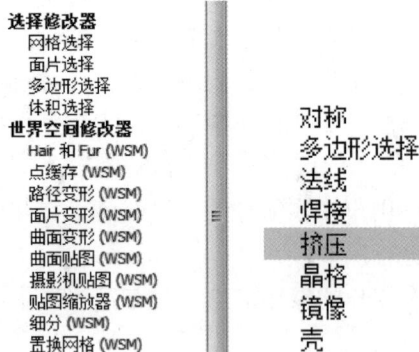

图 6-2 修改器界面

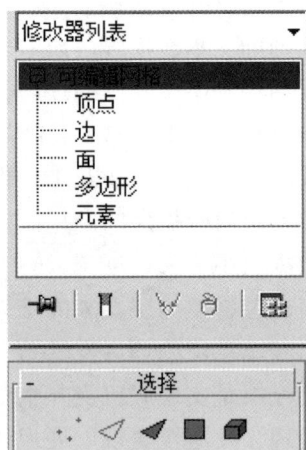

图 6-3 可编辑多边形界面

（4）对于模型上一些存在棱角的地方，可以选择倒角工具对棱角处进行倒角，倒角数值根据实车形状而定，车体表面的平滑处理采用平滑组工具，选择合适的数值对需要调整的面进行平滑组处理，图 6-4 所示为编辑几何体界面。

（5）进行上述步骤后还不能达到与实车相仿的效果，需要为车体赋予材质，打开 3ds Max 的材质编辑器，编辑材质球，考虑到车体上挡风玻璃的透明材质，需要对同一物体采用多面赋予材质方式，具体方法为：

1）为挡风玻璃和其他面赋予不同的 ID；

2）打开材质编辑器中的 Standard，选择多维/子对象，此时会出现不同 ID 面的子材质面板；

3）如图 6-5 所示，为每个 ID 面赋予材质球，通过图 6-6 所示材质参数界面分别对材质球属性进行调整，至与实车外观相近。

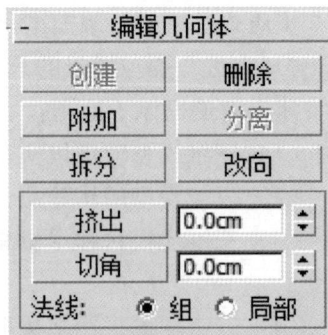

图 6-4 编辑几何体界面

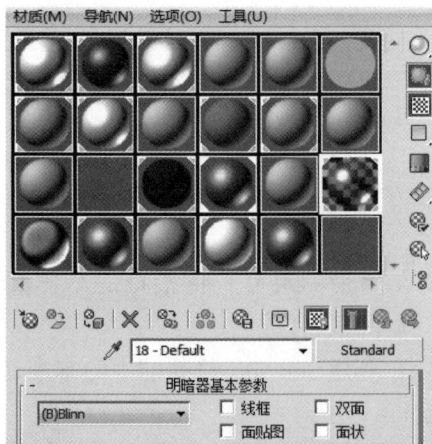

图 6-5 材质球界面

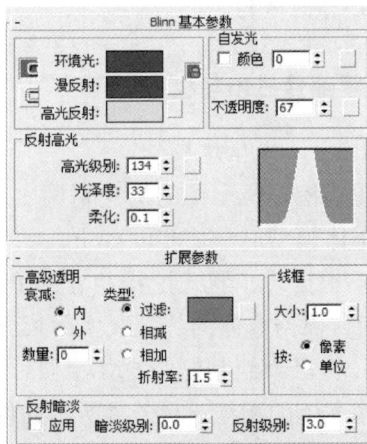

图 6-6 材质参数界面

其他机械结构的模型构建与车体模型构建原理相同。

（6）为达到实车外观效果，利用 Photoshop 进行车体外表的贴图绘制，如图 6-7 所示。在 3ds Max 中导入贴图，赋予模型外表贴图，图 6-8 和图 6-9 分别为驾驶室模型贴图前和贴图后的效果图。

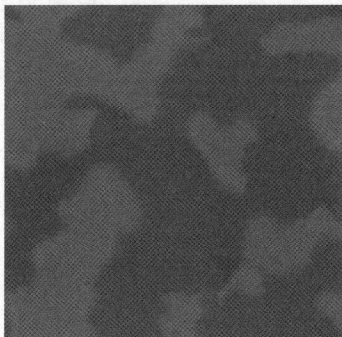

图 6-7　驾驶室外表贴图

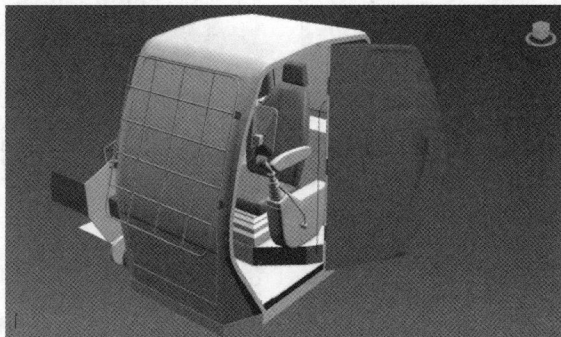

图 6-8　驾驶室未贴图模型

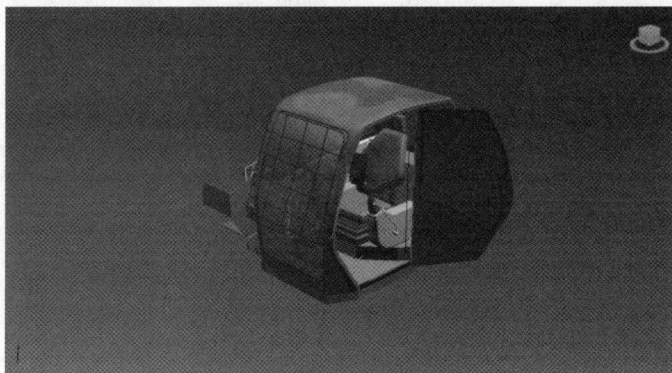

图 6-9　驾驶室贴图后模型

6.4.2.2　液压元件模型构建

根据 3D 建模需求对具体零部件尺寸进行测绘，明确装备各部分的细部结构，各元件的结构组成与拆装方法，以及装备的作业流程与使用操作方法，维护保养与装备维修所用工具等多种资料。

根据准备的素材，使用 Solidworks 进行 3D 建模，在建模的过程中，结合装备实际使用工况及"装备虚拟维修训练科目"所需要达到的效果进行零部件装配、分析 3D 建模后"虚拟仿真形式训练项目"效果，对具体部分进行细化、完善（部分部件三维模型组图见图图 6-10）。

电器系统模型的构建与上述原理相同，在这里不作进一步介绍。

6.4.2.3　连接紧固件模型构建

为了提高建模效率，紧固件模型的构建可通过导入 Solidworks 中的模型完成。Solidworks 提供 Tools 插件，Tools 中拥有大量的标准件例如螺栓、插销等如图 6-11 所示。根据步履式挖掘机实车的连接紧固件标准在 Solidworks 中调用对应的标准模型，将其导出为 wrl 格式后导入 3ds Max，赋予材质后使用。

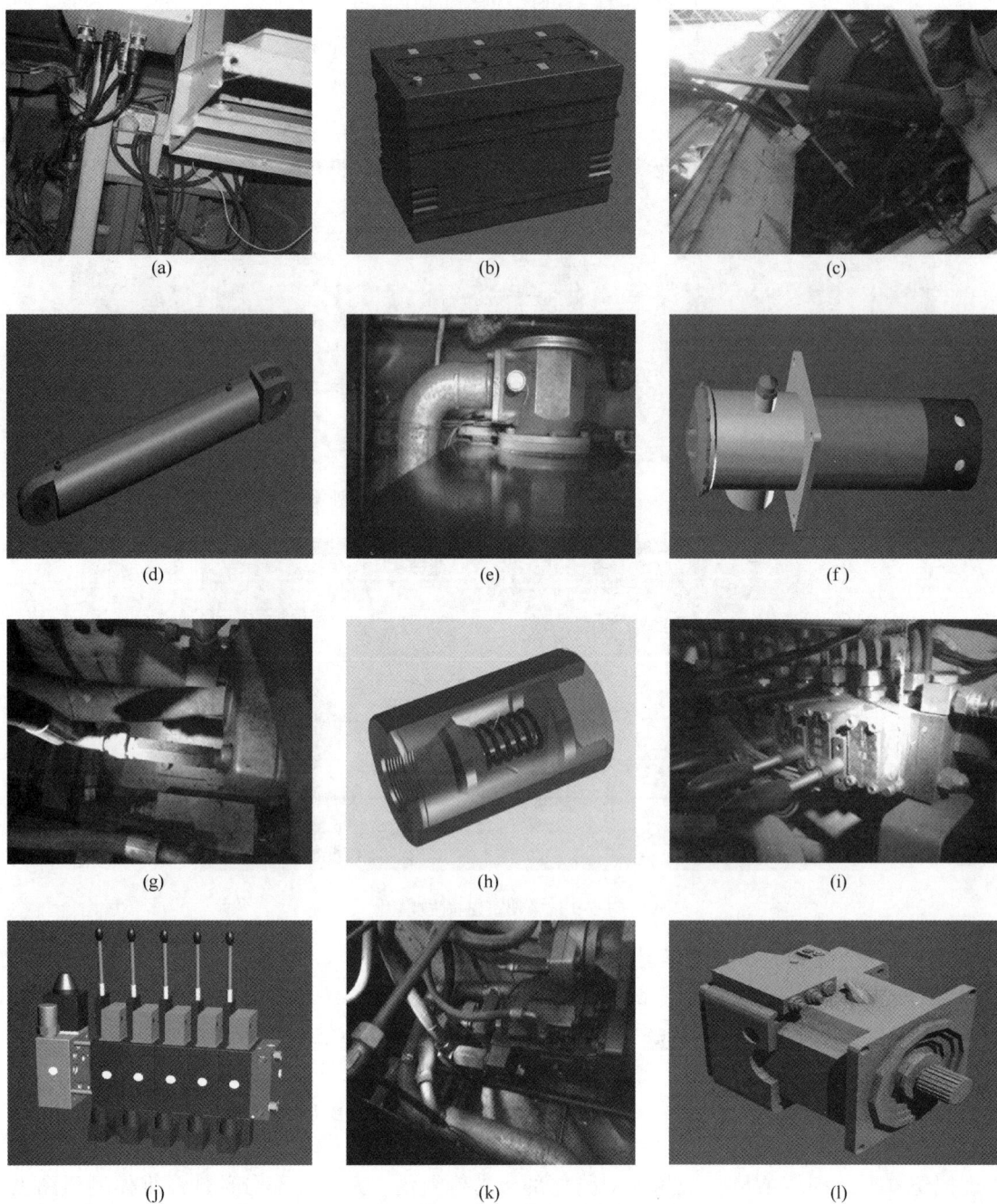

图 6-10　部分部件三维模型组图

（a）电瓶实物；（b）电瓶 3D 模型；（c）油缸实物；（d）油缸 3D 模型；
（e）滤油器实物；（f）滤油器 3D 模型；（g）应急泵单向阀实物；（h）应急泵单向阀 3D 模型；
（i）九路控制阀组实物；（j）九路控制阀组 3D 模型；（k）轴向定量柱塞泵实物；（l）轴向定量柱塞泵 3D 模型

　　利用上述方法，最终完成步履式挖掘机整机模型的构建，如图 6-12 所示，构建好的模型需导出成 FBX 格式导入 Unity3D 中进行编辑使用。

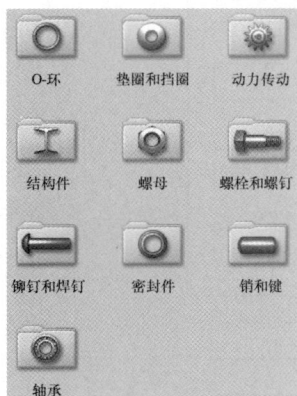

图 6-11 Tools 界面

图 6-12 步履式挖掘机整机模型

6.5 虚拟训练平台数据库设计与实现

6.5.1 数据库设计需求与原则

6.5.1.1 SQLite 数据库概述

SQLite 数据库是一种开源、嵌入式的数据库平台，该平台存储数据可靠、运行速度快、数据连接紧凑，因此在很多领域得到了应用。SQLite 无需独立运行空间，由于代码与应用程序嵌入于同一空间，不单独占有进程，因此只需处理好内部数据即可。而且在程序运行中网络配置便捷，操作简单便于管理。

SQLite 可以匹配不同的开发语言包括 Perl、PHP 和 C/C++等。上述的几种语言和 SQLite 有着相同的配合原理，在进程中他们都会与 SQLite 的 CAPI 实现交互，当 3 种开发语言与 SQLite 同时配合时，每种开发语言会存在自己独立的进程，并且有着自己的服务器，相互并不干扰。如图 6-13 所示为 3 种开发语言同时存在时的内嵌式 SQLite 数据库原理图。

6.5.1.2 数据库设计需求分析

步履式挖掘机系统数据库的设计主要面向步履式挖掘机整机及工作系统，一台步履式挖掘机整机模型由许多个零部件构成，每个零部件模型都需要进行命名，并且一一对应，工作系统主要由液压系统和电气系统组成，其中液压系统占主要部分，液压系统由数十条工作回路组成，每条回路有其对应的回路名称及 ID，并且一个回路名称仅代表一条回路，软件运行时每个交互模块都需要访问数据库中相应的数据信息，以执行对应的功能。

6.5.1.3 数据库设计原则

步履式挖掘机虚拟训练系统数据库的设计是为软件功能模块的开发作支撑，功能模块开发的过程中所有的模型数据信息都与数据库中信息相对应，因此为了便于本节的系统软件良好的运行，设计数据库时要注意以下原则。

（1）数据库设计合理，数据库表关联清晰，层次分明。

（2）数据具有一致性，所有关联数据表的数据要保证一致，同时要与模型的信息相对应。

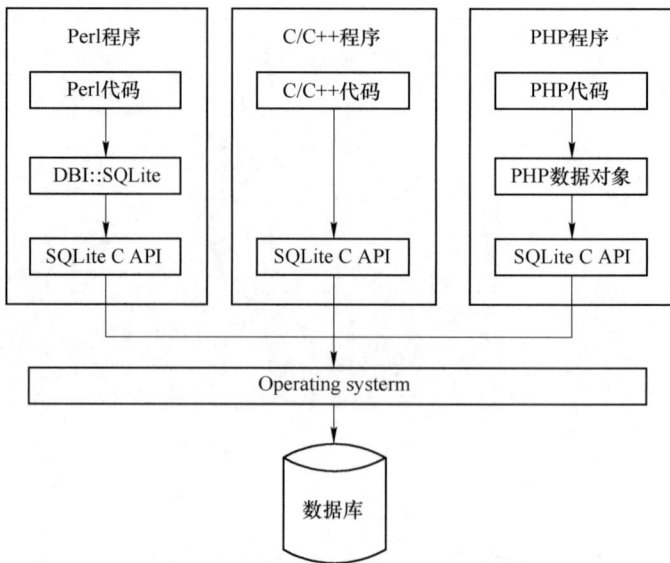

图 6-13   内嵌式 SQLite 数据库原理图

（3）数据的完整性，所有数据表中的数据信息要涵盖所有的设计需求，保证软件完整地运行所有功能。

（4）数据的标准性，所有数据表中的数据采用统一标准录入，并且要与 Unity 中支持的数据信息相对应。

6.5.2   基于 SQLite 的系统数据库设计

6.5.2.1   系统数据库模块设计

数据模型以概念结构为基础，通过对概念结构进行抽象分析，建立概念模型是研究数据库模型经常使用的方法，其中实体-联系方法是被广泛使用的构建方法之一。

根据步履式挖掘机虚拟训练系统软件的设计需求可以把数据库分成不同的功能模块，本节所研究的步履式挖掘机虚拟训练系统数据库可以根据需求分为：中英文对照表信息模块、系统工作回路信息模块、结构组成查看信息模块、操作使用查看信息模块、维护保养查看信息模块。模块划分如图 6-14 所示。

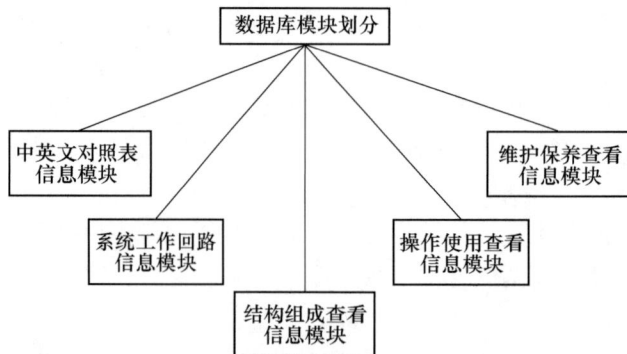

图 6-14   系统数据库模块划分

6.5.2.2 数据库概念设计

根据需求，每个功能模块还需要设计与其对应的最小数据单元，中英文对照表信息模块包括了零部件 ID、零部件中文名称信息、零部件英文名称信息及零部件功能。中英文对照表信息模块属性图如图 6-15 所示。

图 6-15 中英文对照表信息模块属性图

系统工作回路信息模块包括了回路 ID、回路名称信息、回路原理具体信息、零部件工作压力值、零部件正常工作压力值、零部件颜色数值，其中回路原理具体信息还包括零部件英文名称信息。系统工作回路信息模块属性图如图 6-16 所示。

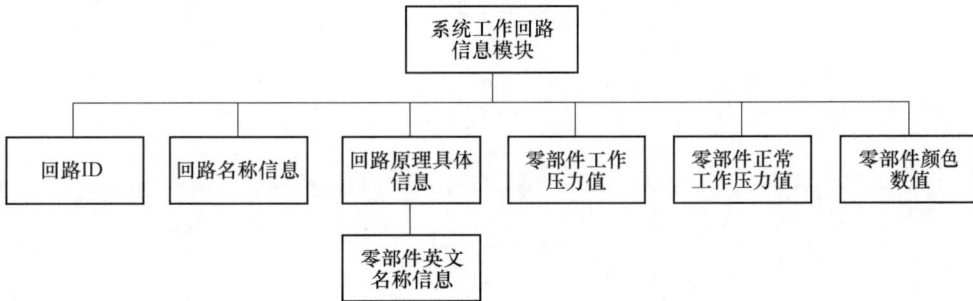

图 6-16 系统工作回路信息模块属性图

结构组成查看信息模块包括了回路 ID、回路名称信息、点亮部件具体信息，其中点亮部件具体信息还包括零部件英文名称信息。结构组成查看信息模块属性图如图 6-17 所示。

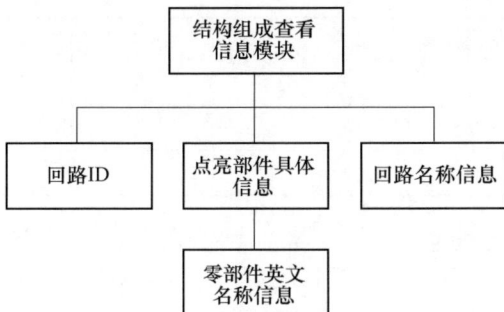

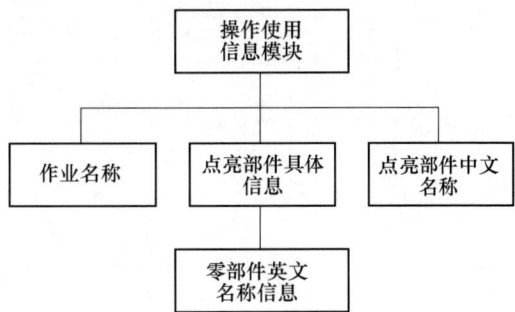

操作使用信息模块包括作业名称、点亮部件中文名称、点亮部件具体信息，其中点亮部件具体信息还包括零部件英文名称信息。操作使用信息模块属性图如图 6-18 所示。

图 6-17 结构组成查看信息模块属性图   图 6-18 操作使用信息模块属性图

维护保养信息模块包括保养内容、保养方法、保养部件具体信息，其中保养部件具体信息还包括零部件英文名称信息。维护保养信息模块属性图如图 6-19 所示。

通过上述对数据模块功能划分和对每个功能模块的实体属性图进行分析，能够构建出步履式挖掘机虚拟训练系统软件数据库的实体 E-R 图模型，如图 6-20 所示。在实体 E-R 图模型构建过程中使用长方形框作为实体进行说明、实体和实体之间的关系则采用菱形进行说明。在步履式挖掘机虚拟训练系统软件数据库的实体 E-R 图，

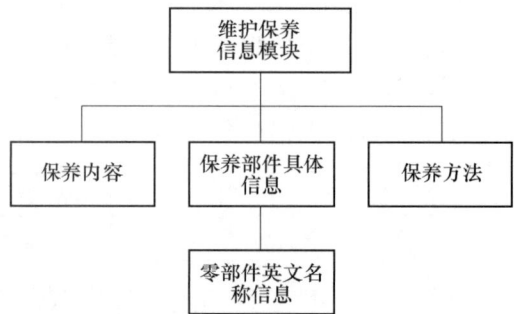

图 6-19　维护保养信息模块属性图

每个信息模块中的零部件英文名称信息都与零部件中英文对照表信息模块中的零部件英文名称信息相对应，每个信息模块的回路 ID 和回路名称都与系统工作回路信息模块中的回路 ID 和回路名称相对应。

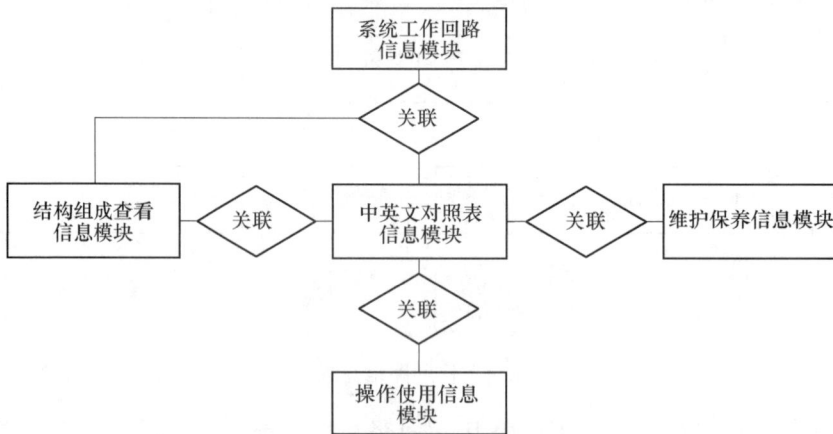

图 6-20　系统软件数据库的实体 E-R 图

表 6-2 是系统结构设计中应用的中英文名称数据对照表，表 6-3 是系统工作回路数据结构表。

表 6-2　中英文名称数据对照表

序号	字段名称	指定类型	字段类型	字段长度	精度	值域	是否必填	备注
1	ID	INT	INT	0	0		是	
2	ENAME	CHAR（1000）	CHAR	10000	0		是	
3	CNAME	CHAR（1000）	CHAR	10000	0		是	

表 6-3　系统工作回路数据结构表

序号	字段名称	字段代码	字段类型	字段长度	小数位数	值域	是否必填	备注
1	标识码	ID	Int			>0	是	
2	回路名称	Name	Nvarchar	200				

序号	字段名称	字段代码	字段类型	字段长度	小数位数	值域	是否必填	备注
3	油口序列	YKXL	Nvarchar	200				
4	压力标准值	YLBZZ	Int					
5	大于值	DYBZZ	Int					
6	小于值	XYBZZ	Int					

6.5.3　数据库连接

　　建立数据库连接是保证步履式挖掘机虚拟训练软件系统访问数据库的前提，在本节中 Unity3D 游戏引擎的脚本语言采用了 C#面向对象开发平台，虚拟训练软件与数据库连接时，首先定义连接字符串，在该字符串中，指定了连接名称、数据库连接字符串的实际参数，以及该连接类型的提供程序。

　　下面为建立数据库连接的具体步骤：

　　（1）在 Unity3D 中将 System. Data. SQLite. dll 文件放在如图 6-21 所示的文件目录下；

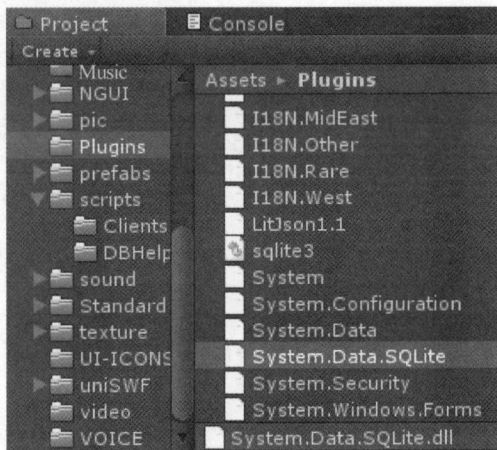

图 6-21　数据库文件目录界面

　　（2）程序发布时，按如图 6-22 所示修改 Api Compatibility Level 至 . NET 2.0。

　　下面为在 Windows 下运行 Unity3D 和 SQLite 数据连接的脚本，能够实现 Unity3D 和所构建的数据库之间正常的通信，实现对回路数据库的访问，从而为后续软件的功能开发提供支撑。

　　在数据库中的数据被改变以后，Unity3D 中得到的数据也会在刷新之后跟着改变；这是一个基本的核心技术，能够储存场景中项目的属性，在需要改变对象的属性或增加/减少等对象时能够很方便地使用。

```
public DbHelperOra ( )
    {
    "Server =127.0.0.1; Database =Proj_ db; uid =sa; pwd =";
    string pathStr =System.Environment.CurrentDirectory;
```

```
    connectionString = " Data  Source = " +
pathStr+ \ \ Proj_ db.db;
    }
Public DataSet Query (string SQLString)
    {
    Using (SQLiteConnection connection = new
SQLiteConnection (connectionString) )
    {
    DataSet ds = new DataSet ();
    try
    {
    connection.Open ();
    SQLiteDataAdapter   command  =   new
SQLiteDataAdapter (SQLString, connection)
    commend.Fill (ds, "ds" );
    }
    Catch (SQLiteException ex)
    {
    Throw new Exception (ex.Message);
    }
    Finally
    {
    Connection.Close ();
    }
    return ds;
}
```

图 6-22　Api Compatibility Level 界面

6.6　虚拟训练平台软件开发

6.6.1　软件界面的设计与开发

6.6.1.1　界面整体框架设计

Graphical User Interface 简称 GUI，是一种交互界面，可以通过它将所有的图像信息显示出来，是介绍所开发系统包含内容的重要组成部分，并且决定着整个系统人机交互功能的效果，好的用户界面可以让用户轻松沉浸于系统的使用学习中，迅速掌握系统所包含的信息，显著提高学习效率，因此用户界面的设计也尤为重要。

本书的步履式挖掘机虚拟训练系统，着重于步履式挖掘机液压系统的工作原理教学及作业演示，因而须采用模块化设计。如图 6-23 所示，为步履式挖掘机虚拟训练系统的软件功能模块及显示界面组成图，系统可分为结构组成、工作原理、操作使用、维护保养 4 个模块，每个模块通过交互界面与操作人员进行信息交互，各模块主界面下设层级菜单如下。

（1）结构组成模块。该模块下设 3 个菜单界面，分别为装备简介、液压系统、电气系统等。

（2）工作原理模块。该模块包括液控、电控、电控液 3 种系统回路供选择，每种回路下有不同的回路显示界面。

（3）操作使用模块。该模块下设启动、行驶、作业、撤收 4 个科目界面。

（4）维护保养模块。该模块包括五项内容，通过 5 个菜单界面进行显示，即每班保养、一级保养、二级保养、三级保养和换季保养等。

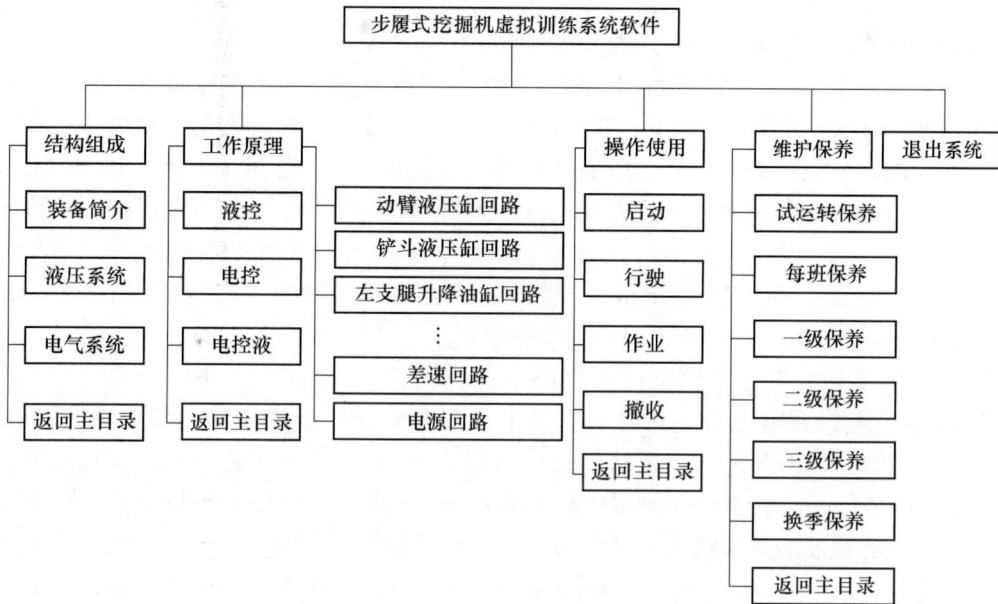

图 6-23　软件功能模块及显示界面结构图

6.6.1.2　软件界面实现

Unity3D 引擎提供强大的 NGUI 插件，该插件拥有界面制作组件及相应的类，可用于用户界面的制作，包括 UIRoot、Sprite、Label、Texture、Anchor、Panel、Button、Toggle、Tween、Atlas 等，分别对应的功能特点如下：

UIRoot 是 NGUI 最根本和最重要的脚本，在实际 UI 开发过程中都是以 UIRoot 为根的 GameObject 树，在 UIRoot 要至少包含一个 Camera 用于用户界面显示。

Sprite 可分为 Sliced Sprite、Tiled Sprite、Filled Sprite 3 种，其中 Sliced Sprite 为拥有 9 个切片的 Sprite，可以用于制作固定边框；Tiled Sprite 则为一个 Sprite，并且存在于整个空间；Filled Sprite 中的 Sprite 皆可以通过变化参数进行可见性调节。

Label 类似于文本框，用于文本显示。

Texture 是 Unity3D 中最基础的绘制组件。

Anchor 可以实现 GUI 对齐的功能。

Panel 负责保存集合中所有挂件及其下属组件，利用挂件的几何结构构造真正的 draw call。

Button 是界面的重要组成元素，可执行 OnClick、OnPress、Onrelease 等回调函数。

Tween 分为 Tween Position、Tween Rotation、Tween Scale、Tween Width、Tween

Height、Tween Alpha 6 种动画类型，其中 Tween Position 是利用坐标位置变化制作位移动画；Tween Rotation 是利用角度变化制作旋转动画；Tween Scale 是利用尺寸参数变化制作放大缩小动画；Tween Width 是利用宽度尺寸变化制作宽度方向伸展收缩动画；Tween Height 是利用高度尺寸变化制作高度方向伸展收缩动画；Tween Alpha 是利用透明度的变化制作渐变动画。

Toggle 是一个有两种状态的组件：开，关。可以用来创建 checkboxes、tabs 还有 radio 按钮，或者其他类似的控件。

Atlas 可以将多张图片处理成图集供素材使用。

下面为利用 NGUI 上述功能制作步履式挖掘机虚拟训练平台用户界面的方法。

（1）界面实现。创建一个 UI，调节 UICamera 视角范围至合适大小，在摄像机范围内创建一个 Sprite 命名为 mainmenu，添加已经导入的背景图片，作为主界面；在 Sprite 下创建一个 Label，在 Label 属性下修改 Label text 为该系统软件的名字"步履式挖掘机虚拟训练系统"。

（2）按钮实现。在本节系统软件界面设计过程中有两种按钮：如图 6-24 所示，Button 和 Radio Button，两种按钮的实现方法如下：

1）Button 实现：以"动臂液压缸回路"按钮为例，在 mainmenu 下创建一个 Sprite，命名为 button，修改尺寸至合适尺寸，移动 button 至界面的合适位置，背景设置为蓝色，在 button 下创建一个 Label，在 Label 属性窗口修改 Label 中的文字为"动臂液压缸回路"，然后为 button 添加一个脚本，在脚本中编写利用 OnClick（）回调函数执行点击按钮后的事件，即实现动臂液压缸回路按钮功能。由于界面按钮数目较多，一个一个的制作效率比较低，因此可以创建 Prefab，将创建好的按钮拖到 Prefab，在制作第二个按钮时，直接拖入该 Prefab 到界面，修改对应属性信息及按钮的执行事件即可使用。完成最终主界面如图 6-24 所示。

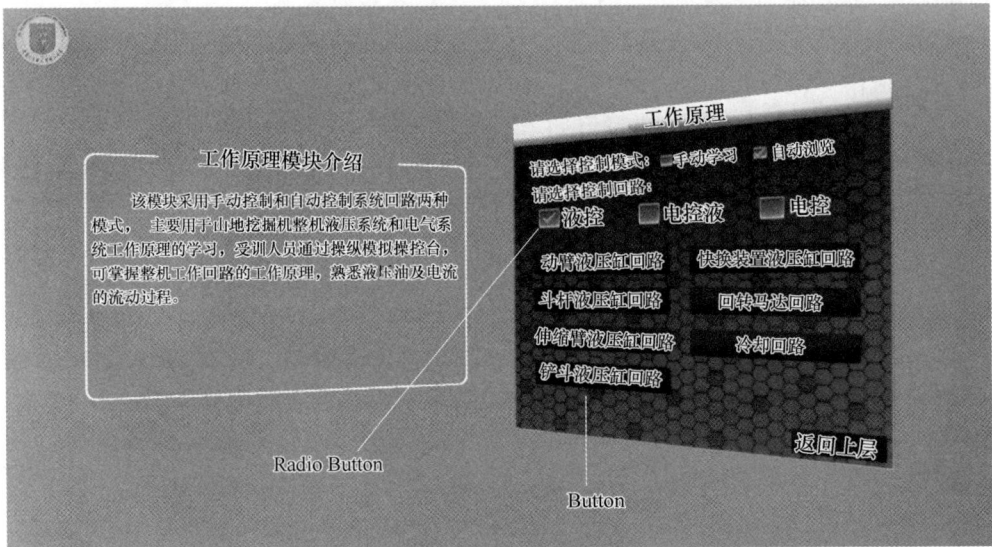

图 6-24 系统按钮界面

2）Radio Button 实现：在系统软件工作原理模块有液控、电控液、电控三种模式，需要 Radio Button 按钮实现三者的单项选择，Radio Button 实现首先需要实现一个 Checkbox，Checkbox 的实现方法为：在模式选择主界面创建一个 Sprite，修改名称为 Checkbox，将背景图片设置为一个选择框，在 Checkbox 下面创建另一个 Sprite，命名为 Background，将背景图片设置为对号，为 Checkbox 添加 NGUI 中的 Toggle 脚本，在属性窗口中找到 UIToggle，将 Background 赋予下方的 Sprite 选择栏中，最后将两个 Sprite 放于同一位置，Checkbox 位于前方，此时实现了一个 Checkbox。指定 Group 的 ID 为非零，即实现 Radio Button，复制一个 Radio Button 即完成两个选择框，点击后需要调出下一个界面，然后将 game object 脚本添加到 Notify 属性中，接着选取恰当的函数。函数的声明改为 "public void FuncName" 即单向选择。

（3）文本提示实现。在开发系统软件中多处采用文本提示，文本提示可采用多种方法，例如：文本框内容调取、图片文字调取等。

1）文本框内容调取。文本框内容的调取方法如下：在 UI 界面创建一个 Label，编写以下脚本调用文本框内容，UIlabel. text = "文字提示内容"。

2）图片文本调取。

结构组成与维护保养模块功能实现主要使用图片文字调取，以维护保养中加注润滑油（见图 6-25）为例，具体方法如下：利用 Photoshop 绘制图片模板，在模板中创建文本框，输入加注润滑油具体方法及步骤，将图片保存 png 格式，导入 Unity3D，利用 NGUI 下 Atlas Maker 将该图片加入，在维护保养界面构建一个 Sprite，在属性窗口设置 Sprite 背景为该图片，编写以下脚本设置图片对相机不可见：Picture. active = false；

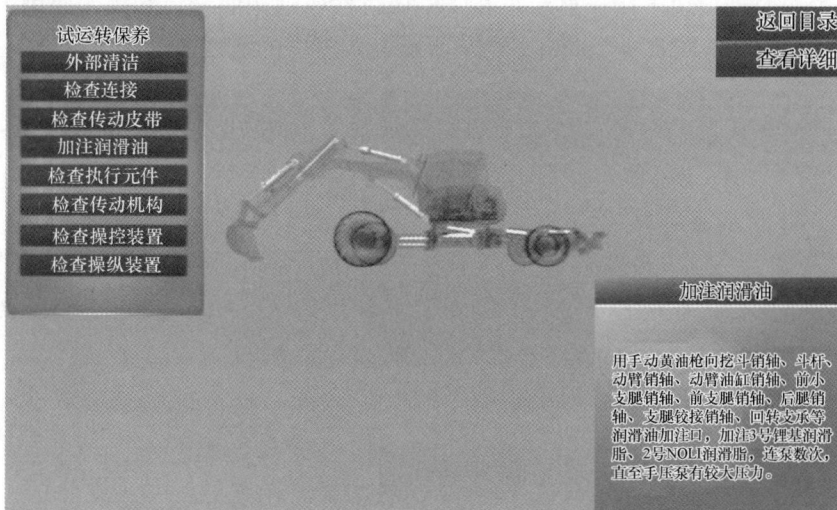

图 6-25 加注润滑油图片文本提示界面

文本提示的触发可在 Unity3D 利用点击事件赋予对应按钮来实现，例如：当鼠标点击维护保养中加注润滑油按钮时，会有图片文本弹出提示，此时可用 void OnClick（）{Picture. actve = true；} 激活该图片对相机的可见性。当鼠标停留在结构组成按钮时，有图片介绍文本弹出的实现可利用 OnHover（）激活图片对相机的可见性实现。

（4）界面切换。在步履式挖掘机虚拟训练系统软件中，最多设有四级菜单，点击按钮会有新的菜单界面显示新的内容，要保证每一次都有一层菜单在 UICamera 的视野范围内，因此需要实现菜单的切换。UI 界面切换是利用 NGUI 插件中的 Tween 功能实现，系统软件界面的切换采用横向切换的方式，因此选用 Tween 中的 Tween Position 功能。具体实现步骤如下。

1）右键选择设置每一级菜单的前后顺序，即 bring to front or bring to back，菜单的前后顺序设置规则为：高层级菜单位于低层级后面，保证每次进行菜单切换时，子菜单处于 UICamera 视野内，同时遮挡主菜单在 UICamera 的显示，实现菜单切换的层级关系。

2）为每个子菜单设置切换动作，首先，为每个子菜单（即创建的 Sprite）添加 NGUI 中的 Tween Position 脚本，然后，在子菜单属性窗口中设置子菜单在运动前后的坐标值，为了实现菜单的水平切换，需保证子菜单 X 及 Z 坐标在运动之后数值不变，将子菜单 Y 坐标值设置为上一层菜单的 Y 坐标值，最后，菜单的切换动作效果可通过调节属性窗口下的运动曲线来实现，此时完成了子菜单的切换动作。

3）子菜单切换动作的触发由上一级菜单上的按钮点击实现，因此需要为此按钮添加 NGUI 中的 Play Tween 脚本，该脚本用于控制子菜单上的 Tween Position 脚本是否运行，在按钮的属性窗口中找到 UIPlay Tween，在下面的 Tween Target 添加执行动作的对象，即上一步中的子菜单 Sprite，最后将上一步中子菜单属性窗口中的 Tween Position 勾选去掉，运行程序，点击主菜单按钮即可进行下一层菜单的切换。

6.6.1.3　三维视景窗口实现

三维视景窗口是 UI 界面上用于显示三维场景的窗口。在步履式挖掘机虚拟训练系统软件中，即工作原理模块下用于显示步履式挖掘机作业动作的窗口和操作使用中用于显示驾驶室内场景的窗口，如图 6-26 和图 6-27 所示，该窗口的实现步骤如下。

图 6-26　三维视景窗口（一）

（1）在步履式挖掘机模型的属性窗口下添加一个新的 Layer（图层），命名为 SceneDisplay。

（2）在场景中新建一个 Camera，用于显示场景中的三维模型。

（3）在 Camera 的属性窗口下找到 Clear Flags，选择 Depth only，找到 Culling Mask，

图 6-27 三维视景窗口 (二)

选择 SceneDisplay，将 Depth 数值设为 1，使三维模型的视角显示位于 UI 界面前方，保证其出现在 UICamera 视野内。

（4）在 Main Camera 下找到 Culling Mask 将 SceneDisplay 的勾选去掉，排除因为 Main Camera 对山地挖模型的显示而造成的视觉干扰。

（5）切换到 Game 视图，调节 Camera 的视角范围，使山地挖模型的显示处于 UI 界面的右下角，并且保证其完全显示在 UI 界面内。运行程序，即可观察到步履式挖掘机模型在三维视景窗口中的作业演示及驾驶室内场景在三维视景窗口中的演示。

6.6.2 挖掘机工作回路动态仿真

6.6.2.1 模型透明化处理

正常情况下，Unity3D 开发环境中摄像机渲染的步履式挖掘机模型是实体化模型，只能看见其外表，在工作原理演示模块中，根据要求应该从步履式挖掘机的实体化模型过渡到其内部详细结构，包括液压元件、电器元件及管路油路等。步履式挖掘机透明模型的实现是利用透明材质赋予到山地挖实体模型。初始条件下，步履式挖掘机模型一般赋予 Diffuse 材质，为实体性材质，要实现步履式挖掘机模型的透明化，必须将其材质设置成透明材质，然后根据需要调节。

Unity3D 内置着色器，Transparent/Diffuse 材质不仅拥有 Diffuse 的属性，并且为透明材质。软件开发设计过程，每一个即将进行透明演示的零部件，包括液压元部件、整机外壳的材质属性调节为 Transparent/Diffuse，然后在窗口中调节 Main Color 的透明通道值，透明通道值可以变换材质的透明度，模型透明度效果与透明通道设置值的大小成反比。因此可以通过调节透明通道值直至透明效果满足场景需求，第二种方法是通过编辑外部配置来变换透明通道值的大小。可通过以下步骤完成材质修改：在编辑器中找到所有实体化模型中的材质文件，然后储存另一份，将另一份文件重新命名为同一个模型部件的透明材质，例如，将 Default 最初的材质文件备份后设置成 Default_TM，接下来调节 Default_TM 的属性，材质调节界面如图 6-28 所示，调节后的模型透明效果如图 6-29 所示。

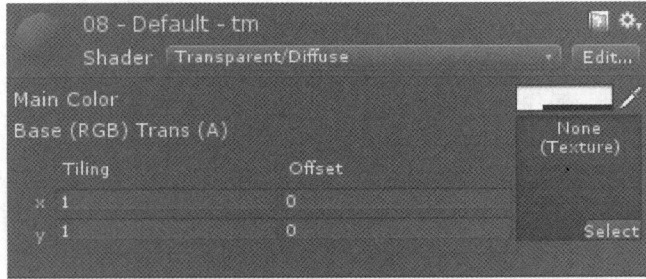

图 6-28　材质设置界面

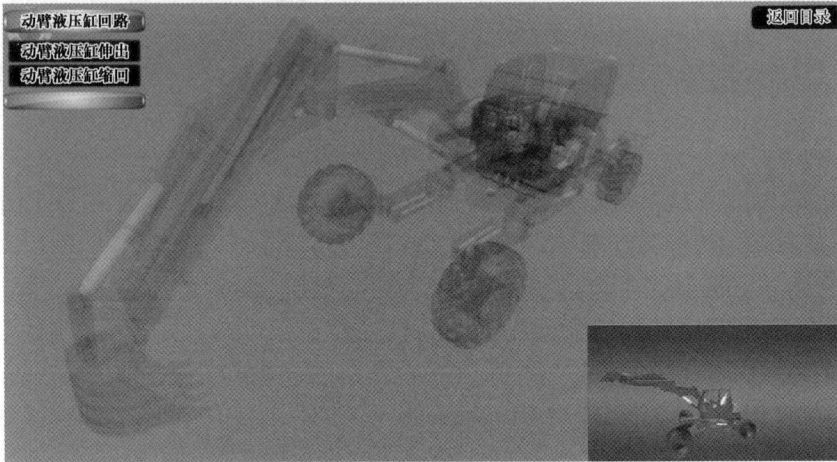

图 6-29　模型透明化效果图

6.6.2.2　模型变色处理

在开发工作原理模块时，为了达到模拟实车工作原理的效果，单条回路的演示过程中，每个模型都按照实车油路或者电流流动的顺序依次进行变色处理，模型根据需求变换成对应的颜色。

Unity3D 引擎中拥有功能强大的 Mesh Renderer 部件，可用于控制场景中对象模型对摄像机是否可见，如果对模型进行展示，可调节 Mesh Renderer 变量信息中的 enabled 为 true；如果该模型不展示，可调节 Mesh Renderer 变量信息中的 enabled 为 false。如图 6-30 所示为 Mesh Renderer 中列出的 Materials 信息，信息为模型中需要变化的对应材质。

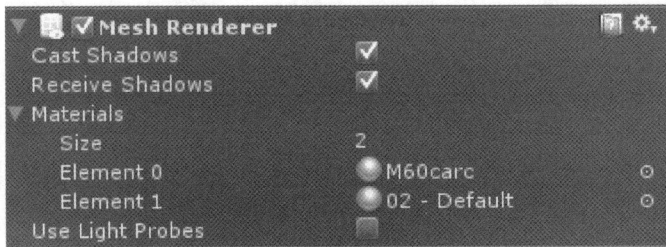

图 6-30　Mesh Renderer 界面

模型颜色变化是通过调节 Materials 列表下材质的颜色来实现的。根据演示需求，该模块开发环境中，当油路触发时，模型的颜色不仅需要变换还应该可以复原，因此必须对油路触发前模型的颜色进行储存，可按如下方法进行：在程序编写文档里新建 Mat_ Color_ Map 的类，并设置该类属性成 Dictionary<Transform，Dictionary<Material，Color>>，上述操作的作用是储存开发环境中 Transform 每个需要进行演示的材质信息，没进行任何操作的时候，没有材质显示在列表中，如果需要对该模型进行颜色变换时，最初的颜色记录在信息中，接着变换该模型的材质为另一个类型。变换颜色所需要的脚本见下述代码：

```
Void HighLightObject (Transform obj, Color cc)
{
MeshRenderer mesh = obj.GetComponent<MeshRenderer> ( );
if (mesh = =null)
{
    Return;
}
mesh.enabled=true;
Dictionary<Material, Color> mc = new Dictionary <Material, Color> ();
Foreach (Material m in mesh.materials)
{
Color c = new Color (m.color.r, m.color.g, m.color.b, m.color.a);
mc.Add (m, c);
m.color=cc;
}
if (! Mat_ Color_ Map.ContainsKey (obj) )
{
Mat_ Color_ Map.Add (obj,mc);
}
}
```

如果需要对模型颜色进行初始化，可以通过读取之前列表中记录的模型的颜色来进行模型颜色初始化。代码如下：

```
void UnHighLightObject (Transform obj)
{
  if (obj = =null) return;
  MeshRenderer mesh=obj.GetComponent<MeshRenderer> ();
  if (mesh = =null)
  {
   return;
  }
      if (! Mat_ Color_ Map.ContainsKey (obj) )
       {
        return;
      }
Dictionary<Material, Color>mc =Mat_Color_Map [obj];
foreach (Material mat in mesh.materials)
```

```
    }
  mat.color=mc [mat];
  }
}
```

当触发回路后，单条回路中的元件模型按照液压油的流动顺序进行颜色变化，为了达到更好的演示效果，可以通过修改配置文件或者运行时修改的方式进行设置，以实现每两个元件模型点亮中间设置 3 s 延迟。以此类推，该回路中每个元件模型都变色，以模拟油路或者电流流动过程。具体实现可以采取递归和延时进行调用，高亮方法嵌套延时调用本身，在当前回路演示完毕时，无元器件模型再须变色，此时可以关闭延时调用并退出递归。上述功能实现的脚本如下：

```
void Flash ()
{
  //点亮元器件模型操作
  If (此条回路中还有元器件没有点亮)
  {
    Invoke ("Flash", 3.0f); //延时调用点亮函数
  }
  else
  {
    CancelInvoke ("Flash"); //关闭延时调用点亮函数
  }
}
```

由于步履式挖掘机液压系统的复杂性，将不同系统回路的元件模型进行不同变色处理达到更好的演示效果，图 6-31 和图 6-32 分别为液压系统模型变色流程图和液压回路模拟效果图。

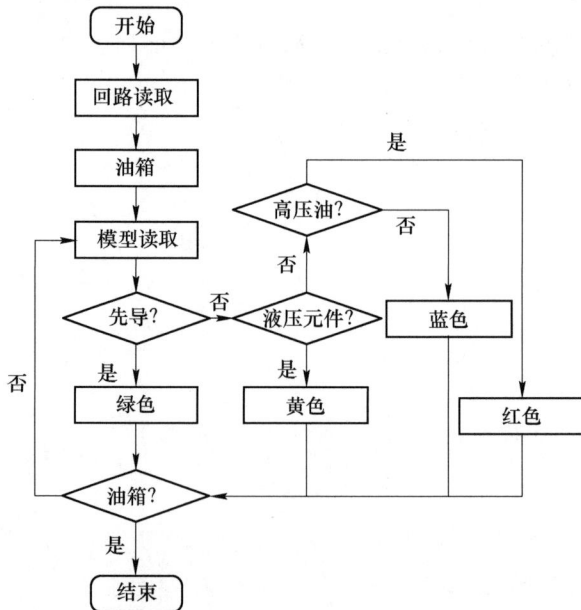

图 6-31　液压系统模型变色流程图

图 6-32 液压回路模拟效果图

6.6.2.3 摄像机跟随

在步履式挖掘机工作回路展示过程中，为了模拟实际油路工作过程，设置了油路流动跟随视角，为了实现这一功能就需要使摄像机跟随液压油流过的液压元件完成对应的变换。

Unity3D 引擎内置跟随组件 SmoothFollow. js 脚本。该脚本能够实现自动跟踪目标做出相对运动，同时能保证与目标维持固定的距离，可以监测目标的运动状态与虚拟环境中的物体。本系统开发场景中，可以将该组件赋给摄像机，接着默认目标是第三人称漫游角色，此时脚本就可以控制摄像机实现跟踪效果。基于开发功能的需求调节 SmoothFollow. js 的参数，也能够于脚本中做出实时改变，从而实现逼真的动态跟踪效果，具体的脚本信息见表 6-4。

表 6-4 SmoothFollow. js 具体信息

成 员 名 称	类 型	功 能 信 息
Target	Transform 变量	目标对象的位置引用
Distance	Float 变量	x-z 平面与目标对象之间的距离
Height	Float 变量	Camera 超出目标对象的长度
heightDamping	Float 变量	数量减少参数，该系数值与摄像机的移动速度成正比
rotationDamping	Float 变量	数量减少参数，该系数值与摄像机的旋转角速度值成正比
LateUpdate( )	函数	每次 Update 运行后，刷新摄像机的位置及坐标参数保证摄像机自动跟踪目标进行相对运动

利用 SmoothFollow 控制摄像机时并不能实现实时控制摄像机监测虚拟环境的效果，以至于摄像机监测区域有限，因此需要其他方式对摄像机实施控制，在保证 SmoothFollow 的

前提下，另添加并且调用自定义 CameraController. cs 脚本，接着修改 SmoothFollow 的参数从而灵活控制摄像机，以完成回路工作时更加逼真的模拟效果。CameraController. cs 脚本具体信息见表 6-5。

表 6-5　CameraController. cs 脚本具体信息

成员名称	类　型	功能信息
sf	SmoothFollow	SmoothFollow 组件引用
dataDistance	float	SmoothFollow 组件 distance 变量每次变化量
dataHeight	float	SmoothFollow 组件 height 变量每次转换量
Update（ ）	函数	调用时，外接设备修订 distance 值；设备维持行为，上下滑动改变 height 值。distance 和 height 值都在允许的范围内

6.6.2.4　摄像机成景

Unity3D 内置摄像机呈现的是一个窗口演示窗体，窗口以外的步履式挖掘机元器件被剪切掉，内部的步履式挖掘机元器件模型将会进入图像显示区域，然后通过调用图像渲染器来完成渲染。用户操纵模拟操控台触发步履式挖掘机液压回路工作，液压回路中的模型会逐一变色，摄像机会根据自身赋予的控制脚本（CameraController 与 SmoothFollow）跟随即将变色的模型移动，变色的步履式挖掘机元器件模型呈现在摄像机视野内，当 Camera 跟随模型变化时完成的渲染环境同时改变。因此，成像环境下的元器件模型不断成像，通过 Unity3D 完成相关处理后生成二维版界面，然后以该种形式演示其效果，形成如图 6-33 所示的工作回路动态仿真效果图，其成像原理如图 6-34 所示。

6.6.3　挖掘机动作仿真

6.6.3.1　动作分析

步履式挖掘机动作仿真即在步履式挖掘机虚拟训练系统软件中模拟步履式挖掘机实际工作时各个机构的动作，主要指步履式挖掘机工作机构的作业动作及行走机构行走动作，因此首先需要对步履式挖掘机的工作机构和行走机构进行结构与原理分析，再于 Unity3D 中进行各机构间连接方式配置、父子层级关系绑定、驱动力添加以完成步履式挖掘机动作仿真。

A　作业动作分析

步履式挖掘机采用全液压式驱动，上车作业机构主要由回转平台、动臂、伸缩式斗杆、铲头、连杆、快换装置等主要机构组成，其对应的液压驱动机构分别为回转马达、动臂液压缸、伸缩臂液压缸、斗杆液压缸、铲斗液压缸。

回转马达的运动驱动回转平台，连同动臂、伸缩式斗杆、连杆、铲斗等机构进行如图 6-35 所示③、④方向的回转作业。

动臂液压缸活塞杆的直线运动带动动臂，连同伸缩式斗杆、连杆、铲斗等机构进行如图 6-36 所示⑤、⑥方向的上升或者下降作业。

斗杆液压缸的活塞杆的直线运动带动伸缩式斗杆，连同连杆、铲斗等机构进行如图 6-37 所示的①、②方向的上升或者下降作业。

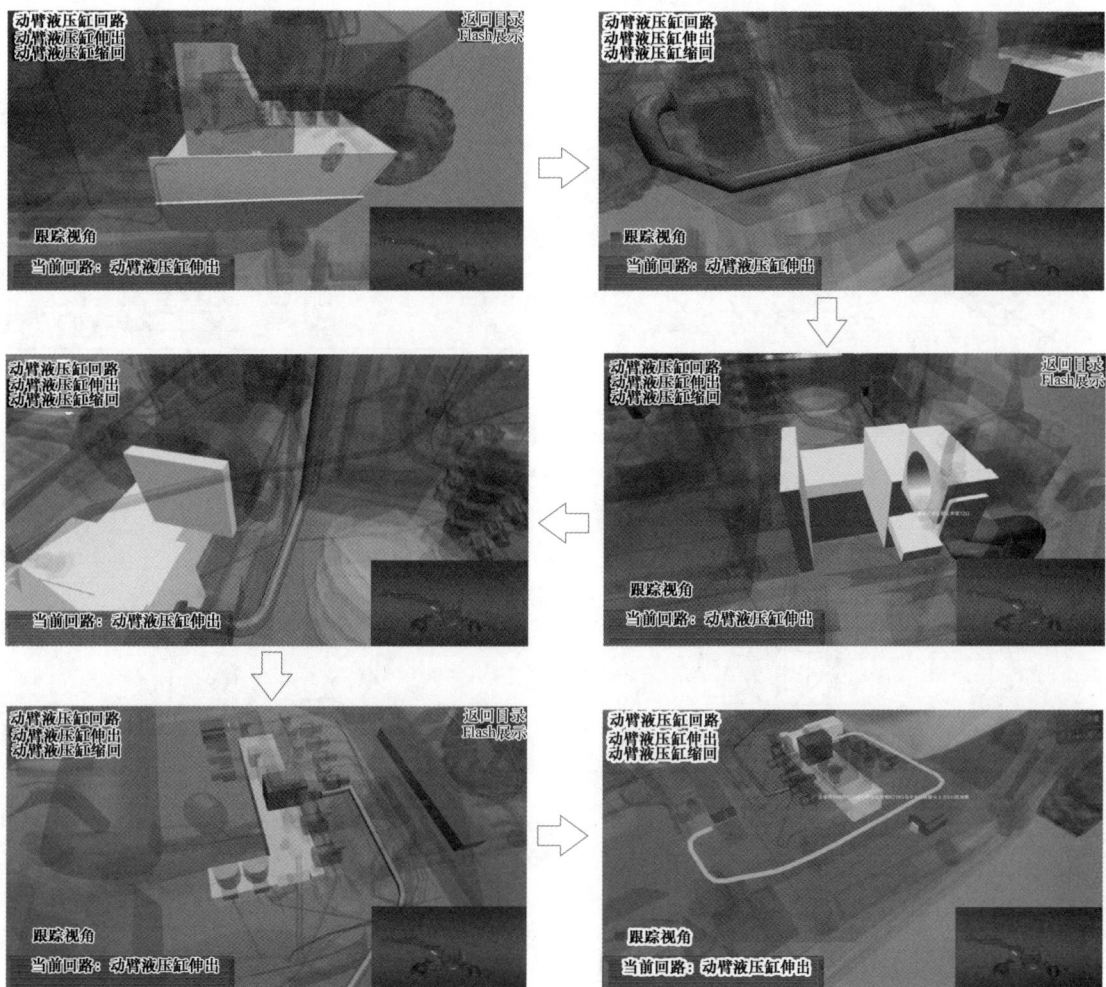

图 6-33 液压油三维动态效果图

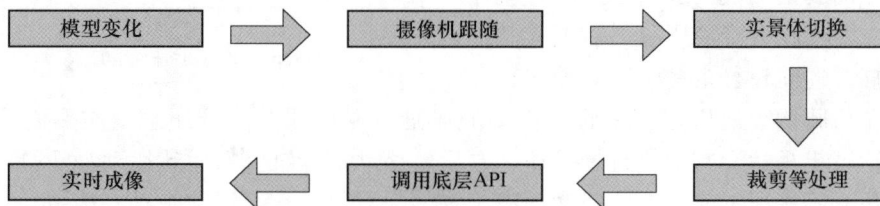

图 6-34 摄像机成像原理图

伸缩臂液压缸的活塞杆的直线运动带动伸缩式斗杆，连同连杆、铲斗等机构进行如图 6-38 所示的①、②方向的伸出、缩回作业。

铲斗液压缸的活塞杆的直线运动带动连杆、铲斗进行如图 6-39 所示⑦、⑧方向的挖掘卸载作业。

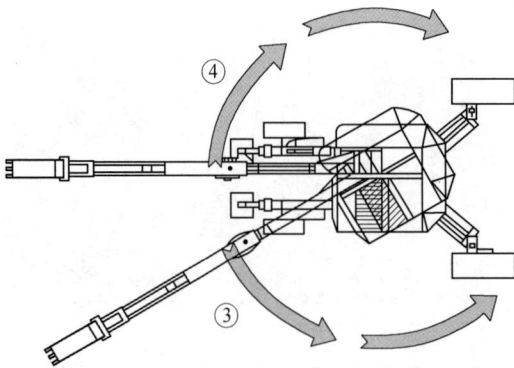

图 6-35 回转平台运动

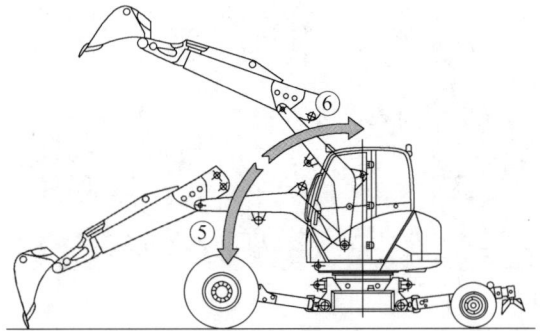

图 6-36 动臂运动

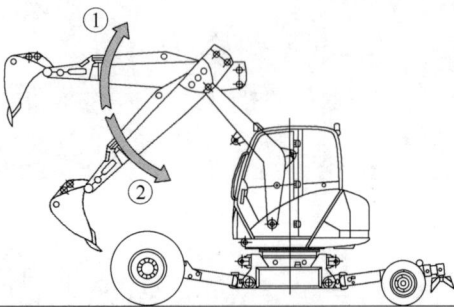

图 6-37 斗杆运动

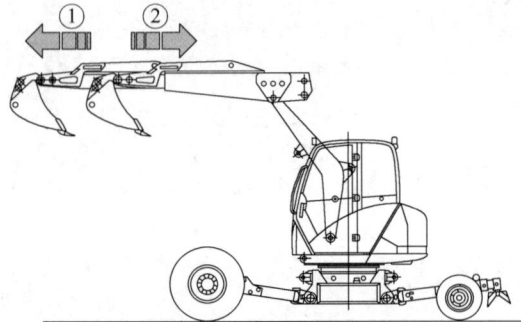

图 6-38 伸缩臂运动

B 行走动作分析

底盘行走机构主要由左前腿、右前腿、左前支腿、右前支腿、左前爪、右前爪、左前轮、右前轮、左后腿、右后腿、左后轮、右后轮等组成。其对应的驱动结构分别为左前腿升降液压缸、右前腿升降液压缸、左前腿摆动液压缸、右前腿摆动液压缸、左前支腿升降液压缸、右前支腿升降液压缸、左前轮行走马达、右前轮行

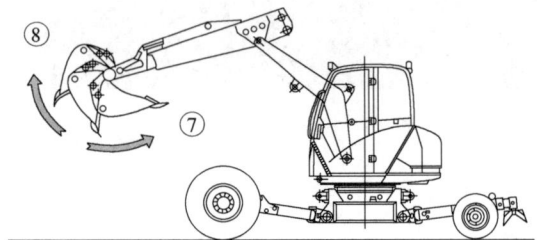

图 6-39 铲斗运动

走马达、左后腿摆动液压缸、右后腿摆动液压缸、左后腿升降液压缸、右后腿升降液压缸、左后轮行走马达、右后轮行走马达、左后轮摆动液压缸、右后轮摆动液压缸。

左前腿升降液压缸或者左前腿摆动液压缸的活塞杆的直线运动带动左前腿，连同左前支腿、左前轮、左前爪进行如图 6-40 和图 6-41 所示⑤、⑥方向的升作业降或者⑦、⑧方向的摆动作业。

右前腿升降液压缸或者右前腿摆动液压缸的活塞杆的直线运动带动右前腿，连同右前支腿、右前轮、右前爪进行如图 6-42 和图 6-43 所示⑤、⑥方向的升降作业或者⑦、⑧方向的摆动作业。

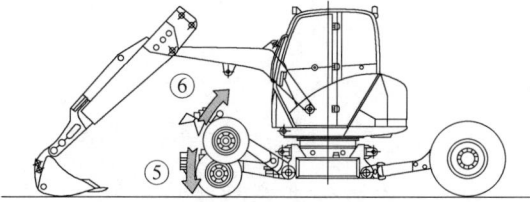

图 6-40　左前腿升降运动

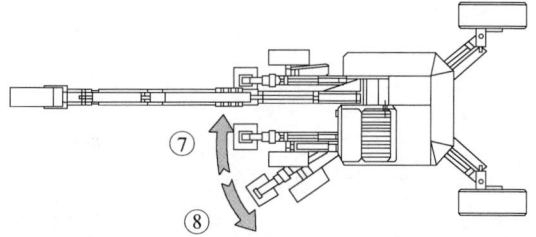

图 6-41　左前腿摆动运动

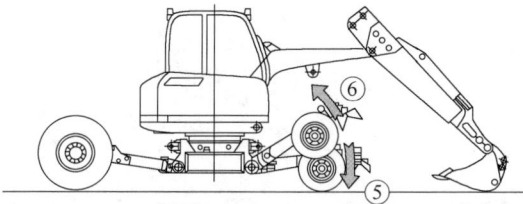

图 6-42　右前腿升降运动

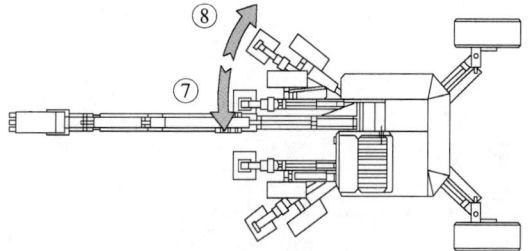

图 6-43　右前腿摆动运动

左前支腿升降液压缸的活塞杆的直线运动带动左前支腿、左前爪进行如图 6-44 所示的⑤、⑥方向的升降作业。

右前支腿升降液压缸的活塞杆的直线运动带动右前支腿、右前爪进行如图 6-45 所示⑤、⑥方向的升降作业。

左后腿升降液压缸或者左后腿摆动液压缸的活塞杆的直线运动带动左后腿，连同左后轮进行如图 6-46 和图 6-47 所示③、④方向摆动作业或者①、②方向升降作业。

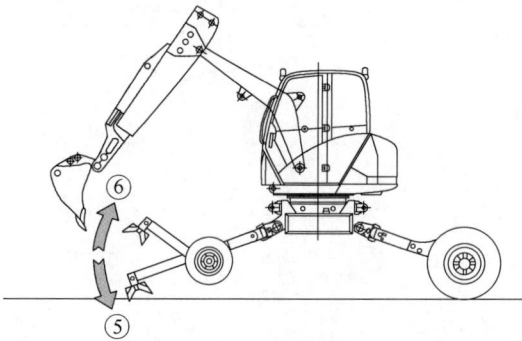

图 6-44　左前支腿运动

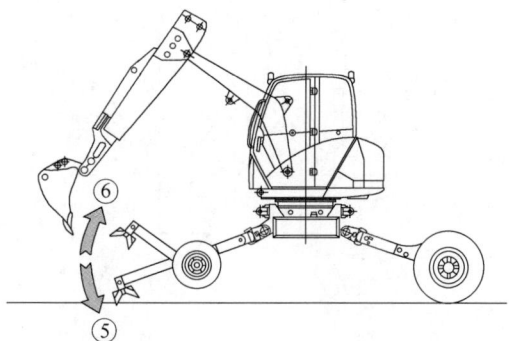

图 6-45　右前支腿运动

右后腿升降液压缸或者右后腿摆动液压缸的活塞杆的直线运动带动右后腿，连同右后轮进行如图 6-48 和图 6-49 所示③、④方向摆动作业或者①、②方向升降作业。

左/右后轮摆动液压缸的活塞杆的直线运动带动左/右后轮进行如图 6-50 所示⑪、⑫方向左右摆动作业。

4 个行走马达的运动分别驱动 4 个轮进行如图 6-51 和图 6-52 所示①、②方向的前进后退作业。

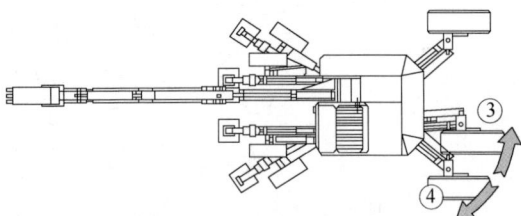

图 6-46　左后腿摆动运动

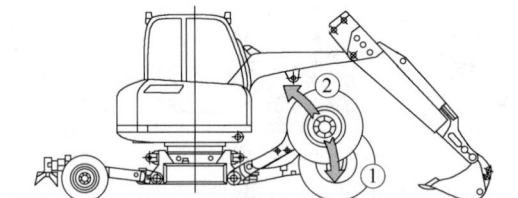

图 6-47　左后腿升降运动

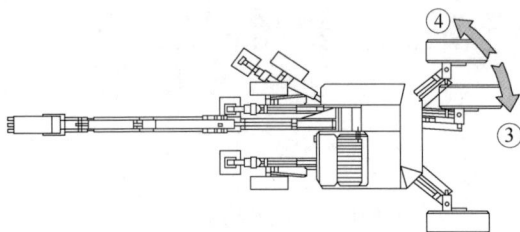

图 6-48　右后腿摆动运动

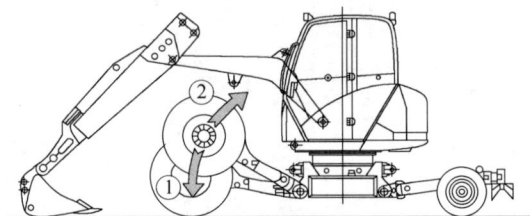

图 6-49　右后腿升降运动

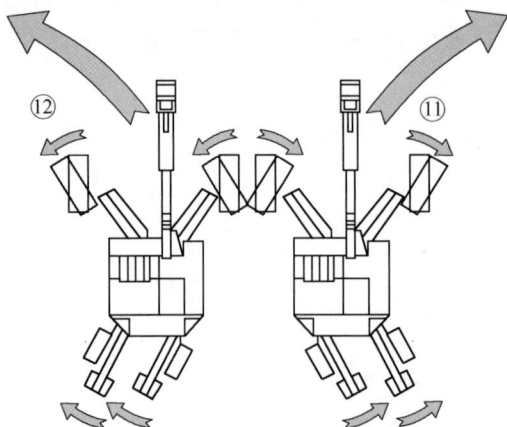

图 6-50　左/右后轮摆动运动

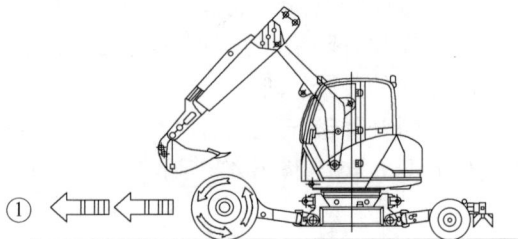

图 6-51　前进运动

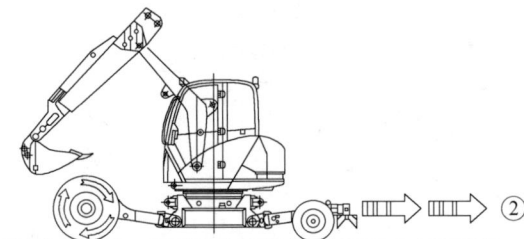

图 6-52　后退运动

6.6.3.2　连接方式配置

导入到 Unity3D 场景中的模型并不具有运动约束关系，因此实现步履式挖掘机作业仿真的首要步骤是对步履式挖掘机结构进行连接方式配置，以实现各机构间的运动约束，在

Unity3D中内置有强大的"关节"功能，该功能可用于对复杂的机械结构间进行运动约束添加。Unity3D中的关节分固定关节（Fixed Joint）、链条关节（Hinge Joint）、角色关节（Character Joint）、弹簧关节（Spring Joint）和可配置关节（Configurable Joint）5种，具体功能见表6-6。通过可配置关节用户可以根据实际情况进行配置，所以是最常使用的配置方式。

表 6-6　Unity3D 关节

关 节 名 称	关 节 介 绍
链条关节（Hinge Joint）	两个不同的对象通过链条关节关联，之间形成恒定不变的力矩，如果施加在两个对象的力矩大于此值，两个对象便会相互拉拢
固定关节（Fixed Joint）	两个对象的相对位置保持不变，当一个对象的坐标位置发生改变，另一个对象以第一个对象的坐标为参考作出相对改变
弹簧关节（Spring Joint）	两个对象如同通过弹簧连接，当两个对象的距离导致弹簧压缩时，便会产生反方向排斥力，当两个对象距离过远导致弹簧产生拉力时，便会产生相向的拉力
角色关节（Character Joint）	角色关节就如同人的骨关节，两个对象通过该关节连接后便可进行三维空间大角度的旋转
可配置关节（Configurable Joint）	可以通过修改参数，配置成任何形式的关节，需根据实际情况进行配置，因此配置周期较长

由前面挖掘机动作分析可知，步履式挖掘机作业装置可完成铲斗挖掘卸载、伸缩臂伸出缩回、斗杆上升下降、动臂上升下降这4种动作，分别涉及铲斗与伸缩臂的连接、伸缩臂与斗杆的连接、斗杆与大臂的连接、大臂与驾驶室的连接、铲斗与铲斗油缸活塞杆的连接、铲斗油缸缸体与伸缩臂的连接、伸缩臂油缸活塞杆与伸缩臂的连接、伸缩臂油缸缸体与斗杆的连接、斗杆油缸活塞杆与斗杆的连接、斗杆油缸缸体与大臂的连接、动臂油缸活塞杆与伸缩式斗杆的连接、动臂油缸缸体与大臂的连接。

山地挖行走机构可完成支腿上升下降、前腿上升下降、前腿左右摆动、后腿上升下降、后腿左右摆动、车轮旋转、后轮转向7种动作，分别涉及支腿与前腿的连接、前腿与底盘的连接、后腿与底盘的连接、前轮与前腿的连接、后轮与后腿的连接、支腿与支腿油缸活塞杆的连接、支腿油缸缸体与前腿的连接、前腿与前腿油缸活塞杆的连接、前腿油缸缸体与底盘的连接、前轮与前腿的连接、后腿升降油缸缸体与底盘的连接、后腿升降油缸活塞杆与后腿的连接、后腿摆动油缸缸体与底盘的连接、后腿摆动油缸活塞杆与后腿的连接、后轮转向油缸缸体与后腿的连接、后轮转向油缸活塞杆与后轮的连接。

以上对挖掘机模型进行连接配置以实现运动约束中，都能够通过上述的方式完成。现以步履式挖掘机铲斗挖掘卸载作业为例，利用 Unity3D 的关节功能实现结构间的关节绑定。

由于步履式挖掘机铲斗和伸缩臂通过转轴连接，当铲斗液压缸伸出或者缩回时，铲斗以转轴为中心轴进行旋转，活动范围为 0°~168°。因此对于铲斗与伸缩臂的连接约束，首先需要为铲斗和伸缩臂添加刚体属性（Rigidbody），然后在两者之间添加链条（Hinge Joint）以达到连接效果。由于铲斗相对伸缩臂仅以某一个坐标轴为中心轴做旋转运动，即只保留一个自由度，本书研究的系统环境中铲斗围绕 X 轴做旋转运动，因此只保留 X 轴的旋转运动，锁定 Y 轴和 Z 轴旋转旋转及三轴平稳。然后根据步履式挖掘机自身运动参数，设置铲斗活动范围为 0°~168°。因为 Hinge Joint 结构弹性非常小，把 Projection Mode 调节成 Position and Rotation，同时弹性距离及角度都设置为 0°。按照上述方法配置完成后铲斗即被关节所约束，和伸缩臂相配合，并且仅可以在设置好的角度范围内进行挖掘作业，图 6-53 为配置界面图。

其他机构的运动约束配置可根据各自的运动参数按照上述方法进行，表 6-7 为其他结构作业参数。

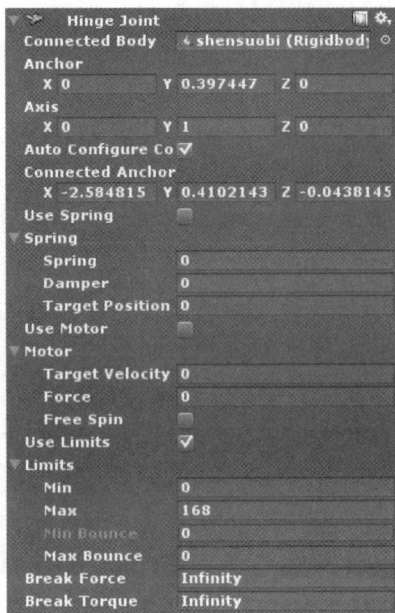

图 6-53　配置界面图

表 6-7　其他结构作业参数

机 构 名 称	数　值
铲斗转角	0°~168°
斗杆转角	0°~104.7°
动臂仰角/俯角	0°~69.6°/0°~31.8°
行驶速度	0~10 km/h
平台回转转速	0~10 r/min

由于步履式挖掘机整车大多采用液压缸驱动，因此除了上述结构间的运动约束，液压缸体与活塞杆的运动约束实现也是一大重点，下面对利用 Unity3D 实现液压缸体与活塞杆的约束进行介绍：在 Unity3D 中可通过在液压缸缸体与活塞杆脚本中施加注视约束（transform. LookAt）来实现缸体与活塞杆的运动约束，利用注视约束使一个对象以另一个对象为参考做出相互约束的运动。一个对象会以某一基准点面向另一对象。两个对象会以某一基准点为基准保持相对运动，当两个对象以基准点为参考发生方向改变时，方向改变的对象则会产生翻转行为，进入正位置状态。

以实现铲斗液压缸缸体与活塞杆约束为例介绍，具体步骤如下：

（1）在菜单面板上通过 GameObject→Create Empty 创建两个空物体命名为 Point1、Point2；

（2）在 Scene 视图中调节 Point1 至铲斗液压缸活塞杆与连杆 1 连接的位置，调节 Point2 至铲斗液压缸缸体与伸缩臂连接的位置；

（3）在 Hierarchy 面板上找到 Point1，拖动至连杆 1 层级下，完成 Point1 向连杆 1 的绑定，找到 Point2 拖动至伸缩臂层级下，完成 Point2 向伸缩臂的绑定；

（4）利用 C#编写以下脚本实现铲斗液压缸缸体向 Point1 的注视约束：

```
public Transform point1;
  void Update () {
     Transform .LookAt ( point1);
}
```

同理，编写以下脚本实现铲斗液压缸活塞杆向 Point2 的注视约束：

```
public Transform point2;
void Update () {
    transform.LookAt ( point2);
}
```

图 6-54 为铲斗液压缸缸体与活塞杆注视约束示意图。

其他液压缸缸体与活塞杆运动约束实现方法与上述方法相同。

6.6.3.3 父子层次关系绑定

由前面动作分析可知步履式挖掘机作业时存在联动关系，因此需要确定步履式挖掘机各机构间的父子层级关系再于 Unity3D 中进行父子层级关系绑定，根据前面对于步履式挖掘机的动作分析确定步履式挖掘机工作装置和行走机构的父子层级关系模型如图 6-55 和图 6-56 所示。

6.6.3.4 驱动的实现

完成关节与父子层级关系的设置后，步履式挖掘机模型已经拥有作业动作实现

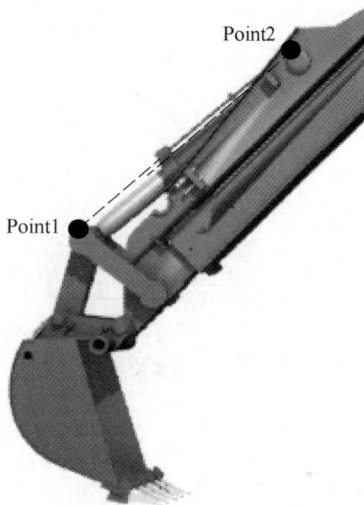

图 6-54 铲斗液压缸缸体与活塞杆注视约束示意图

的基础条件，根据实车可知所有机械结构都由液压缸或者液压马达驱动，因此需要对执行机构添加驱动力方可实现步履式挖掘机作业动作仿真。

步履式挖掘机驱动采用正向运动学和反向运动学协同运算实现，对于液压缸驱动的机构可通过对子对象（动臂、前腿、支腿、伸缩臂等）添加驱动力，带动父对象（液压缸活塞杆或者液压缸缸体）运动，实现反向运动学，模拟实装动作。

正向运动学（FK）：可以变换父对象来移动它的派生对象（它的子对象、它们的子对象等）。

反向运动学（IK）：可以变换子对象来移动它的祖先（位于链上方的父对象等）。可使用 IK 将对象粘在地面上或其他曲面上，同时允许链脱离对象的轴旋转。

在步履式挖掘机实装工作装置中，伸缩臂的伸出缩回是由液压缸驱动的，本节 Unity3D 中仿真可近似将其视为匀速运动。因此，实现伸缩臂的伸出缩回运动需要对伸缩臂脚添加位移脚本 GameObject. transform. Translate( )，由于之前已进行运动约束配置和层级关系绑定，此时伸缩臂的运动便可反向带动伸缩臂液压缸实现运动。铲斗挖掘卸载、斗杆上升下降、动臂上升下降靠液压缸驱动进行旋转，此处的仿真近似视为恒力矩驱动，因此，实现铲斗挖掘卸载、斗杆上升下降、动臂上升下降需要对铲斗、斗杆、动臂添加恒力

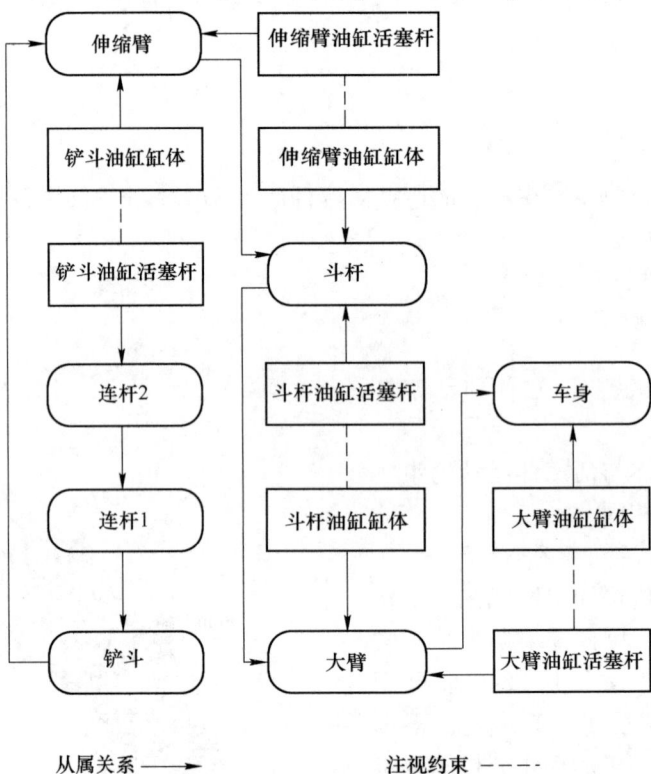

图 6-55　工作装置层级模型

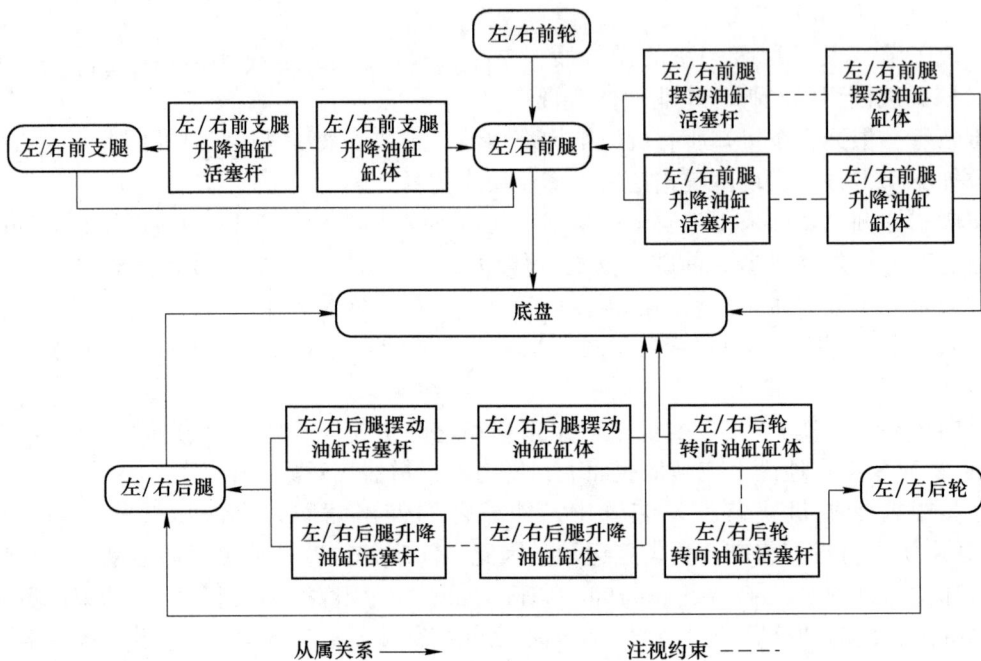

图 6-56　行走机构层级模型

矩脚本 GameObject. rigidbody. AddrelativeTorque ( ),此时铲斗、斗杆、动臂的运动变反向带动分别对应的液压缸进行运动。平台的回转是由液压马达驱动,此处仿真近似视为恒转速转动,因此,实现平台的回转需要对平台添加旋转脚本 GameObject. transform. Rotate ( ),此时平台回转运动则反向带动回转马达驱动轴进行运动,通过以上方法可近似模拟出步履式挖掘机工作装置的驱动作业。

在仿真过程中,步履式挖掘机实装行走装置支腿升降、前后腿升降摆动、后轮转向也都由液压缸驱动,可以视为恒力矩驱动,所以,实现支腿升降、前后腿升降摆动、后轮转向,需要对支腿、前后腿、后轮添加恒力矩脚本 GameObject. rigidbody. AddrelativeTorque ( ),此时支腿、前后腿、后轮的运动则反向带动对应的液压缸进行运动。前后轮的旋转由行走马达驱动,仿真中视为恒转速转动,因此,实现前后轮的旋转需要对前后轮添加旋转脚本 GameObject. transform. Rotate( ),此时前后轮的旋转运动便会反向带动对应的液压马达驱动轴进行运动。通过以上操作可近似模拟出步履式挖掘机行走装置的驱动作业。

6.6.4　基于碰撞检测的整机查看

6.6.4.1　碰撞检测算法分类

碰撞检测 (Collision Detection) 也称干涉检测和接触检测,在游戏开发过程中碰撞检测也是必不可少的,现实生活中人不能凭空穿过一道墙,地上的几个石头不可能同时放于一个空间领域,同样在游戏开发中所有构建的虚拟场景也要符合现实逻辑,不添加碰撞的两个实体会产生交叉现象,违背了实际规律,为了能够逼真地模拟出现实情况,引入碰撞检测算法,但由于现实中物体形状的复杂不一,实现碰撞检测也成为了游戏开发中的重点难题。

按照时间和方向的划分方式可将碰撞检测技术按照下述进行类别划分。

(1) 根据时间方向划分。

从时间方向进行分类,能够将碰撞检测算法划分成离散型、连续型和静态型三种类型。三种碰撞检测的算法有其各自的特点和定义:静态型碰撞检测算法是在处于开发环境中的对象在的状态不随时间的变化而改变的前提下,检测该环境下对象是否产生碰撞的算法;离散型碰撞检测算法是在开发环境中不同的时间点检测对象是否发生碰撞的算法;连续型碰撞检测算法是在一段不间断的时间内,检测对象是否发生碰撞的算法。

(2) 根据空间方向的划分。

从空间方向进行分类,可以将空间碰撞算法划分为基于物体与基于图像的两种空间碰撞检测算法。两种算法同样有着各自的不同和定义,基于物体的空间碰撞检测算法通过计算机技术计算物体的三维物体特性来进行求解的算法;基于图像的空间碰撞检测算法则是通过计算机技术对物体进行平面投影得出图像并且根据深度信息进行求解的算法。

6.6.4.2　空间碰撞检测

A　球体碰撞

在场景中进行碰撞检测时,大多数对象都为规则形状,球体碰撞是规则形状中最方便简单的碰撞类型,在球体碰撞检测过程中只需知道球体半径和球心距即可进行碰撞检测。

球体碰撞原理如下:如图 6-57 所示,有两个球体分别为 c_1、c_2,其半径分别为 r_1、r_2,设 d 为球 c_1、c_2 的球心距,计算 r_1+r_2 的数值,有如下结果:当 $d<r_1+r_2$ 时,两球体相交,那么两个物体即产生了碰撞;当 $d>r_1+r_2$ 时,未碰撞。

综上所述，球体碰撞的优点是计算过程简单，用起来方便，而且碰撞检测处理速度快，对于计算机环境要求不高，但是球体碰撞也有缺点，由于球体碰撞只适用于一些外形规则的物体的碰撞，对于外形复杂的物体，球体碰撞则不适用，此时需考虑其他碰撞类型。

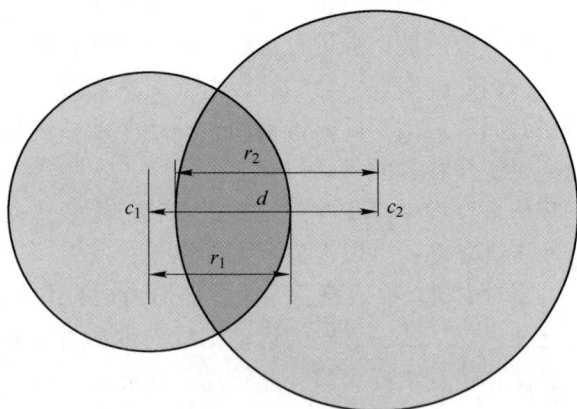

图 6-57　球体碰撞

B　AABB 边界框检测

AABB 边界框检测原理如下：如图 6-58 所示，为 AABB 边界模型，盒体与坐标轴间具有特殊的位置关系，这样就能够减少盒体使用过程中转换操作次数，这也是 AABB 边界框检测一个优势。AABB 检测技术广泛应用于游戏开发领域，常常被开发人员用作碰撞检测的模型。

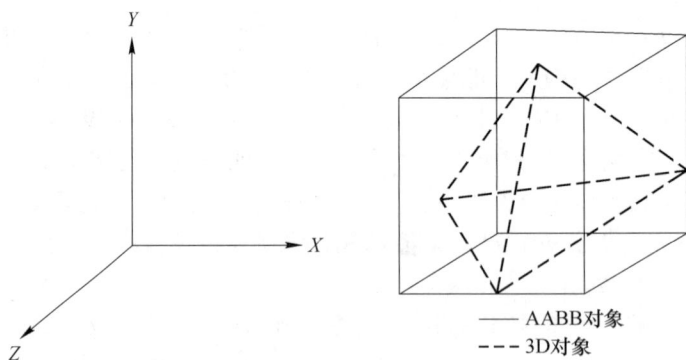

—— AABB对象
---- 3D对象

图 6-58　AABB 边界模型

AABB 立方体边界框检测碰撞检测算法受物体方向的影响，当一个物体的方向变化时，通过 AABB 立方体边界框检测碰撞检测算法得出的最终结果同样随之变化，这是相对于球体碰撞最大的不同，由于球体碰撞自由度只有一个，碰撞计算结果不会因为物体方向的改变而发生变化，也就是说，球体碰撞对于物体的方向没有敏感性，因此当物体发生方向改变时，可以对 AABB 作出相应的改变，并通过物体方向改变后的坐标位置再次计算其边界。

C　OBB 树碰撞检测

图 6-59 为 OBB 树碰撞检测，OBB 树碰撞检测可以根据所检测的物体的形状大小形成一种更适合该物体的包围盒，就如同物体表面的衣服一样，OBB 树碰撞检测相对于其他碰撞类检测算法来说，计算更加准确，过度的计算量也导致该碰撞检测计算速度过慢，因此对计算机的环境有一定要求，而且 OBB 树碰撞检测不适合于柔性和动态的物体。

在 Unity3D 引擎中，也提供了与 OBB 树碰撞检测原理相同的算法，对物体实施网格绘制，生成条件最优的包围盒，Unity3D 中提供的 Mesh Collider 也属于 OBB 树碰撞检测算

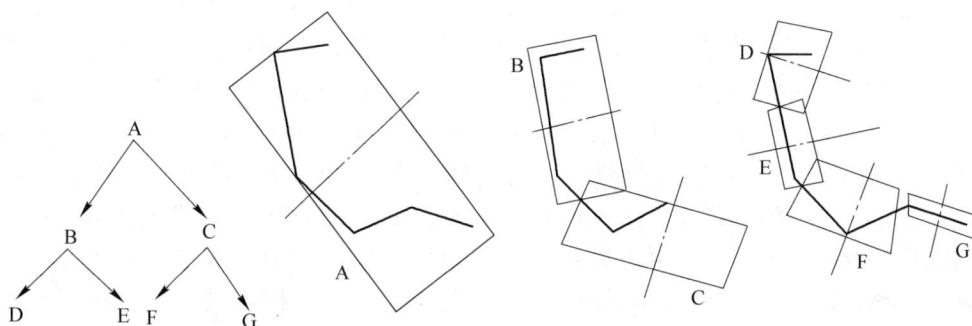

图 6-59 OBB 树碰撞检测

法的一种，通过 Unity3D 引擎能够为对象添加 Mesh Collider，使其形成最合适的 OBB 树碰撞检测包围盒，实现碰撞检测。

6.6.4.3 步履式挖掘机整机查看

模拟训练平台设置了结构组成模块，在查看步履式挖掘机整机结构组成时，很多内部的液压电气零件都被步履式挖掘机外部的壳体或者零件所遮挡，无法看到内部的工作元件。针对这一问题，设计了整机查看功能，对模型进行了相应处理。当鼠标点击到外部遮挡的壳体或者元件时，外部的壳体或者元件会隐藏，让内部需要被查看的元器件显露出来，该功能的实现是在 Unity 中利用碰撞检测实现。

Unity3D 平台中经常使用的碰撞检测包围盒有 SphereCollider、WheelCollider、BoxCollider 和 MeshCollider 4 种，如图 6-60（a）~（d）所示分别为添加包围盒后的效果。

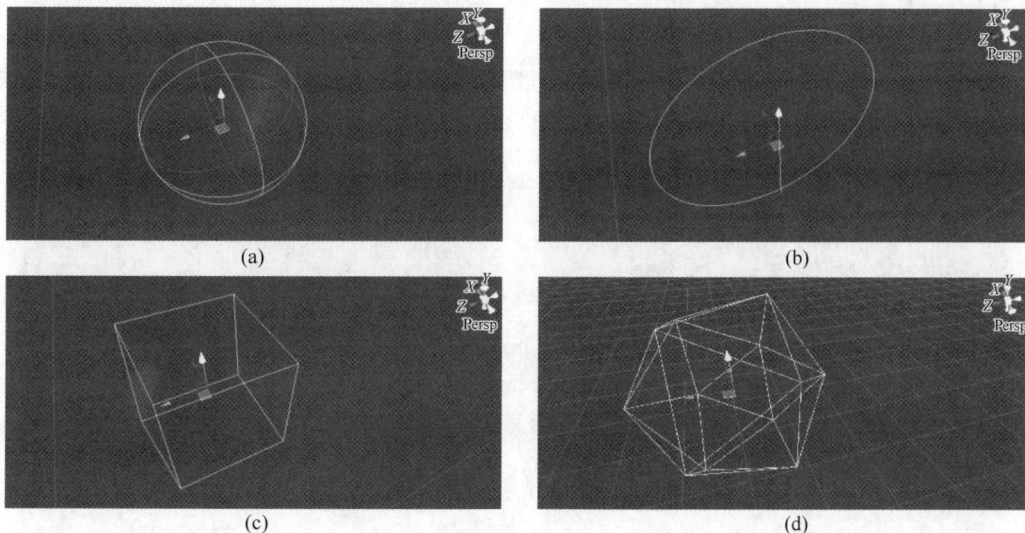

图 6-60 包围盒

（a）SphereCollider；（b）WheelCollider；（c）BoxCollider；（d）MeshCollider

除此之外在该引擎中还内置有另外一种碰撞检测系统，简称射线碰撞，该碰撞检测系统有很强大的功能并且应用广泛，在很多游戏开发的时候被很多开发人员所应用，射线碰撞检测系统工作的时候会向某一固定方向发射具有固定长度的射线，所有与之产生交涉行为的物体都会由于射线触发已经编好的事件，射线所构成的区域为碰撞检测区域，与之产生交涉行为的为刚体碰撞器，两者的交互触发对应事件的触发，从而实现对应的人机交互功能。

　　步履式挖掘机整机查看实现是利用 Unity 对步履式挖掘机模型每个零件添加 MeshCollider 包围盒，利用光线投射探测、包围盒碰撞检测、射线检测到碰撞事件后，获得碰撞位置和碰撞物体的名称，此时利用 meshrenderer. enabled＝false 隐藏绘制网格，碰撞物体则隐藏对摄像机不可见，可查看内部工作元件，当需要显示外部壳体或者元件时利用 meshrenderer. enabled＝true 显示绘制网格，之前隐藏的模型对摄像机可见，从而实现对步履式挖掘机整机查看的功能。如图 6-61 和图 6-62 所示为系统软件结构组成模块中整机查看功能效果图。

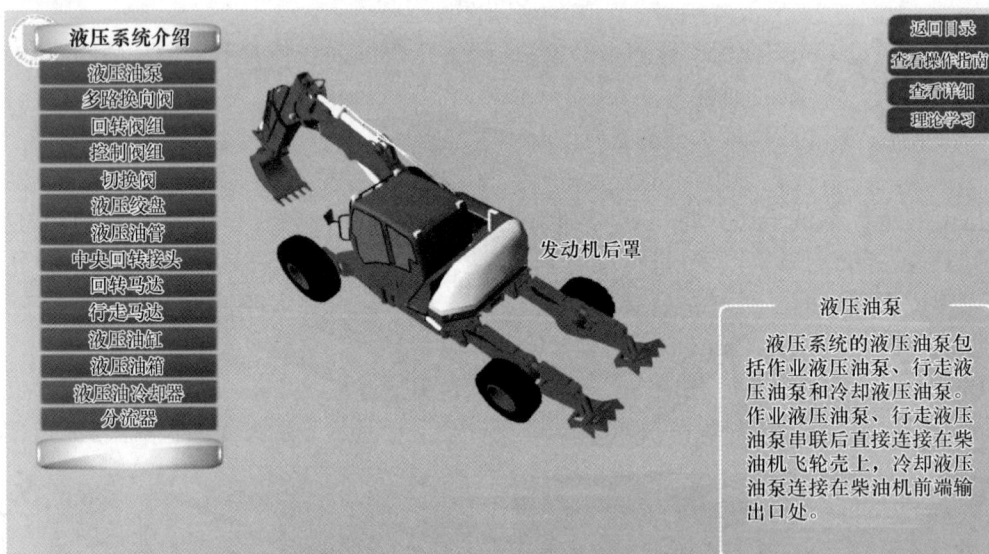

图 6-61　发动机后罩隐藏前效果

图 6-62　发动机后罩隐藏后效果

6.7 步履式挖掘机模拟训练功能实现

6.7.1 结构组成模块

结构组成模块设置了装备简介、液压系统、电气系统和理论知识，考核 4 个交互学习科目，用于受训人员对于整车结构组成、功能特点等相关知识的学习，为后续对于步履式挖掘机系统工作原理的学习及保养训练提供理论基础。

6.7.1.1 装备简介

"装备简介"主要用于受训人员掌握步履式挖掘机的相关用途、特点等相关知识，让受训人员对步履式挖掘机整机有个初步的了解，具体实现如下：

进入步履式挖掘机虚拟训练系统软件主界面，选择"结构组成"模块，进入次级菜单，选择"装备简介"进入下一级界面，界面背景为步履式挖掘机实装作业介绍视频，装备简介下设置有关步履式挖掘机实装的"主要用途""技术特点""战术指标""外形尺寸" 4 项内容，如图 6-63 所示。

图 6-63 装备简介界面

分别点击"主要用途""技术特点""战术指标""外形尺寸" 4 个按钮调用对应文字介绍，如图 6-64 所示，受训人员可通过视频及文字介绍对步履式挖掘机有个整体了解。

6.7.1.2 液压系统/电气系统模拟训练

"液压系统或电气系统"主要用于受训人员对步履式挖掘机系统工作原理的交互式学习，培养其掌握整机系统的工作原理，为受训人员进行步履式挖掘机维修训练提供理论基础。具体实现如下：

点击"返回目录"退回次级菜单界面，选择"液压系统"或者"电气系统"，进入下一级界面，点击"液压系统"，进入下一界面，用于受训人员学习液压油泵、多路换向阀、回转阀组、控制阀组、切换阀、液压绞盘、回转马达、行走马达等液压件。选择"液压油泵"，点击后步履式挖掘机透明模型呈现在界面中间区域，液压油泵模型以红色

图 6-64　文字介绍界面

高亮显示，其所在回路以黄色高亮显示，界面右下角为液压油泵的相关文本介绍如图 6-65 所示，受训人员以此确定每个液压件在实车的具体位置及在实装中的具体作用，为实装维修提供理论基础。

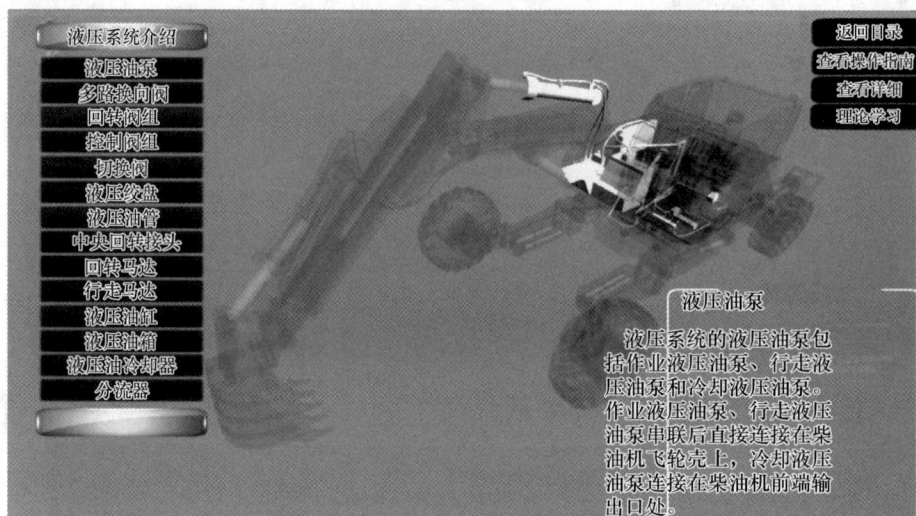

图 6-65　液压系统界面

　　点击"查看详细"，除液压油泵以外模型隐藏，界面显示液压油泵具体结构，如图 6-66 所示，受训人员可通过鼠标放大缩小或者旋转模型查看液压油泵具体结构及对应的液压油口。

　　点击"查看操作指南"，显示系统软件其他交互按键信息，按照操作指南提示，按下"键盘 K 键"，界面模型切换到实体模式，按下"键盘 L 键"，模型切换到初始透明状态，受训人员可通过切换查看步履式挖掘机内部及外部结构。

　　"Ctrl+鼠标左键"点击模型上任意元件，元件隐藏，"Shift+鼠标右键"点击任意区

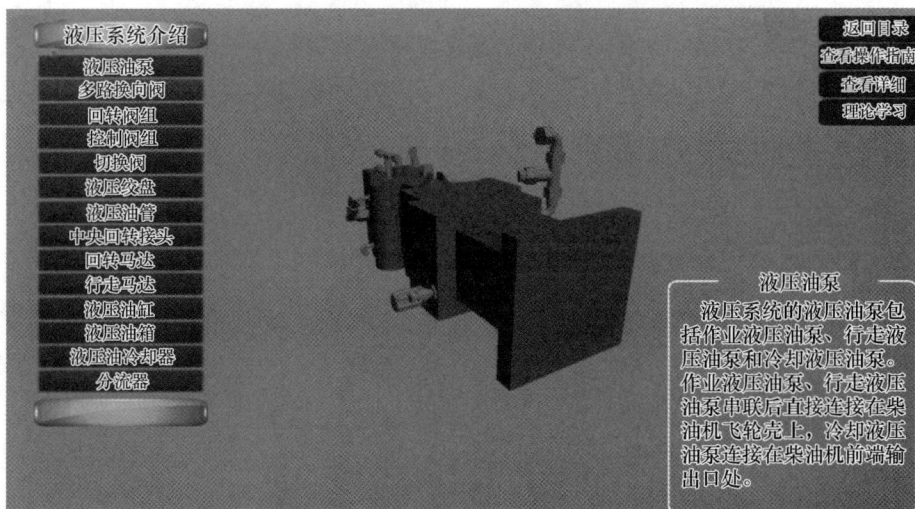

图 6-66 液压油泵界面

域，隐藏模型恢复初始状态，通过上述交互方式，实现了对步履式挖掘机整机各个元件进行查看。

按照上述形式设置其他液压元件或者电器件功能模块，用于交互式学习。

6.7.1.3 理论知识考核

"理论知识考核"主要用于考核受训人员对之前所学习的步履式挖掘机相关知识的掌握，具体实现如下：

点击"返回目录"退回次级菜单界面，选择"理论考核"，进入下一级界面，如图 6-67 所示理论知识考核界面。系统随机抽取 10 道考核题目，每题 10 分，考核以判断题形式进行，点击"正确"或者"错误"做出答案，点击"上一题"或者"下一题"进行试题切换，考核结果界面如图 6-68 所示。

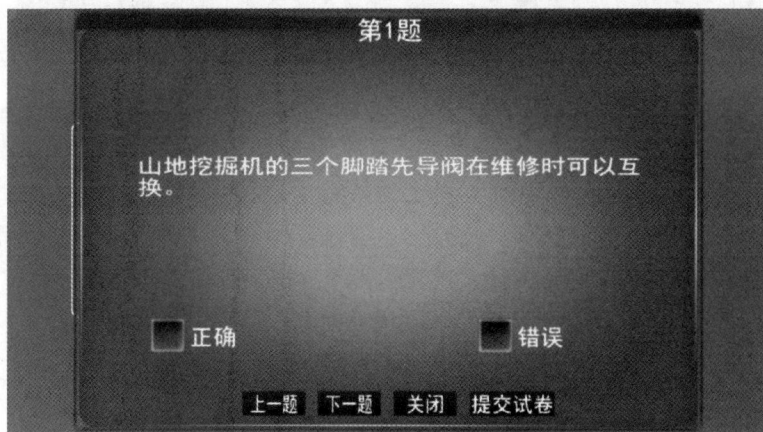

图 6-67 理论知识考核界面

答题结束后，点击"提交试卷"系统弹出考核结果，如图 6-68 所示，受训人员可以此评估之前对步履式挖掘机结构组成的掌握程度。

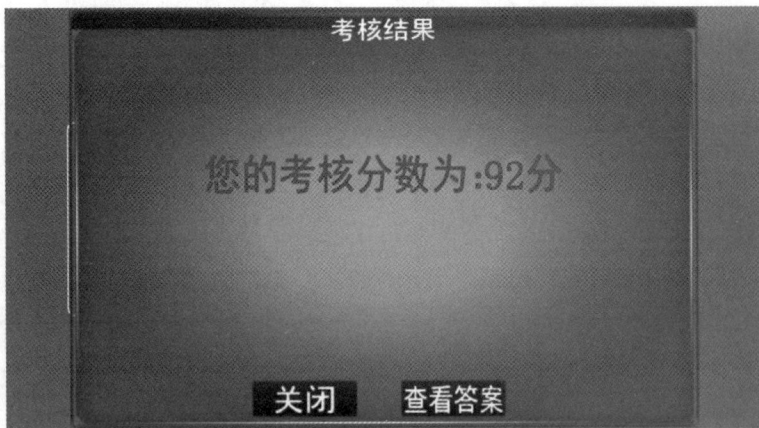

图 6-68　考核结果界面

　　点击"查看答案"，系统弹出界面显示每道题的答题结果，如图 6-69 所示，受训人员可根据结果学习没有掌握的知识点。

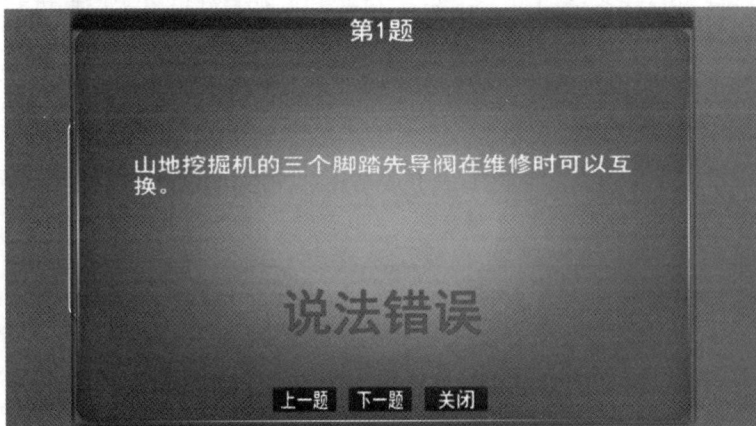

图 6-69　答题结果界面

6.7.2　工作原理模块

　　工作原理模块主要用于培养受训人员掌握步履式挖掘机系统的工作原理，为部队人员对于该装备维修训练提供理论支撑。该模块设置了自主学习和自动浏览两个模式，方便于受训人员根据自身学习进展进行步履式挖掘机系统工作回路的交互式学习。

6.7.2.1　自主学习模式

　　"自主学习模式"下受训人员可根据自身学习进展，控制系统工作过程，便于对系统工作原理的学习掌握，具体实现如下：

　　进入步履式挖掘机虚拟训练系统软件主界面，选择"工作原理"模块，进入次级菜单，选择"自主学习"模式，选择"液压系统"，界面下方呈现液压系统所有回路，如图 6-70 所示。

　　点击"动臂液压缸回路"进入下级界面，点击"动臂液压缸伸出"，界面呈现该回路

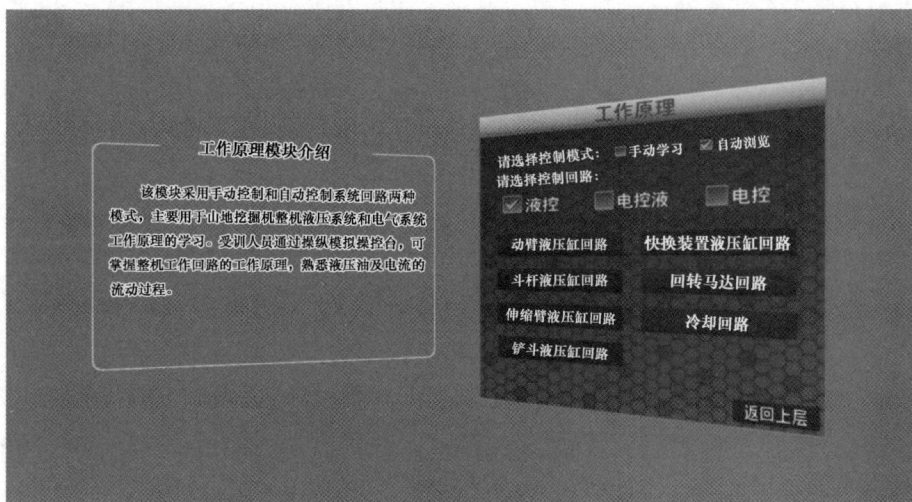

图 6-70 液控回路主界面

下液压油流经的所有液压件列表，受训人员首先可以通过列表学习该回路的工作过程，点击列表中第一个液压件"油箱"，油箱模型点亮，按照列表顺序依次点亮该列表所有液压件，模型按列表顺序依次点亮，在此期间受训人员可以通过鼠标放大缩小或者旋转模型，同步观察液压油的流动方向，从而掌握实装的工作原理，如图 6-71 所示为自主学习界面。其他工作回路的实现同"动臂液压缸回路"这里不一一介绍。

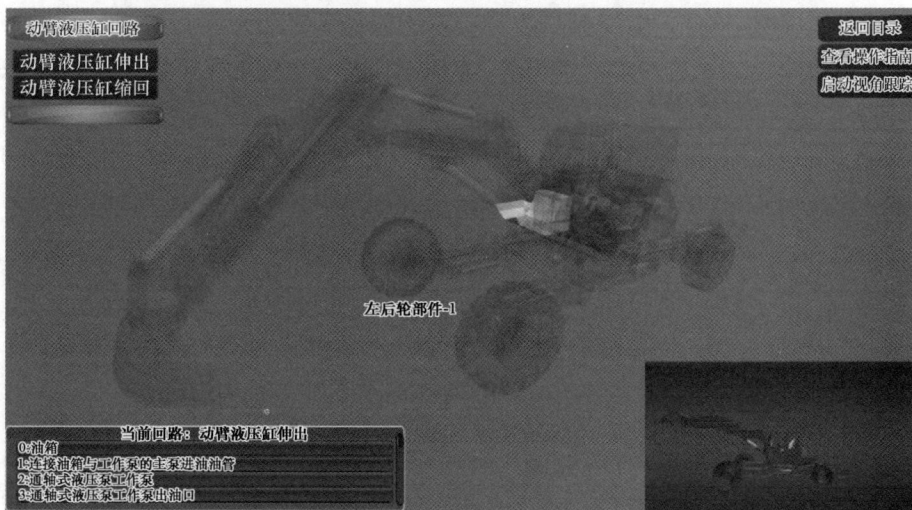

图 6-71 自主学习界面

6.7.2.2 自动浏览模式

"自动浏览模式"下受训人员可通过操控模拟操控台与视景计算机软件进行交互，模拟实车工作场景，让受训人员进入系统工作原理的沉浸式学习模式，具体实现如下：

点击"返回目录"退回到次级菜单，选择"自动浏览"模式，点击"动臂液压缸回路"进入下级界面，点击"动臂液压缸伸出"，界面出现"确保扶手安全杆处于打开状态，请往后拉右手柄，操纵动臂上升"提示，按照该提示向后拉模拟操控台上右手柄，山地挖模型按照实车液压油流动顺序依次点亮，同时有语音和文字同步提示，此时右下角窗口模型执行动臂上升动作，如图6-72所示。

图6-72　动臂液压缸伸出回路界面

通过"自主学习模式"的学习后，受训人员通过"自动浏览模式"便可像操纵实装一样在虚拟环境中操纵步履式挖掘机，同步观察内部液压油的流动方向，解决了基于实装训练的问题。

点击"启动视角跟踪"，摄像机视角跟随液压油流动发生变化，模拟实际回路工作过程，如图6-73所示。

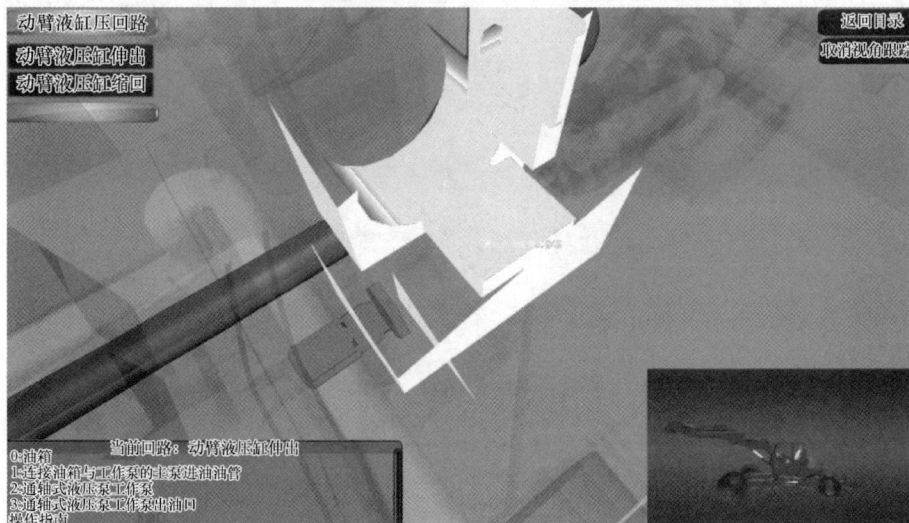

图6-73　视角跟踪界面

点击"查看操作指南"，根据操作提示按"键盘P键"，该回路以外模型隐藏，如图6-74所示，便于受训人员清晰查看该回路的工作过程，按"键盘O键"，回到初始状态。

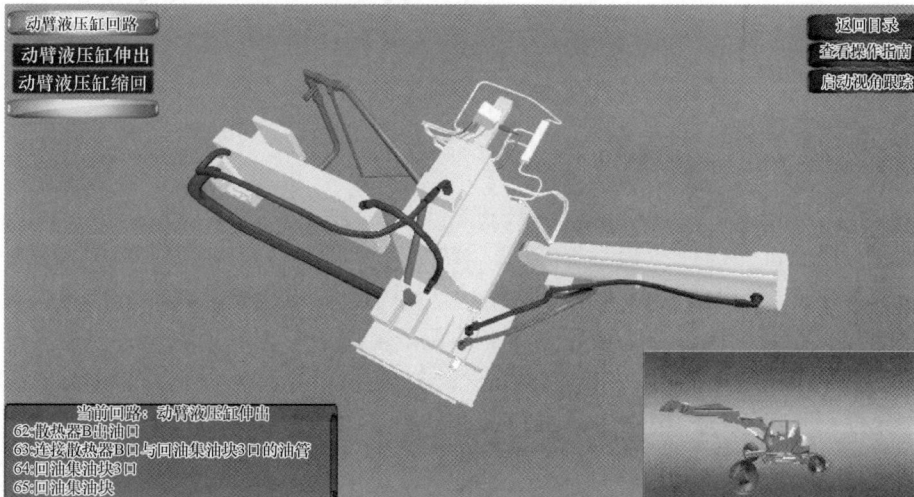

图 6-74 回路独立显示界面

按照上述方法设计其他回路菜单用于交互式学习。

6.7.3 维护保养

"维护保养模块"是基于步履式挖掘机实装保养大纲进行设计，通过构建维护保养虚拟环境，使受训人员掌握该装备的日常保养规程，从而进行实装的维护保养。该模块将步履式挖掘机日常保养按照每班保养、试运转保养、一级保养、二级保养、三级保养和换季保养进行分类设计，并在每一类保养下设计动画用于受训人员进行步履式挖掘机维护保养规程的交互式学习，具体实现如下：

进入步履式挖掘机虚拟训练系统软件主界面，选择"维护保养模块"，进入次级菜单，点击"二级保养"进入下级界面，根据界面左侧保养内容，依次点击相应按钮，界面呈现保养操作动画，如图 6-75 所示，受训人员可根据保养动画的具体步骤及使用工具掌握基于实装的保养规程，其他保养科目同二级保养，这里不一一介绍。

图 6-75 二级保养界面

6.7.4　操作使用

操作使用模块将步履式挖掘机安全驾驶规程分为启动、行驶、作业和熄火 4 个科目进行设计，配合模拟操控台的交互让受训人员进入"沉浸式"驾驶训练模式，从而掌握步履式挖掘机的安全驾驶规程，具体实现如下：

进入步履式挖掘机虚拟训练系统软件主界面，选择"操作使用"模块，进入次级菜单，按照界面提示首先选择"启动"科目，界面呈现启动科目的操作步骤，根据第一步内容"钥匙开关旋至打开位置"，在操控台上找到钥匙开关，将其旋转至打开位置，虚拟场景中的模型执行对应动作，此时右下角三维视景窗口中对应的钥匙开关模型点亮，如图 6-76 所示，由于模拟操控台是按照实装驾驶室布局进行设计的，因此受训人员通过操控模拟操控台控制其虚拟样机模拟实装进行驾驶操作。

图 6-76　操作使用界面

参 考 文 献

［1］ JOSEPH HOCKING. Unity 5 实战：使用 C#和 Unity 开发平台游戏 ［M］. 蔡俊鸿，译. 北京：清华大学出版社，2016.

［2］ 陈嘉栋. Unity3D 脚本编程：使用 C#语言开发跨平台游戏 ［M］. 北京：电子工业出版社，2016.

［3］ 高雪峰. Unity3D NGUI 实战教程 ［M］. 北京：人民邮电出版社，2015.

［4］ 唯美世界. 中文版权 3ds Max 2016 从入门到精通 ［M］. 北京：中国水利水电出版社，2018.

［5］ 杨小强，申金星，史长根，等. 装备模拟技术 ［M］. 北京：冶金工业出版社，2019.

［6］ 刘忠凯. 基于 CAN 总线的轮式多用工程车维修模拟训练系统设计 ［D］. 南京：中国人民解放军理工大学，2018.

［7］ 刘贺. 某重型冲击桥架设系统维修实训台研究 ［D］. 南京：中国人民解放军理工大学，2015.

［8］ 申金星. 某型火箭布雷车模拟训练器操控系统设计与实现 ［D］. 南京：中国人民解放军理工大学，2014.

［9］ 杨雪松. 山地挖掘机虚拟训练系统研究 ［D］. 南京：中国人民解放军理工大学，2017.

［10］ 蒋科艺，郝建平. 沉浸式虚拟维修仿真系统及其实现 ［J］. 计算机辅助设计与图形学学报，2005，17（5）：1120-1123.

［11］ 杨宇航，李志忠，郑力. 虚拟维修研究综述 ［J］. 系统仿真学报，2005，17（9）：2191-2195.

［12］ 冯宇晨，刘金林，曾凡明. 通用虚拟维修训练仿真软件的设计与实现 ［J］. 中国修船，2008，21（4）：42-44.

［13］ 丛永超. 基于 PLC 的高速装箱机网络化控制系统开发 ［D］. 天津：天津大学，2010.

［14］ 张思恩. 基于 DSP 的全自动落筒生头装置设计与开发 ［D］. 天津：天津工业大学，2008.

［15］ 冯宇深. 基于 FFT 的电力系统参数测试仪研制 ［D］. 杭州：中国计量学院，2014.

［16］ DUBERNET M L, BOUDAN V, CULHANE J L, et al. Virtual and molecular data centre ［J］. Journal of Quantitatinve Spectroscopy, 2010, 111 (15): 2155-2158.

［17］ BORRO D, SAVALL J, AMUNDARAIN A, et al. A large haptic device for aircraft engine maintainability ［J］. IEEE Computer Graphics & Applications, 2004, 24 (6): 71-74.

［18］ CHRISTIAND, JUNGWON YOON. A novel optimal assembly algorithm for the haptic interface application ［C］//2008 IEEE International Conference on Robotics CA, USA, May 19-23, 2008: 3613-3617.

［19］ 成红艳，汤汶，万韬阮，等. 三维虚拟古代士兵群体运动仿真研究 ［J］. 计算机与数字工程，2013，41（1）：101-104.

［20］ 杨星星. 民机虚拟维修训练关键技术研究 ［D］. 南京：南京航空航天大学，2010.

［21］ 王宇. 维修训练模拟器引发的机型培训变革 ［J］. 航空维修与工程，2010（4）：28-29.

［22］ 杨宇航，李志忠，傅焜，等. 基于虚拟现实的导弹维修训练系统 ［J］. 兵工学报，2006（2）：267-300.

［23］ 董佳. CAN 总线分析仪设计 ［D］. 广州：华南理工大学，2012.

［24］ 刘刚. 汽车 CAN 总线网络控制系统设计与实现 ［D］. 成都：电子科技大学，2012.

［25］ 罗峰，孙泽昌. 汽车 CAN 总线系统原理、设计与应用 ［M］. 北京：电子工业出版社，2014.

［26］ 黄兵. 面向应用原型开发的 CAN 网络仿真研究 ［D］. 长沙：湖南大学，2012.

［27］ 冯正斌. 基于 CAN 总线的汽车数字仪表系统设计 ［D］. 淄博：山东理工大学，2011.

［28］ 王婷. 电梯光电编码器接口转换技术研究 ［D］. 苏州：苏州大学，2015.

［29］ 霍天枢. 基于机器视觉的编码器码盘零点检测系统研究 ［D］. 苏州：苏州大学，2015.

［30］ 李博. 编码器在宽厚板中的控制应用 ［C］//中国协会冶金分会 2015 年年会论文集，2015.

［31］ 刘宝志. 步进电机的精确控制方法研究 ［D］. 济南：山东大学，2010.

[32] 高艳艳. 多通道步进电机控制系统设计 [D]. 成都：西南交通大学，2013.

[33] 马建伟. 基于 STM32 的空气动力学数据采集系统的设计 [D]. 成都：西南交通大学，2010.

[34] 王月爱，王勃. 电源技术的应用研究与发展趋势 [J]. 中国集成电路，2012，4：69-72.

[35] 石斐. 基于 Keil 的永磁减速步进电机控制系统的设计及实现 [D]. 苏州：苏州大学，2015.